21世纪高等学校信息管理与信息系统专业精品教材

数据资源规划与管理实践

主　编　陈　刚

副主编　郝建东　张中辉　郝文宁

北京交通大学出版社

·北京·

内 容 简 介

本书介绍了数据工程的基本概念和理论基础，围绕数据资源建设的规划和管理问题，介绍数据资源规划和管理的概念、特征、作用和功能，系统介绍了数据资源规划理论的发展过程、核心思想基础、主流方法体系和具体实施步骤，以及数据资源管理涉及的治理、质量、集成等理论知识、支撑平台、关键技术和主流工具。本书内容划分为数据工程基础、数据资源规划、数据资源管理三个部分，其中数据工程基础篇涵盖数据工程概述、数据标准、数据模型等内容，数据资源规划篇涵盖数据资源规划理论、规划方法、需求分析、模型构建、实践和工具等内容，数据资源管理篇涵盖数据治理、数据质量管理、数据集成、数据中台等内容。

本书既可以作为高等院校信息管理与信息系统、信息资源管理、大数据工程以及计算机信息管理等专业本科生的教材，还可以作为企事业单位信息管理工作人员和设计开发人员的培训教材。

图书在版编目（CIP）数据

数据资源规划与管理实践 / 陈刚主编. —北京：北京交通大学出版社，2021.11
ISBN 978-7-5121-4566-5

Ⅰ. ① 数… Ⅱ. ① 陈… Ⅲ. ① 数据管理-资源管理（电子计算机） Ⅳ. ① TP274

中国版本图书馆 CIP 数据核字（2021）第 185904 号

数据资源规划与管理实践
SHUJU ZIYUAN GUIHUA YU GUANLI SHIJIAN

责任编辑：郭东青
出版发行：北京交通大学出版社　　电话：010-51686414　　http://www.bjtup.com.cn
地　　址：北京市海淀区高梁桥斜街 44 号　　邮编：100044
印 刷 者：北京鑫海金澳胶印有限公司
经　　销：全国新华书店
开　　本：185 mm×260 mm　　印张：14.75　　字数：369 千字
版 印 次：2021 年 11 月第 1 版　　2021 年 11 月第 1 次印刷
印　　数：1～2 000 册　　定价：59.00 元

本书如有质量问题，请向北京交通大学出版社质监组反映。对您的意见和批评，我们表示欢迎和感谢。
投诉电话：010-51686043，51686008；传真：010-62225406；E-mail：press@bjtu.edu.cn。

前　言

信息化是世界经济和社会发展的必然趋势。近年来，在党中央、国务院的高度重视和正确领导下，我国信息化建设取得积极进展，信息技术对提升工业技术水平、创新产业形态、推进经济社会发展发挥了重要作用。信息技术已成为经济增长的“倍增器”、发展方式的转换器、产业升级的“助推器”。

从2000年开始，我们就从事数据工程的技术理论和工程实践方面的研究，并完成了多项大型数据工程的规划、设计与实施工作，积累了一些宝贵的经验。这期间，深刻感到在数据资源规划和管理等诸多环节缺乏理论指导，设计建设的成果依赖个人经验的情况比较普遍，不同时期和不同团队规划设计的数据资源体系难以继承共享，整体的建设水平还在低水平徘徊，严重制约信息化建设的整体质量效益。如何有效解决上述难题，真正促进数据工程领域数据资源建设走上规范化建设的道路，发挥和释放信息化建设的动能，成为我们每个数据工程建设人必须思考和解决的重要课题。同时课题组这些年通过工作实践积累了一些有益的经验，希望把我们的一些经验共享出来，为此促使我们有了出一本《数据资源规划与管理实践》教材的愿望。《数据资源规划与管理实践》一书主要涉及三个方面的主题：一是数据工程基础，从整体和共性的角度，介绍数据工程的基础概念、体系建设，重点介绍数据标准和数据模型等数据工程共性技术，支撑数据资源规划和管理实践；二是数据资源规划，数据资源规划是数据工程建设的第一个步骤，数据资源规划的质量好坏直接影响后续数据工程建设的质量，通过科学的数据资源规划需求分析、数据资源规划实践和模型构建，确保数据资源规划能够满足高质量数据持续建设和高效共享的需要；三是数据资源管理，数据资源管理的概念非常宽泛，本书侧重解决数据资源管理中的治理问题，主要解决在异构和低质量的数据环境下，如何通过数据质量管理、数据集成等方法手段，利用数据中台的体系化解决方案，提升数据资源的整体质量，挽救历史遗留的数据资产，提升遗留数据的价值。同时，这期间围绕数据工程领域一些新的理论方法不断被提出，从而为《数据资源规划与管理实践》能以较完整的理论体系呈现给大家提供了重要支撑。

《数据资源规划与管理实践》是一本全面介绍数据资源规划与管理的概念、原理与技术方法的综合性教材。读者在阅读本书后，能够较全面地了解数据资源建设的基本方法和软件工具，可以指导数据工程领域大型数据工程项目的建设和实践，也可以促进大家重视数据资源规划和管理工作。

本书由陈刚担任主编，负责全面筹划、设计、统稿。郝建东、张中辉、郝文宁等担任副主编，参与本书的具体编写工作和设计工作。本书内容共分12章，各章的简要内容如下。

第1章是数据工程概述。围绕数据工程的基本概念渐次展开，首先介绍通用的数据工程概念，包括数据的定义和生命周期，数据工程的定义和内涵；接着讨论数据工程体系建设的架构和建设内容；最后重点介绍我国数据工程建设的现状与发展以及美军数据工程建设的发展历程。

第2章主要介绍数据的标准化。首先介绍标准和标准化的概念，以及数据标准化和数据标准体系等内容；然后分别介绍元数据标准和数据元标准化的相关内容，从概念、组成、描述方法等方面进行详细的描述；最后介绍数据分类与编码的相关知识。

第 3 章主要介绍数据模型。首先介绍数据模型的基本概念和三个层次数据模型的特点；然后介绍四种数据建模的标记符号，并对这四种建模的标记符号的应用场景进行比较分析。

第 4 章主要介绍数据资源规划理论。首先介绍数据资源规划的由来和产生的背景；然后介绍数据资源规划的概念、核心思想和主要作用；接着介绍数据资源规划的理论基础，包括信息生命周期管理理论、信息工程和战略数据资源规划理论，以及信息资源管理和数据资源管理标准化理论。

第 5 章主要介绍数据资源规划方法。首先介绍数据资源规划方法的基本情况，对国外和国内的方法进行对比介绍；然后重点介绍基于稳定信息过程、基于稳定信息结构、基于指标能力三种数据资源规划方法；最后对三种方法的特点和应用场景进行分析比较。

第 6 章主要介绍数据资源规划的需求分析方法。首先介绍需求分析的基本概念，以及与软件工程的需求分析思路的差异；然后介绍需求获取的四种主要方法，包括访谈、快速原型系统法、简易的应用规格说明技术和数据流图法；接着介绍需求分析工具——数据流图，以及数据字典的制定和设计方法，通过案例指导大家利用数据流图描述需求；最后介绍用户视图分析技术。

第 7 章主要介绍数据资源规划的模型构建。首先介绍数据模型构建的类型，然后分别介绍关系模型、维度模型、基于本体的数据模型构建技术。

第 8 章主要介绍数据资源规划实践和工具。首先围绕演训数据资源建设需求，采用基于稳定信息过程的数据资源规划方法，设计了数据资源规划的实践案例；然后分别介绍早期数据资源规划工具 IRP 2000 和作者所在本单位开发的数据资源规划工具。

第 9 章主要介绍数据治理的相关理论方法。首先介绍数据治理的基本概念、数据治理的要素；然后详细介绍数据治理的实施方法和流程，包括 14 个基本步骤；最后介绍大数据治理相关知识，包括大数据治理的基本概念和相关的技术框架。

第 10 章主要介绍数据质量管理的相关技术。首先介绍数据质量的基本概念和数据质量的问题，以及数据质量衡量的维度；接着介绍数据质量中的处理技术——数据清洗，包括数据清洗的定义、方法和流程，并重点介绍缺失数据处理技术；最后介绍六款主流的数据质量工具，帮助大家了解各种数据质量工具的特点和主要功能，并有针对性地解决数据质量问题。

第 11 章主要介绍数据集成的相关技术。首先介绍数据集成的概念，接着介绍数据集成的主要方法，包括虚拟视图法、物化方法、混合型集成方法，然后介绍数据集成开发生命周期和相关数据集成技术；最后介绍三款数据集成产品，包括 Kettle 工具、DataX 工具、PowerCenter 工具。

第 12 章主要介绍数据中台架构和技术。首先介绍数据中台的概念、发展和主要功能；接着介绍数据中台的架构，以及数据中台架构的核心内容；然后介绍数据中台建设基本步骤，以及数据中台的支撑技术；最后介绍两款数据中台产品：阿里云上数据中台和网易数据中台。

由于作者水平有限，加之信息技术发展日新月异，特别是一些最新的数据资源规划与管理技术理念没有完全整合到本书中，同时书中难免有错误与不妥之处，敬请读者批评指正。

有关反馈信息或索取相关配套教学资源，可与本书责任编辑联系，邮箱：764070006@qq.com。

编　者

2021 年 7 月于南京

目　录

第1篇　数据工程基础

第2篇 数据资源规划

第3篇　数据资源管理

第1篇

数据工程基础

第1章　数据工程概述

数据资源建设是信息化建设的重要组成部分，并在国家经济发展和社会治理方面发挥着越来越突出的作用，数据工程的研究成果为建设高质量数据资源提供了重要的理论指导和方法支撑。本章首先介绍数据工程的相关概念和内涵，然后介绍数据工程体系建设的架构，最后介绍我国数据工程建设现状与发展，以及美军数据工程建设的发展历程。

1.1　数据工程相关概念

1.1.1　数据的定义和生命周期

1.1.1.1　数据的定义

大家对数据的理解不同，对数据定义的描述也不同。有人认为数据是对客观事物的逻辑归纳，用符号、字母等方式对客观事物进行直观描述。有人认为数据是进行各种统计、计算、科学研究或技术设计等所依据的数值，是表达知识的字符的集合。有人认为数据是一种未经过加工的原始资料，数字、文字、符号、图像都是数据。数据是载荷或记录信息的按一定规律排列组合的物理符号。上述定义分别从数据不同的特点和应用出发，对数据本身的内涵给了较好的诠释。

综上所述，本书认为数据是对客观事物的性质、状态，以及相互关系等进行记载的物理符号或物理符号的组合。

1.1.1.2　数据的生命周期

数据的生命周期可以划分为数据资源规划、数据定义、数据获取、数据加工、数据应用五个阶段，每个阶段又包括多个具体的数据活动。

1. 数据资源规划

数据资源规划阶段是数据生命周期的开始阶段，主要解决要建什么数据的问题。该阶段需要对业务领域所需建设的数据种类、数据内容、依据的标准，以及数据资源建设的步骤方法等进行统一的设计规划，并形成数据资源规划设计报告，以确保数据资源建设全过程的顺利完成。

2. 数据定义

数据定义阶段是具体数据资源建设实施的第一步，主要解决数据长什么样，以及数据对象之间是何关系的问题。该阶段需要对应用领域进行深入研究分析，制定出具体的数据描述标准，或基于成熟的数据标准，对数据对象逐步细化分析，形成数据描述和数据对象间关系描述，最终完成数据定义。

3. 数据获取

数据获取阶段是数据的实际积累和完善的过程，主要解决如何获取数据的问题。该阶段的活动包括原始数据获取、数据预处理、数据规范化处理等内容。一般情况下，通过原始数据获取活动得到第一手数据，再通过数据预处理活动对数据进行预处理，去除其中非本质的、冗余的特征，最后通过数据规范化处理后，得到有效数据，再通过一定的手段将数据存储在物理介质中，以方便后续的分析加工。

4. 数据加工

数据加工阶段是提高数据质量，提升数据价值的重要阶段，主要解决如何形成数据产品的问题。该阶段的活动包括数据质量控制、数据集成、数据生产等内容。原始获取的数据往往存在数据质量不高、数据关联关系缺失、数据的结构不统一、语义存在歧义等问题，通过数据加工的一系列活动，不仅可以有效解决上述问题，同时还能对数据进行重新整理和提炼，形成支撑业务应用所需的数据产品。

5. 数据应用

数据应用阶段是数据加工阶段的自然延续，数据加工是为数据应用服务的，主要解决如何使用数据和发挥数据价值的问题。该阶段的活动是为了实现和体现数据的价值。数据应用阶段的活动可按照具体的技术特征细分为数据挖掘、信息检索、数据可视化等通用的活动，也可包含业务领域数据应用特色的活动，这些活动实际上就是数据应用过程中所使用的不同技术手段。

1.1.2 数据、信息、知识和智慧

1.1.2.1 数据与信息的关系

信息是指对数据进行加工处理，使数据之间建立相互联系，形成回答某个特定问题的文本，以及被解释具有某些意义的数字、事实、图像等形式。信息普遍存在于自然界、社会以及人的思维之中，是客观事物本质特征千差万别的反映，信息是对数据的有效解释，信息的载体就是数据。数据是信息的原材料，数据与信息是原料与结果的关系。

1.1.2.2 信息与知识的关系

知识是人们对客观事物运动规律的认识，是经过人脑加工处理过的系统化了的信息，是人类经验和智慧的总结，信息是知识的原材料，信息与知识是原料与结果的关系。

1.1.2.3 知识与智慧的关系

智慧是人类所表现出来的一种独有的能力，主要表现为收集、加工、应用、传播信息和知识的能力，以及对事物发展的前瞻性看法。知识是智慧的原材料，知识与智慧是原料与结果的关系。人类的智慧反映了对知识进行组合、创造及理解知识要义的能力。

综上所述，数据、信息、知识、智慧四者之间的关系如图 1–1 所示。数据是信息的源泉，信息是知识的“子集或基石”，知识是智慧的基础和条件。数据是感性认识阶段的产物，而信息、知识和智慧是理性认识阶段的产物。从数据到信息到知识再到智慧，是一个从低级到高级的认识过程，层次越高，外延、内涵、概念化和价值不断增加。总体而言，数据、信息、知识和智慧之间的联系在于前者是后者的基础与前提，而后者对前者的获取具有一定的影响。

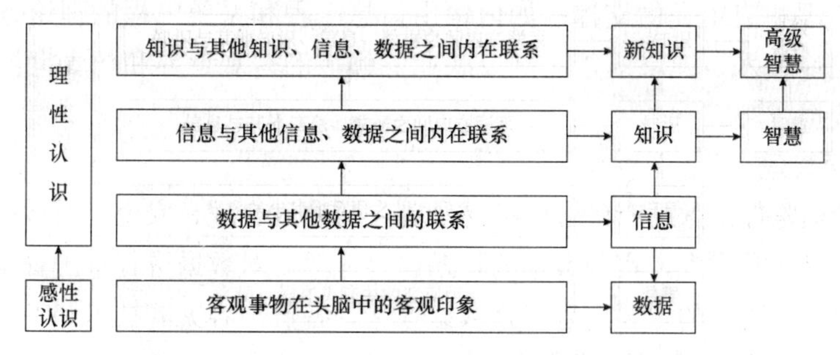

图1–1　数据、信息、知识、智慧四者之间的关系

1.1.3　数据工程的定义和内涵

1.1.3.1　数据工程概念

数据工程是以数据作为研究对象、以数据活动为研究内容，以实现数据重用、共享与应用为目标的科学。

从应用的观点出发，数据工程是关于数据生产和数据使用的系统工程。数据的生产者将经过规范化处理的、语义清晰的数据提供给数据应用者使用。

从生命周期的观点出发，数据工程是关于数据资源规划、定义、采集、处理、运用、共享与重用的系统工程，强调对数据全生命周期的管理。

从学科发展角度看，数据工程是设计和实现数据库系统及数据库应用系统的理论、方法和技术，是研究数据表示、数据资源管理和数据应用的一门学科。

1.1.3.2　数据工程的体系架构

按照系统工程的思维与方法，对数据工程进行分析和研究，并构建其整体体系架构，从而使人们能够对数据工程的建设具有顶层的视角和设计。数据工程的体系架构可包括三个维度。第一个维度是体系维，涉及基础设施、运行维护、目录体系、服务体系、管理体系、安全保障六个体系，体系维的内容构成了数据开发与应用的载体和基础；第二个维度是标准维，涉及相应的法律、法规，相关的制度、标准、规范等，保证数据资源建设和管理有法可依、有章可循；第三个维度是技术维，体系的发展与标准的制定都离不开技术的支撑，这些技术主要包括数据资源规划、描述、获取、存储、计算、传输、共享等。

1.1.3.3　数据工程研究的主要内容

数据工程需要研究的内容很多，从数据工程的体系架构角度看，三个维度的内容都属于数据工程研究的内容，但通常主要围绕数据资源建设、数据获取、数据加工、数据应用等内容进行相关的研究工作。

1. 数据资源建设

采用工程化的方法进行数据资源的积累和建设是信息化建设的必然选择，数据资源建设的质量、效益直接关系信息化建设的成败。数据资源建设主要研究如何分析、规划和设计数据资源建设整体方案；如何将现实客观世界或虚拟仿真世界中的数据采集下来，并将这些原始的、非规范化的数据进行良好的定义和描述，转换为计算机可处理的数据，为后续的数据资源管理和应用提供支撑；如何运用信息工程和系统工程的理论方法，利用各种计算手段和数据库技术，建立既能正确反映业务领域的客观世界和仿真世界，又便于计算机处理的海量数据资源。

2. 数据资源管理

数据资源管理是保证数据有效性的前提。首先要通过合理、安全、有效的方式将采集的数据保存到数据存储介质上，实现数据的长期保存；然后对数据进行维护管理，提高数据的质量。数据资源管理研究的主要内容包括数据存储、备份与容灾的技术和方法，以及数据质量因素、数据质量评价方法和数据清洗方法。

3. 数据应用

数据资源只有得到应用才能实现自身价值，数据应用是指通过数据挖掘、数据服务、数据可视化、信息检索等手段，将数据转化为信息或知识，辅助人们进行决策。数据应用研究的主要内容包括数据挖掘、数据服务、数据可视化和信息检索的相关技术和方法。

4. 数据安全

数据是脆弱的，它可能被无意识或有意识地破坏、修改。数据安全是指采用一定的数据安全措施，确保合法的用户采用正确的方式、在正确的时间对相应的数据进行正确的操作，确保数据的机密性、完整性、可用性和合法使用。

5. 数据标准化

数据标准化主要为复杂的信息表达、分类和定位建立相应的原则和规范，使其简单化、结构化和标准化，从而实现信息的可理解、可比较和可共享，为信息在异构系统之间实现语义互操作提供基础支撑。

1.2 数据工程的体系建设

1.2.1 总体架构

作为一项复杂的系统工程，数据工程建设应按照系统工程的思维与方法，构建其整体体系架构。数据工程建设的总体架构可包括三个维度。第一个维度是体系维，涉及基础设施、运行维护、目录体系、服务体系、管理体系、安全保障六个体系，体系维的内容构成了数据工程建设的载体和基础；第二个维度是标准维，涉及相应的法律、法规，条例、条令，相关的制度、标准、规范等，保证数据工程建设有法可依、有章可循；第三个维度是技术维，体系的发展与标准的制定都离不开技术的支撑，这些技术主要包括数据获取、存储、计算、传输、共享、展示等。

数据资源开发利用的总体架构如图 1–2 所示。

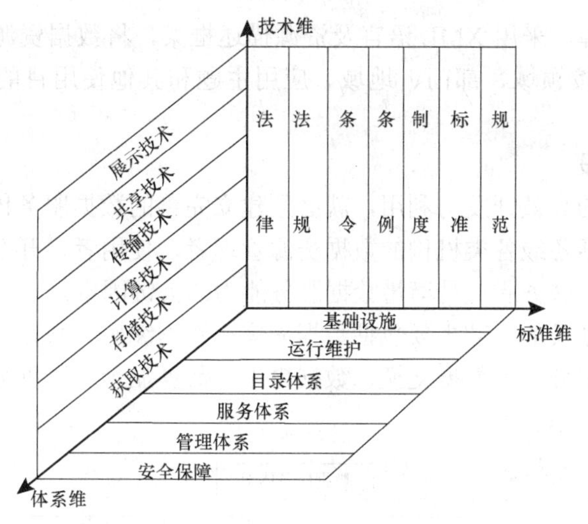

图 1–2　数据工程建设的总体架构

1.2.2　数据工程的体系维

1.2.2.1　基础设施建设

数据工程建设的前提和基础是基础设施建设。基础设施为其他体系提供载体和支撑。基础设施可分为两类：硬件基础设施和软件基础设施。数据工程基础设施体系如图 1–3 所示。

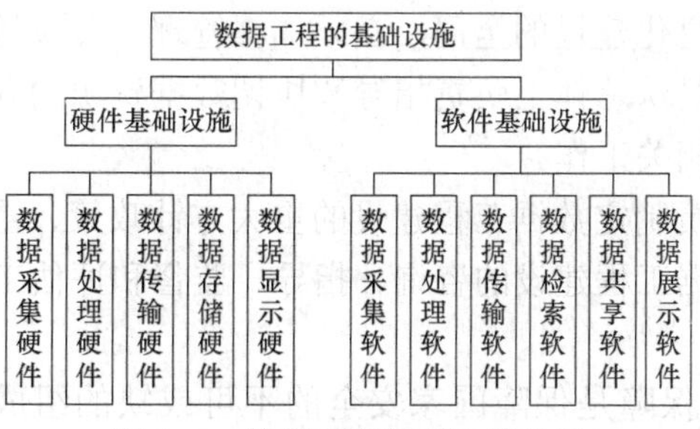

图 1–3　数据工程基础设施体系

1.2.2.2　运行维护建设

数据工程建设的运行维护可以分成两个方面。一是集成运行维护，即确立专门的运行维护项目，完成所涉及的相关设施和系统的设计、开发、运行和维护管理。二是单项运行维护，可分为两类：第一类是调查、分析项目，需要收集、处理、分析各类数据，最终形成分析报告；第二类是基础数据维护项目，需要在信息系统运用和建设过程中不断地收集各类数据，以充实和更新已有的数据资源。

1.2.2.3　数据目录建设

数据目录是整合、开发和共享数据资源的基础工具，而构建数据目录的基础是数据分类体系。研究和建立数据分类体系是简化信息数据交换、实现数据处理和数据资源共享的重要前提，是建立各类信息管理系统的重要技术基础和数据资源管理的依据。

数据目录体系应该以元数据为核心，以业务分类表和业务主题词表为控制词表，对数据资源进行网状组织，满足从分类、主题、应用等多个角度对数据资源进行浏览、识别、定位、发现、评估、选择。采用XML语言及资源描述框架，将数据资源进行嵌套组织，可以方便地根据应用需要按领域、部门、地域、应用主题和其他使用目的提供数据资源的各种目录。

1.2.2.4 数据服务建设

要实现数据资源的高效开发与利用，就必须建立完善的数据服务体系。数据资源开发利用的服务对象主要包括各级各类机构的数据资源管理者、使用者、开发者和维护者。服务的实现程度、服务效率、服务质量是衡量数据服务能力的关键因素。

数据服务建设所涉及的活动主要包括数据采集、数据编码、数据压缩、数据传输、数据存储、数据检索、数据分发、数据交换、数据再生、数据显示、数据分析、数据评估等。数据服务体系如图1–4所示。

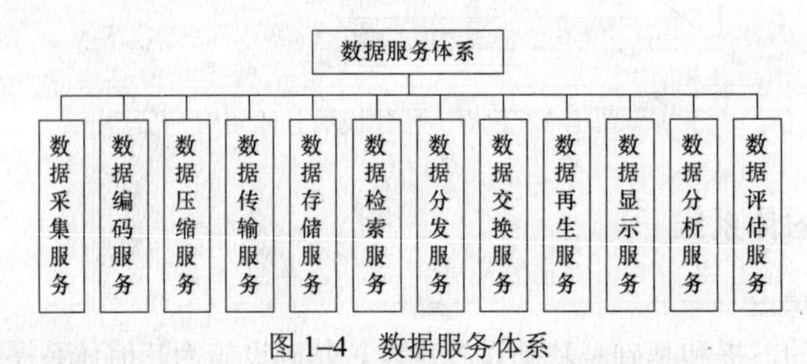

图1–4 数据服务体系

1.2.2.5 管理体制建设

数据工程建设涉及信息化建设的全局，必须加强管理。美军等西方国家的军队大多指定相应的机构或设置专门人员从总体上负责指导和协调数据资源的开发利用，其他有关的机构按照各自的职责协助开展相关工作。

各级管理机构主要负责制定数据工程建设的重大方针政策、重大规划及对重大问题进行专门研究，同时，负责数据工程建设的咨询、指导、监督和评估工作。

1.2.2.6 安全保障建设

数据工程建设的安全保障是保障国家安全的不可或缺的组成部分，其内容包括数据的真实性、完整性、可控性、机密性和确认性五个方面。网络时代信息安全问题远远比通信保密、访问控制更加复杂，既要能防外部攻击，也要能防内部破坏，既要提供事后追查记录，更要事先防范攻击造成的危害。信息安全保障体系仅仅靠安全技术本身已经不能解决问题，必须建立动态的信息安全保障体系，以完善的总体设计和规章制度为指导，以各种安全技术的无缝集成为支撑，以严密的管理措施为手段，实现显性的、可控制、可管理的安全。

基于网络的信息安全包含的内容非常复杂，相互重叠，也相互依赖，因此，下面借鉴国外和我国政府构建信息安全保障的成功经验，从多个层面、多个角度来描述数据工程建设的安全保障体系。

（1）从安全技术的层次看，有安全保障、安全责任、安全策略。在网络信息安全保障体系中，可靠平台、P2DR属于安全保障层次的技术，PKI技术、CA中心、审计等属于安全责任层次的技术，权限管理基础设施PMI、AA中心、各种访问控制技术属于安全策略层次的内容。

（2）从安全系统的组成看，有物理安全、网络安全、计算机系统安全、应用系统安全、安全管理中心。每一个组成部分都部分或全部地涉及三个安全技术层次。例如网络安全、计算机系统安全、应用系统安全均包含安全保障、安全责任、安全策略三个层次，均需要采用加密、签名、保障和应急响应，均需要应用PKI技术和CA中心进行身份验证，均需要应用PMI技术和AA中心进行统一的授权管理，均需要各种访问控制技术的支持等。安全管理中心的任务是对整个系统中涉及与安全相关的事件进行统一的管理和响应，因此它包含了安全系统中各个组成部分的安全事件。

（3）从安全管理角度看，有安全配置、各种保护措施、安全管理细则、人员管理、规章制度等。这部分内容包括实施正确的安全配置，对系统各种设备进行严密的安全防护，制定系统（包括客户端）使用和管理细则和规章制度，重点加强人员管理和培训。安全管理是实现动态信息安全保障的重要组成部分，"三分技术，七分管理"，但安全管理又是最容易被忽视的内容，必须得到应有的重视。

1.2.3　数据工程的标准维

1.2.3.1　标准建设的主要内容

依据国标的定义，标准是对重复性事物和概念所做的统一规定。海量数据资源标准维的建设，就是对数据的全生命周期的管理与利用制定一系列的政策、法规、制度、标准与规范，使数据开发利用成为稳定、高效、规范的活动。

数据工程的标准建设内容包括指导标准、通用标准和专用标准三大类。

1. 指导标准

与数据标准的制定、应用和理解等方面相关的标准称为指导标准。它阐述了数据资源标准化的总体需求、概念、组成和相互关系，以及使用的基本原则和方法等。指导标准包括数据标准体系及参考模型、标准化指南、数据共享概念与术语和标准一致性测试等内容。

2. 通用标准

数据资源建设过程中具有共性的相关标准称为通用标准。通用标准分为三类：数据类标准、服务类标准和管理与建设类标准。其中，数据类标准包括：元数据、分类与编码、数据元素规范、数据内容等方面的标准；服务类标准是提供数据共享服务的相关标准的总称，包括数据发现服务、数据访问服务、数据表示服务和数据操作服务，涉及数据和信息的发布、表达、交换和共享等多个环节，规范了数据的转换格式和方法，互操作的方法和规则，以及认证、目录服务、服务接口、图示表达等各方面；管理与建设类标准用于指导系统的建设，规范系统的运行，包括质量管理规范、数据发布管理规则、运行管理规定、信息安全管理规范、共享效益评价规范、工程验收规范、数据中心建设规范和数据网建设规范等。

3. 专用标准

专用标准是根据通用标准制定出来的、反映具体领域数据特点的数据类标准。制定的数据工程领域标准均属于专业标准。

1.2.3.2　加强标准化过程

数据标准化是通过制定、发布和实施标准，对重复性事物和概念（各种数据）进行统一定义，以获得最佳秩序和效益的过程。其主要过程包括确定数据需求、制定数据标准、批准数据标准和实施数据标准四个阶段。

实施数据标准是标准发挥效能的关键步骤。这一阶段包括多项活动：对标准影响对象的技术培训；对标准的宣贯；对标准执行情况的监督与评估；对标准实施与改进反馈的管理；提供必要的技术手段和工具来保障上述过程的实施。

必须做到“制定标准”和“执行标准”两手抓，且两手都要硬，才能形成数据工程领域海量数据资源标准建设的良性循环。

1.2.4 数据工程的技术维

数据工程建设不仅需要顶层的体系设计、制度与标准化的保障，也需要信息技术层面的研发与突破。数据工程建设面临的挑战，从数据的生命周期和完整利用链角度看，可包括获取、存储、计算、共享、传输和展现六个方面。

1.2.4.1 获取：多源数据的捕获

从传统的数据库文件到物联网、云终端、移动互联网、车联网、手机、平板电脑、PC以及遍布地球各个角落的各种各样的传感器，包括武器装备自身的信息系统，无一不是数据资源的来源。从异构的数据源实时、准确、安全获得的原始数据是海量数据资源的源泉。支撑技术包括对数据库、文件和报文的采集技术，异构数据的抽取、转换和加载，多介质数据源的规范采集等。

1.2.4.2 存储：海量数据的高效存储

数据资源体量巨大，起步已从GB级别，跃升到TB，甚至PB或EB级别。这对数据的存储性能与访问速度提出了更高要求。主要涉及对海量数据的分布、分级、可扩展、自适应容错的存储机制，以及在上述存储环境下数据高吞吐量的读写操作技术；此外，还须考虑数据存储的廉价、低能耗等问题。

1.2.4.3 计算：大数据处理、分析与应用

不断积累的数据资源已具备典型的大数据特征，高效处理、分析和应用这些大数据资源，深度挖掘其蕴藏的事物特征、活动规律和动因机理，实现从信息优势到决策优势的跨越，是海量数据资源计算的最大挑战。相关的理论和支撑技术包括：大数据复杂性规律发现、复杂特征度量、大数据约简的基础理论与方法、网络大数据计算模型等复杂性解析理论和技术；计算性能评价体系、分布式系统架构、流式数据计算框架、在线数据处理方法等大数据计算系统架构体系理论和技术；多源异构数据信息感知、抽取、融合和质量控制、动态数据表示和实时查询分析、图数据的表示和分析、大数据一体化表达等多源异构网络数据感知融合与表示理论和技术；大数据的特征表示、内容建模、语义理解和主题演化与预测等知识工程理论和技术；大数据关系模式计算，互动效应分析，群体事件演化和发展趋势预测等深度挖掘理论和技术，等等。

1.2.4.4 共享：数据的可发现、可理解

数据价值不在于建设和积累，而在于更大范围内的发现和使用。如果没有统一有效的全局共享机制，数据资源建设量的增加只会形成更多的“烟囱”和“孤岛”，无法真正形成信息优势和决策能力。数据共享的实现策略应包括：在顶层制定数据共享策略和实施指南；基于元数据建立数据的注册、发现工具；依托标准化实现数据的语义和结构统一语境等。

1.2.4.5 传输：数据安全可靠传播

数据的获取、计算及最终情报分发均涉及网络传输，传输的总要求是“安全、快速、准

确”，主要包括传输中数据的加解密技术、分布式多路并行传输加速、分布式自适应动态优化传输策略、分布式传输监测与全网态势生成等技术。

1.2.4.6　展现：数据可视化

展现是数据的最终成果展示形式，也称数据可视化。数据可视化的目的是提供更方便、更丰富的人机交互手段和体验。其支持技术包括：对人的研究，包括视觉、听觉、触觉、动作乃至意识均可成为“交互”的媒介；对“机器”的研究，包括数据的图形化技术，柔性、多维显示技术等。

1.3　数据工程建设现状与发展

1.3.1　我国数据工程建设的现状与发展

我国早期数据工程建设大多依托信息化的整体建设，较少单独以数据工程建设开展建设。如 20 世纪 90 年代后期启动的国家“金字工程”、教育信息化工程、省地市开展的电子政务工程等，为我国全面提升全社会的信息化水平提供了有力的支撑。借助互联化和移动通信技术发展，信息化发展早已从国家、企业和部门延伸到每个个人。数据资源建设也逐步从信息化建设后台走向前台，并从信息化建设的副产品逐步演化为扮演重要角色的国家战略资源。

2015 年以来，随着大数据技术的发展，数据资源的价值越发凸显，许多西方强国将大数据列为国家战略发展的重要内容。我国也高度重视大数据发展，将其列为国家战略，并在相关部委的共同推动下，我国大数据发展在顶层设计、产业集聚、技术创新、行业应用等方面取得了显著成效。一是在顶层设计上持续完善，全国各地加强贯彻落实《促进大数据发展行动纲要》《大数据产业发展规划（2016—2020 年）》及相关政策，十多个地方已经设置了省级大数据资源管理机构，30 多个省市制定实施了大数据相关政策文件，多层次协同推进机制基本形成。二是行业集聚示范效应显著增强，建设了贵州、京津冀等 8 个国家大数据综合示范区，以及 5 个国家大数据新型工业化示范基地，区域布局持续优化。三是技术创新取得突破，国内骨干企业已经具备了自主开发建设和运维超大规模大数据平台的能力，一批大数据以及智慧城市方面的独角兽企业快速崛起，大数据领域的专利申请数量逐年增加。四是行业运用逐渐深入，全国各地积极汇总大数据产品和应用解决方案案例集，并展开优秀解决方案的遴选等工作；积极组织开展大数据产业发展试点和示范项目活动，加快推动大数据和实体经济深度融合。未来，我国还将加强数据治理，积极推动出台电信和互联网网络数据资源管理政策和安全标准，持续优化大数据发展环境，扎实推进国家大数据发展战略。

1.3.1.1　金字工程

所谓“金字工程”又称“十二金”工程，是指包含“金关”“金税”“金财”“金盾”等工程在内的国家政务体系中从中央到地方乃至基层单位统一平台、统一规范、信息数据实时共享的 12 项电子信息化建设工程。

1.“金关”工程

“金关”工程是 1993 年提出，1996 年由外经贸部负责实施，由对外经济贸易部门和相关领域进行标准规范化、网络化管理的一项国家信息化重点系统工程。

2.“金卡”工程

“金卡”工程于1994年开始推广，旨在建立我国现代化的、实用的电子货币系统，推广普及信用卡的应用，实现支付手段的革命性变化，跨入电子货币时代。

3.“金信”工程

“金信”工程的实施，“九五”期间使国家统计局实现了提高统计对国民经济宏观决策的快速支持能力，实现统计信息的全社会共享。

4.“金农”工程

“金农”工程于1994年12月启动建设，目的是加速和推进农业和农村信息化，建立“农业综合管理和服务信息系统”。

5.“金企”工程

“金企”工程于1994年12月启动建设，通过建立大量的各类产品数据库、企业数据库、行业数据库等形成全国经济信息资源网支持系统，企业生产与流通信息系统，为国家宏观经济决策提供科学依据和信息服务。

6.“金智”工程

“金智”工程于1995年12月建成CERNET，是第一个由国家投资建设、基于TCP/IP体系结构的全国学术计算机互联网络。

7.“金交”工程

“金交”工程于1996年开始建设实施，旨在建立和应用我国交通运输信息网络，发展交通运输服务产业。

8.“金桥”工程

“金桥”工程于1996年8月被批准列为国家107个重点工程项目之一（国家公用经济信息通信网），是以建设我国的信息化基础设施为目的的跨世纪重大工程。

9.“金税”工程

“金税”工程于1998年6月获批，2000年5月建立数据采集中心，建立稽查局的4级协查网络，对增值税专用发票进行管理，以最大限度地减少税款流失。

10.“金旅”工程

“金旅”工程于2000年12月启动建设，实现政府旅游管理电子化并利用网络技术发展旅游电子商务，与国际接轨。

11.“金盾”工程

“金盾”工程于2001年4月立项，这是全国公安信息化的基础工程，是实现警务信息化或电子化警务的基础。

12.“金宏”工程

“金宏”工程于2004年2月启动建设，又名“宏观经济管理信息系统”，该工程有利于宏观管理部门实现信息资源共享，提高工作效率和质量，增强管理与决策协调性；有利于党中央、国务院获取及时、准确、全面的宏观经济信息；有利于推进公共服务，增加政府工作透明度。

我国的“金字”工程从“三金”工程起步（金桥工程、金关工程和金卡工程），逐步扩展成为“十二金”工程。“金字”工程按照建设的行业领域和规模情况，大致可以划分为以下三个阶段。

第一个阶段是从1993年提出“金卡”工程开始，这段时期是“金字”工程的起步时期，通过“三金”工程的建设，对发展我国信息化建设，加快我国国民经济发展具有重要推动作用，对整个电子信息产业，包括软件、硬件的发展都具有很大的带动作用。

第二阶段以“十二金”工程为标志，明确了各个部委的职责，1998年后“金字”工程渐渐不再由某个部委主导，而是由各部委去建设。

第三阶段以各行业“金字”工程的出现为标志，表现为政府部门对信息化的重视，以及信息化深入部委中所发挥的作用，这一阶段出现了“金智”“金旅”“金卫”等一系列垂直于各个部委、行业的，由某一个政府职能单位建设的“金字”工程。同时，以“金字”工程为主的全国性网络开始从部委走向各个分支机构。

1.3.1.2 大数据发展战略

信息技术与经济社会的交汇融合引发了数据迅猛增长，数据已成为国家基础性战略资源，大数据正日益对全球生产、流通、分配、消费活动以及经济运行机制、社会生活方式和国家治理能力产生重要影响。目前，我国在大数据发展和应用方面已具备一定基础，拥有市场优势和发展潜力，但也存在政府数据开放共享不足、产业基础薄弱、缺乏顶层设计和统筹规划、法律法规建设滞后、创新应用领域不广等问题，亟待解决。为贯彻落实党中央、国务院决策部署，全面推进我国大数据发展和应用，加快建设数据强国，2015年，我国提出了国家的大数据发展战略和配套的发展纲要。

1. 总体目标

国务院2015年印发《促进大数据发展行动纲要》，《纲要》要求有关部门要进一步统一思想，落实各项任务，共同推动形成公共信息资源共享共用和大数据产业健康发展的良好格局。《纲要》明确提出要加强顶层设计和统筹协调，大力推动政府信息系统和公共数据互联开放共享，加快政府信息平台整合，消除信息孤岛，推进数据资源向全社会开放，增强政府公信力，引导社会发展，服务公众企业；以企业为主体，营造宽松公平环境，加大大数据关键技术研发、产业发展和人才培养力度，着力推进数据汇集和发掘，深化大数据在各行业创新应用，促进大数据产业健康发展；完善法规制度和标准体系，科学规范利用大数据，切实保障数据安全。《纲要》还进一步明确推动大数据发展和应用，打造精准治理、多方协作的社会治理新模式，建立运行平稳、安全高效的经济运行新机制，构建以人为本、惠及全民的民生服务新体系，开启大众创业、万众创新的创新驱动新格局，培育高端智能、新兴繁荣的产业发展新生态。

（1）打造精准治理、多方协作的社会治理新模式。将大数据作为提升政府治理能力的重要手段，通过高效采集、有效整合、深化应用政府数据和社会数据，提升政府决策和风险防范水平，提高社会治理的精准性和有效性，增强乡村社会治理能力；助力简政放权，支持从事前审批向事中事后监管转变，推动商事制度改革；促进政府监管和社会监督有机结合，有效调动社会力量参与社会治理的积极性。

（2）建立运行平稳、安全高效的经济运行新机制。充分运用大数据，不断提升信用、财政、金融、税收、农业、统计、进出口、资源环境、产品质量、企业登记监管等领域数据资源的获取和利用能力，丰富经济统计数据来源，实现对经济运行更为准确的监测、分析、预测、预警，提高决策的针对性、科学性和时效性，提升宏观调控以及产业发展、信用体系、市场监管等方面管理效能，保障供需平衡，促进经济平稳运行。

（3）构建以人为本、惠及全民的民生服务新体系。围绕服务型政府建设，在公用事业、市政管理、城乡环境、农村生活、健康医疗、减灾救灾、社会救助、养老服务、劳动就业、社会保障、文化教育、交通旅游、质量安全、消费维权、社区服务等领域全面推广大数据应用，利用大数据洞察民生需求，优化资源配置，丰富服务内容，拓展服务渠道，扩大服务范围，提高服务质量，提升城市辐射能力，推动公共服务向基层延伸，缩小城乡、区域差距，促进形成公平普惠、便捷高效的民生服务体系，不断满足人民群众日益增长的个性化、多样化需求。

（4）开启大众创业、万众创新的创新驱动新格局。形成公共数据资源合理适度开放共享的法规制度和政策体系，建成国家政府数据统一开放平台，率先在信用、交通、医疗、卫生、就业、社保、地理、文化、教育、科技、资源、农业、环境、安监、金融、质量、统计、气象、海洋、企业登记监管等重要领域实现公共数据资源合理适度向社会开放，带动社会公众开展大数据增值性、公益性开发和创新应用，充分释放数据红利，激发大众创业、万众创新活力。

（5）培育高端智能、新兴繁荣的产业发展新生态。推动大数据与云计算、物联网、移动互联网等新一代信息技术融合发展，探索大数据与传统产业协同发展的新业态、新模式，促进传统产业转型升级和新兴产业发展，培育新的经济增长点。形成一批满足大数据重大应用需求的产品、系统和解决方案，建立安全可信的大数据技术体系，大数据产品和服务达到国际先进水平，国内市场占有率显著提高。培育一批面向全球的骨干企业和特色鲜明的创新型中小企业。构建形成政产学研用多方联动、协调发展的大数据产业生态体系。

2. 主要任务

一要加快政府数据开放共享，推动资源整合，提升治理能力。大力推动政府部门数据共享，稳步推动公共数据资源开放，统筹规划大数据基础设施建设，支持宏观调控科学化，推动政府治理精准化，推进商事服务便捷化，促进安全保障高效化，加快民生服务普惠化。

二要推动产业创新发展，培育新兴业态，助力经济转型。发展大数据在工业、新兴产业、农业农村等行业领域应用，推动大数据发展与科研创新有机结合，推进基础研究和核心技术攻关，形成大数据产品体系，完善大数据产业链。

三要强化安全保障，提高管理水平，促进健康发展。健全大数据安全保障体系，强化安全支撑。

3. 政策机制

一是建立国家大数据发展和应用统筹协调机制。二是加快法规制度建设，积极研究数据开放、保护等方面的制度。三是健全市场发展机制，鼓励政府与企业、社会机构开展合作。四是建立标准规范体系，积极参与相关国际标准制定工作。五是加大财政金融支持，推动建设一批国际领先的重大示范工程。六是加强专业人才培养，建立健全多层次、多类型的大数据人才培养体系。七是促进国际交流合作，建立完善国际合作机制。

1.3.2 美军数据工程建设的发展历程

在军事领域，美军的数据工程建设代表了该领域发展水平。美国国防部（department of defense，DoD）于第二次世界大战之后着手进行国防物质编目工作，并且于 20 世纪 90 年代启动了数据工程（data engineering），实现了国防数据词典系统（DoD data dictionary system，DDDS）、共享数据工程（shared data engineering，SHADE）和联合公共数据库（joint common database，JCDB）。这些成果为实现现代军事指挥系统（command control communication computers intelligence surveillance and reconnaissance，C^4ISR）之间的数据重用和数据共享奠定了基础，也确保了美军在海湾战争、科索沃战争、阿富汗战争和伊拉克战争中的信息优势。2003 年美军在伊拉克战争中主要依靠 DDDS、SHADE 和 JCDB 等技术手段实现了 95% 以上的信息共享。

随着信息技术的发展和作战思想的调整，美军的数据资源建设在政策、目标、管理方式上发生变化，综合而言，美军数据资源管理策略演进可分为以下四个阶段。

1.3.2.1　以数据标准化为主的“统一”建设阶段

1964 年 12 月 7 日，美国国防部颁发了以实现数据元素和代码标准化为主要目标的国防部指令 DoD 5000.11《数据元素和数据代码标准化大纲》。随后，各军兵种陆续制定了一系列配套文件来贯彻执行此大纲，标准数据元素和代码在采办、后勤、指挥控制等许多领域都得到了比较广泛的应用，促进了数据系统之间的数据交换，改善了系统之间的兼容性，提高了数据采集和数据处理的效率，减少了数据的冗余和不一致性。其主要做法如下。

1. 明确了“统一”的管理流程

该阶段的管理流程是，将所有标准数据元素都收入到一个由国防部统一管理的文件中，通过分发和更新这个文件，各有关部门即可查阅到需要的数据元素。如果其中没有能够满足需要的标准数据元素或原有的标准数据元素需要修改，则各部门根据业务需要再提出新的候选标准数据元素或修订方案并提交到国防部组织审查，审查通过后即扩充到标准数据元素集中。

2. 建立了两个层次的管理机构

该阶段美国国防部的数据资源管理机构，主要分为国防部和国防部的各部局两个层次。国防部主管审计的国防部长助理负责制定数据资源管理政策、规程等，审查、批准和颁布标准数据元素及代码，监督检查各军种使用标准数据元素的情况，协调并解决与数据资源管理有关的问题。各军种、部、局分别负责与其自身业务密切相关的数据元素的标准化（通用基础的数据元素由国防部负责），其主要工作是在相应工作组的配合下，对数据元素进行标识、定义、分类和编码，并作为候选的标准数据元素提交国防部审查；对其他部局提交的标准数据元素提出修改意见；在系统建设过程中积极贯彻实施国防部已颁布的标准数据元素。

1.3.2.2　以数据资源管理为主的“集中”建设阶段

为应对各信息系统互操作的新挑战，美军在总结以往数据元素标准化经验的基础上，于 1991 年颁布了新的数据资源管理文件 DoD 8320.1《国防部数据管理》，并在其后的几年内陆续颁布了相应的配套文件。在该阶段，美国国防部以 8320 系列文件为核心，提出了数据资源管理（data administration）的思想，实行了“集中”数据资源管理模式，建立了更加完善的数据标准化规程，明确了新的数据资源管理机构及其职责，并确定了相应的数据资源管理工具。其主要做法如下。

1. 建立了更加完善的数据标准化流程

美国国防部制定并严格遵循了 DoD 8320.1－M《数据标准化管理规程》规定的数据标准化四环节流程，即确定信息需求、制定数据标准、批准数据标准、实施数据标准。

2. 健全了管理机构并明确相应职责

1991 年后，美国国防部对管理机构做了较大的调整，组织机构比以前更加完善。一是数据资源管理的最高领导者由负责 C^3I 的国防部长助理来担任，将数据的管理与 C^3I 系统的规划管理、开发研制及使用保障结合在一起，针对性更强；二是在国防部、功能域和军种、部、局分别设有相应的数据资源管理员，国防部数据资源管理员由负责 C^3I 的国防部长助理任命，功能域数据资源管理员由主管相关业务的国防部长助理或国防部副部长任命，军种、部、局的数据资源管理员由相应的单位主管任命。数据资源管理机构的设置，不仅在纵向上考虑到上级部门对下属单位的领导关系（如国防部对各军种、部、局，各军种、部、局的主管对其下属单位），同时还在横向上兼顾了功能域数据资源管理员对不同军种、部、局中相同业务的指导和归口管理关系，为打破烟囱林立的局面、提高各类系统间的互操作性创造了条件。

3. 建立了与集中管理模式相适应的数据资源管理工具

为对整个国防部范围内的信息系统进行有效的数据资源管理，美国国防部组织开发了相应的数据资源管理工具。所谓的工具，实际上就是一些专门用于数据资源管理和服务的系统。非涉密数据存放在国防数据资源库（DDR）系统中，由信息系统局（DISA）负责管理。DDR 由两个独立的工具组成：国防数据字典系统（(DDDS）和国防数据体系结构（DDA），前者存放数据元素，后者存放数据模型。涉密数据存放在保密情报数据资源库（SIDR）的系统中，由国防情报局（DIA）负责管理。此外，还建立了共享数据工程（SHADE）和联合公共数据库（JCDB）等具体项目。

4. 提出了 C^4ISR 体系结构框架

美军于 1996 年颁布了《C^4ISR 体系结构框架 1.0》，1997 年又发布了其 2.0 版。在此体系结构中，DDDS、SHADE 与核心体系结构数据模型（CADM）、信息系统互操作等级（LISI）、统一联合任务清单（UJTL）、联合作战体系结构（JOA）、联合技术体系结构（JTA）、技术参考模型（TRM）和公共操作环境（COE）一起并列为 9 种通用参考资源。

1.3.2.3 突出元数据资源管理的以“网络为中心”建设阶段

2003 年 4 月，美国国防部正式颁布了《转型计划指南》，强调“互操作性是军事转型的核心要素”，要求各军种的转型路线图必须优先考虑互操作性问题。2003 年 5 月 9 日美国国防部发布《国防部网络中心数据策略》，将数据资源管理的侧重点从数据元素的标准化改为数据的可见性和可访问性上，总目标是加速决策过程，提高联合作战能力，获得情报优势。2006 年美国国防部又发布《国防部网络中心数据共享》实施指南，明确了利益共同体的组成与管理，提出了数据共享的基本要求：可发现、可访问、可理解和可信赖，明确了四项要求的具体描述和实现途径。其主要做法如下。

1. 向“以网络为中心”的非集中数据资源管理模式转型

美国国防部在《网络中心数据策略》中勾画的“以网络为中心”的非集中数据资源管理模式的蓝图是：在网络上广泛传播所有数据（包括情报、非情报、未加工和加工过的数据）并将管理模式从过去的“处理—利用—分发”转变为“先投送后处理”，无论用户和应用何时何地需要数据，都可以将所有数据“广而告知”用户和应用，而且所有数据对他们来说都是可用的。用户和应用用元数据（描述数据的数据）来“标记”数据资源，以支持数据发现。用户和应用将所有数据资源“投送”到“共享”空间，以供企业使用。随着在网络中心环境中共享数据量的增加，专用数据会越来越少，利益共同体（COI，即用户合作组）的数据会越来越多。

2. 淡化数据的行政管理

网络中心数据策略在国防部内部定义了一种修改后的数据资源管理模式。该数据策略改变了过去数据资源管理采用“集中”式的行政管理模式，将重点放在数据的可见性和可访问性而不是标准化上，强调通过改进数据交换的灵活性，实现网络中心环境中的“多对多”数据交换，从而无须预先定义成对配置好的接口就可支持系统间的互操作性。这种新的管理体制不再强调“全军统一”，而是强调利益共同体的作用。在新的数据资源管理体制下，只需要在每个COI内统一数据的表示，开发共享任务词汇表，而不需要在整个国防部范围对所有数据元素进行标准化，可减少协同工作量。

3. 元数据扮演重要角色

在实现网络中心数据策略的过程中，美国国防部的工作重点是：用户和应用将所有数据投送到“共享”空间，增加企业和利益共同体的数据，所有被投送的数据均与元数据相关联，从而使用户和应用能发现共享的数据并评估这些数据的使用效果。也就是说，随着国防部向以网络为中心的环境（由全球信息网格提供支撑）的演进，元数据资源管理将扮演一个重要角色。元数据注册库（MDR）是美国国防部根据ISO 11179元数据注册系统建立的基于Web的一个共享数据空间。它如同一个能满足开发人员数据需求的一站式商店，存放着各式各样的数据资源供用户使用，实际上扮演着“国防部数据资源库”的角色。

4. 数据在顶层设计中占有基础地位

在美国国防部2009年颁布的《国防部体系结构框架2.0》（DoD AF 2.0）中，体系结构的中心从产品转向了数据，注重体系结构的数据一致性和重用性，引进了体系结构元模型概念（代替了CADM），并真正以数据为中心，建立了数据与信息视图，将高效决策所需的数据的采集、存储和处理放在第一位。

1.3.2.4　以决策优势为导向的“大数据”研发阶段

2011年4月19日，在为期两年的国防科技战略研究的基础上，美国国防部科学技术执行委员会发布了《2013—2017年国防部科学技术投资优先项目》，从综合需求表单中的54项中选出7项战略投资优先发展项目，分别是从数据到决策（from data to decision）、网络科技、电子战和电子防护、工程化弹性系统、大规模杀伤性武器防御、自主系统和人机互动。其中，“从数据到决策”排在第一位，凸显解决数据过载，提高数据分析智能化、自动化水平，提供知识服务，缩短决策周期等问题的重要性和紧迫性。

2012年3月29日，奥巴马政府发布了《“大数据”研发倡议》，将大数据从产业倡导发展提升至国家战略的高度。该倡议涉及美国联邦政府的国防部（DoD）、国土安全部（DHS）、能源部（DOE）、国家科学基金（NSF）会等多个关键部门。根据该倡议，这些部门将联合投入资金，推动大数据的收集、组织和分析等关键技术和系统研发，提升从大量、复杂的数据资源中获取知识的能力。

美国国防部在大数据上每年的投资大约是2.5亿美元（6 000万美元用于新研究项目），建设了一系列跨部门的项目。这些项目致力于两方面的工作：一是研究处理和利用海量数据的新方法，并整合传感器、信息感知和决策支持等多项技术，建立自主操作和决策的自治系统；二是促进新技术向战斗力转化，通过海量数据的分析结果，直接为军事人员和技术专家提供决策信息，提高部队作战行动的能力和指挥员的指挥决策水平。

此外，美国国防部高级研究计划局启动了 XDATA 计划，该计划分 4 年投资 1 亿美元，用于研究分析非结构化和半结构化海量数据的计算方法，并开发创建有效、方便、可定制的可视化人机交互工具。

美军希望通过该阶段的建设，重点实现以下三个方面的目标：一是解决情报、监视和侦察“大数据”的及时处理问题，即如何高效处理平时采集的基础数据、战时或应急采集的海量数据；二是要从“大数据”中高效取得可以形成指令的信息，即利用数据自动化处理、数据分析、数据挖掘等最新研究成果，从数据中提炼出决策和执行人员所需要的“知识”；三是实现基于“大数据”的信息自动实时融合，各类数据必须与相关背景和态势信息融合，构建复杂战场环境下的信息网络图，以提供关于威胁、选择和结果的清晰图景。

虽然，随着数据的获取渠道不断增加，数据存储、计算能力日益加强，由互联网行业开始并逐渐影响到军事部门的“大数据”，正式上升为美国的国家战略。但美军所实施的“大数据”战略，并没有摒弃前期数据资源建设的成果，相反，“大数据”恰恰是在其前期数据资源建设成果积累的基础上，在技术革新的推动下，由量变到质变的必然。从数据到决策，就是美军数据资源建设从量变到质变过程的本质。

1.4 小 结

本章首先介绍了数据的基本概念和数据的生命周期，明确了数据与信息、知识、智慧的关系和差异，让读者对数据有一个全面的理解和认识。为实现数据的共享和重用，在数据全生命周期的各个阶段都有相应的技术手段和理论方法来提供支撑，数据工程的概念逐渐被人们提了出来，并逐渐形成了相对完整的理论体系。数据工程的建设是一项复杂的系统工程，通过分析了解数据工程体系建设的总体框架，分别从体系维、标准维、技术维等方面，全面概括和诠释了数据工程建设各要素的组成和关系。最后，通过分析我国数据工程建设现状和大数据发展战略，以及美军数据工程建设四个阶段的演进，使读者对数据工程的发展过程有了一个较全面的理解。

习 题

1. 请阐述数据、信息、知识和智慧概念的区别和联系。
2. 请分析数据工程建设和数据库建设的差异。
3. 请详细阐述数据工程体系建设的设计思路和组成。
4. 请分析美军数据资源管理策略演进四个阶段的特点和必然性，我们应从中学习什么？

第2章 数据标准

美国国防部在《网络中心数据共享实施指南》中明确提出，实施标准化相关内容入手，首先介绍了数据共享需实现数据的可发现、可访问、可理解和可信赖。数据标准化工作是实现上述目标的基础性工作，本章主要从建立标准的思想方法和了解标准与标准化相关概念和数据标准体系的内容与设计方法，然后分专题介绍了元数据标准、数据元标准、数据分类与编码标准等相关内容，帮助读者深入理解数据标准的理论体系与实践方法。

2.1 概　　述

2.1.1 标准和标准化的基本概念

2.1.1.1 标准概念

在《标准化基本术语 第1部分》（GB 3935.1—1983）中对“标准”的定义是：“对重复性事物和概念所做的统一规定。它以科学、技术和实践经验的综合成果为基础，经有关方面协商一致，由主管机构批准，以特定形式发布，作为共同遵守的准则和依据。”

2014年根据ISO/IEC（国际标准化委员会/国际电工委员会）指南2：2004进行修订。在修订后的《标准化工作指南　第1部分：标准化和相关活动的通用术语》（GB/T 20000.1—2014）中对“标准”的定义为：“通过标准化活动，按照规定的程序经协商一致制定，为各种活动或其结果提供规则、指南或特性，供共同使用和重复使用的文件。”

两个定义从不同侧重点描述了“标准”概念的特性。“标准”概念应具有以下特点。

（1）制定标准的出发点是“建立最佳秩序、取得重大效益”。

（2）标准产生的基础既体现出它的科学性，又体现出它的民主协商性。如制定产品标准不仅要有生产部门参加，还应当有用户、科研、检验等部门参加，共同讨论研究，协商一致，这样制定出来的标准才具有权威性、科学性和适用性。

（3）制定标准的对象已经从技术领域延伸到经济领域和人类生活的其他领域，其对象是重复性事物和概念，这里讲的“重复性”指的是同一事物或概念反复多次出现的性质。只有当事物或概念具有重复出现的特性并处于相对稳定状态时才有制定标准的必要，使标准不仅可以作为今后实践的依据，以最大限度地减少不必要的重复劳动，又能扩大“标准”重复利用的范围。

（4）标准的本质特征是统一。不同级别的标准、不同类型的标准，是在不同范围内、从不同角度或侧面进行统一的。

（5）标准文件有着自己的一套格式和制定、颁布的程序。一般做到“三稿定标”：征求意见稿—送审稿—报批稿。标准的编写、印刷、幅面格式和编号、发布的统一，既可保证标准的质量，又便于资料管理，体现了标准文件的严肃性。所以，标准必须“由主管机构批准，以特定形式发布”。标准从制定到批准、发布的一整套工作程序和审批制度，是使标准本身具有法规特性的表现。

2.1.1.2 标准分类

根据《中华人民共和国标准化法》，我国标准可分为强制性标准和推荐性标准两大类。强制性标准的代号是 GB，这类标准必须严格执行。强制性标准多是涉及国家安全、防止欺诈行为、保障人身健康与安全、保护动植物生命和健康、保护环境一类的标准，不符合强制性标准的产品，禁止生产、销售和出口。推荐性标准的代号是 GB/T，这类标准可以自愿采用。国家鼓励企业自愿采用推荐性标准。需要注意的是，当推荐性标准被法律、法规或合同引用时，就具有相应约束力，必须强制执行。

按标准批准的机关和适用范围，标准也有不同的适用范围，如表 2–1 所示。

表 2–1 标准不同的适用范围

名称	范围	代号示例
国际标准	国际通用	ISO（国际标准化委员会）、IEC（国际电工委员会）、ITU（国际电信联盟）等
国家标准	国家适用	GB（国家强制标准）、GB/T（国家推荐标准）
行业标准	特定行业适用	GJB（国家军用标准）、JC（建材行业标准）
地方标准	地方（省、自治区、直辖市）适用	DB+行政区代码前两位，如 DB11（北京市标准）、DB33（浙江省标准）等
企业标准	特定企业或单位适用	Q+企业代码+标准号+年度格式，如 Q/SOR 04.739—2007（奇瑞汽车金属材料取样标准）

当遵循或引用标准时，应优先采用适用范围更广的标准。比如，仅在没有适用的国家标准可遵循的情况下，才能遵循地方标准或行业标准。我国常见行业的标准代号如表 2–2 所示。

表 2–2 我国常见行业的标准代号

行业名称	行业标准代号	行业名称	行业标准代号
核行业标准	EJ	黑色金属行业标准	YB
航天行业标准	QJ	建材行业标准	JC
航空行业标准	HB	有色金属行业标准	YS
船舶行业标准	CB	化工产品行业标准	HG
兵器行业标准	WJ	轻工行业校规	QB
电子行业标准	SJ	纺织行业标准	FZ
机械行业标准	JB	通信行业标准	YD

国家军用标准作为军队建设的法规性文件，一般分为军用标准、军用规范和指导性技术文件三类。表 2–3 列出三种分类在内容、目的和使用上各自的特点。

表 2–3　我国国家军用标准的分类

特点	类　别		
	军用标准	军用规范	指导性技术文件
内容	过程、程序、方法、术语、代号、代码，产品分类等	要求，是否符合要求的试验方法，检验规则	为有关活动提供资料、信息、指南
目的	统一概念，促进交流，简化品种，保证互换、兼容	保证产品、服务的符合性	帮助文件编制
使用	通过“规范”起作用	作为供需双方订购、研制、验收的依据	不能进入合同

此外，还可按标准化对象的基本特性分为技术标准、管理标准和工作标准。根据技术标准，又可按内容分为基础标准、产品标准和方法标准等。

2.1.1.3　标准化

在国家标准《标准化基础术语　第 1 部分》（GB 3935.1—1983）中规定标准化是“在经济、技术、科学及管理等社会实践中，对重复性事物和概念，通过制定、发布和实施标准，达到统一，以获得最佳秩序和社会效益。”

修订后的国家标准《标准化工作指南　第 1 部分：标准化和相关活动的通用术语》（GB/T 20000.1—2014）中规定：“标准化”是“为了在既定范围内获得最佳秩序，促进共同效益，对现实问题或潜在问题确立共同使用和重复使用的条款以及编制、发布和应用文件的活动。”

上述定义虽然各有特点，但含义大体相同，基本上都认定标准化是一个包括制定标准和贯彻实施标准，并对标准的实施进行监督从而获得最佳秩序和最佳社会效益的全部活动过程。这个过程具有以下三个特点。

（1）过程由三个关联的环节组成，即制定、发布和实施标准。

（2）活动过程在深度上是一个没有止境的循环上升的过程。在实施中随着科学技术的发展，对原标准适时进行总结、修订，再实施，每循环一次，标准就充实新的内容、产生新的效果、上升到一个新的水平。

（3）活动过程在广度上也是一个不断扩展的过程。如过去只制定了产品标准、技术标准，根据新的需求，现在需要制定管理标准、工作标准等。

事实上，国家为了推进标准的编写和标准化工作也制定了相应的推荐标准，如《标准化工作导则　第 1 部分：标准化文件的结构和起草规则》（GB/T 1.1—2020）、《标准化工作指南　第 1 部分：标准化和相关活动的通用术语》（GB/T 20000.1—2014）、《标准编写规则　第 1 部分：术语》（GB/T 20001.1—2001）等。

2.1.2　数据标准化概述

2.1.2.1　数据标准化概念

数据标准化是对数据进行有效管理的重要途径。基于前文对标准化概念的定义，数据标准化可理解为：通过制定、发布和实施数据相关标准，以获取“最佳秩序和效益”为目的，将数据组织起来，进行采集、存储、应用及共享的一种手段。

数据标准化的具体实施步骤包括制定、发布、宣贯与数据有关的法规性文件或标准，提供数据标准化的工具等；需标准化的内容包括建立数据标准体系、元数据标准化、数据元标准化和数据分类与编码标准化等。其中，数据标准体系是指一定业务领域范围内的数据标准按其内在联系形成的有机整体，多以标准体系表的形式发布；元数据标准化主要是指对数据外部特征进行统一规范描述，包括数据标识、内容、质量等信息，便于使用者发现数据资源；数据元标准化是指对数据内部基本元素的名称、定义、表示等进行规范，便于数据集成、共享；数据分类与编码标准化是指对数据进行统一的分类和编码，避免对同一信息采用多种不同的分类与编码方法，造成数据共享和交换困难。

2.1.2.2 数据标准化活动

数据标准化活动具体包括确定数据需求、制定数据标准、批准数据标准和实施数据标准四个阶段。

1. 确定数据需求

本阶段将产生数据需求及相关的元数据、域值等文件。在确定数据需求时应考虑现有法规、政策，以及现行的数据标准。

2. 制定数据标准

本阶段要处理上一阶段提出的数据需求。如果现有的数据标准不能满足该数据需求，可以建议制定新的数据标准，也可建议修改或者封存已有数据标准。推荐的、新的或修改的数据标准记录于数据字典中。这个阶段将产生供审查和批准的成套建议。

3. 批准数据标准

本阶段数据资源管理机构对提交的数据标准建议、现行数据标准的修改或封存建议进行审查。

4. 实施数据标准

本阶段涉及在各信息系统中实施和改进已批准的数据标准。

2.1.3 数据标准体系

某一领域需建立多层次、多类别的诸多标准时，通常首先建立其标准体系，以保证本领域标准的系统性、完整性和科学性。建立标准体系的关键在于对标准的分类或分层。从最具一般意义上，可将数据标准分为三类：指导标准、通用标准和专用标准，下面分别进行简要描述。

2.1.3.1 指导标准

指导标准是指与标准的制定、应用和理解等方面相关的标准。它阐述了数据共享标准化的总体需求、概念、组成和相互关系，以及使用的基本原则和方法等。

指导标准包括：标准体系及参考模型、标准化指南、数据共享概念与术语和标准一致性测试。

2.1.3.2 通用标准

通用标准是指数据共享活动中具有共性的相关标准。通用标准分为三类：数据类标准、服务类标准和管理与建设类标准。

1. 数据类标准

数据类标准包括：元数据、分类与编码、数据内容等方面的标准。

元数据标准包括元数据内容、元数据 XML/XSD 置标规则和元数据标准化基本原则和方法。元数据标准用于规范元数据的采集、建库、共享和应用。

分类与编码标准包括数据分类与编码的原则与方法、数据分类与编码，作为特定领域数据分类与编码时共同遵守的规则。

数据内容标准包括数据元标准化原则与方法、数据元目录、数据模式描述规则和方法、数据交换格式设计规则、数据图示表达规则和方法、空间数据标准等。数据内容标准用于数据的规范化改造、建库、共享和应用。

2. 服务类标准

服务类标准是提供数据共享服务的相关标准的总称，包括数据发现服务、数据访问服务、数据表示服务和数据操作服务，内容涉及数据和信息的发布、表达、交换和共享等多个环节，规范了数据的转换格式和方法，互操作的方法和规则，以及认证、目录服务、服务接口、图示表达等方面。

3. 管理与建设类标准

管理与建设类标准用于指导系统的建设，规范系统的运行。该标准包括质量管理规范、数据发布管理规则、运行管理规定、信息安全管理规范、共享效益评价规范、工程验收规范、数据中心建设规范和门户网站建设规范等。

2.1.3.3　专用标准

专用标准就是根据通用标准制定出来的满足特定领域数据共享需求的标准，重点是反映具体领域数据特点的数据类标准，如领域元数据内容、领域数据分类与编码、领域数据模式、领域数据交换格式、领域数据元目录和领域数据图示表达规范。

数据标准体系的标准示例见表 2–4。需要说明的是，这种划分不是唯一的，各领域可根据应用实际，对其进行裁剪、扩展或修订。

表 2–4　数据标准体系的标准示例

类别			标准示例
指导标准			标准体系及参考模型 标准化指南 数据共享概念与术语 标准一致性测试方法
通用标准	数据	元数据	元数据标准化基本原则和方法 元数据内容 元数据 XML/XSD 置标规则
		分类与编码	数据分类与编码原则与方法 数据分类与编码
		数据内容	数据元目录 数据元标准化原则与方法 数据模式描述规则和方法 数据交换格式设计规则 数据图示表达规则和方法

续表

<table>
<tr><th colspan="3">类别</th><th>标准示例</th></tr>
<tr><td rowspan="6">通用标准</td><td rowspan="4">服务</td><td>数据发现</td><td>数据元注册与管理
目录服务规范
数据与服务注册规范</td></tr>
<tr><td>数据访问</td><td>数据访问服务接口规范
元数据检索和提取协议
Web 服务应用规范</td></tr>
<tr><td>数据表示</td><td>数据可视化服务接口规范</td></tr>
<tr><td>数据操作</td><td>数据分发服务指南与规范
信息服务集成规范</td></tr>
<tr><td rowspan="2">管理和建设</td><td>管理</td><td>质量管理规范
数据发布管理规则
运行管理规定
信息安全管理规范
共享效益评价规范
工程验收规范</td></tr>
<tr><td>建设</td><td>数据中心建设规范
数据中心门户网站建设规范</td></tr>
<tr><td>专用标准</td><td colspan="2">基础数据
业务数据
环境数据
模型数据
标准数据</td><td>元数据内容
数据分类与编码
数据模式
数据交换格式
数据元目录</td></tr>
</table>

2.2 元数据标准化

2.2.1 元数据基本概念

2.2.1.1 元数据定义

元数据最初提出是在图书情报领域，产生的动因来自现代信息资源在处理上的两大挑战：一是数据化资源逐渐成为信息资源的主流，而这些资源从产生、存档、管理到使用都远远不同于传统的纸介质文献；二是网络和数字化技术使信息的发布既快速又便捷，由此产生的海量信息要求有与现代计算机技术和网络环境相适应的方便、快捷、有效的数据发现和获取方法。

元数据最简单的定义是：关于数据的数据（data about data）。这一定义虽然简洁地说明了元数据的性质，但却不能全面地揭示元数据的内涵。可从以下几个方面更全面地理解元数据的概念。

元数据是关于数据的结构化数据（structured data about data），这一定义强调了元数据的结构化特征，从而使采用元数据作为信息组织的方式同全文索引有所区分。

元数据是用于描述数据的内容（what）、地址（where）、时间覆盖范围（when）、质量管理方式、数据的所有者（who）、数据的提供方式（how）的数据，是数据与数据用户之间的桥梁。

元数据提供了描述对象的概貌，使数据用户可以快速获得描述对象的基本信息，而不需要具备对其特征的完整认识。数据用户可以是人，也可以是程序。

元数据多是用于描述网络信息资源特征的数据，包含网络信息资源对象的内容和位置信息，促进了网络环境中信息资源对象的发现和检索。

简言之，元数据按照一定的定义规则从资源中抽取相应的特征，进而完成对资源的规范化描述。如对目前广泛使用的关系型数据库而言，其元数据就是对数据库模式信息特征和业务管理信息特征的抽取，可描述数据的内容、时间覆盖范围、质量管理方式、数据的所有者、数据的提供方式等有关的信息。元数据能够广泛应用于信息的注册、发现、评估和获取。

2.2.1.2 元数据结构

元数据结构包括内容结构、句法结构和语义结构。

1. 内容结构

内容结构（content structure）是指对元数据的构成元素及其定义标准进行描述。一个元数据由许多完成不同功能的具体数据描述项构成，这些具体的数据描述项称为元数据元素项或元素，如题名、责任者等，都是元数据中的元素。元数据元素一般包括通用的核心元素、用于描述某一类型信息对象的核心元素、用于描述某个具体对象的个别元素，以及对象标识、版权等内容的管理性元素。

为了更清晰地描述元数据结构，可将元数据按照层次结构划分为元数据元素、元数据实体和元数据子集。元数据元素是元数据的最基本的信息单元。例如，元数据元素数据集名称、数据集标识符、元数据创建日期等，是最基本的属性信息单元。元数据实体是同类元数据元素的集合，用于一些需要组合若干个更加基本的信息来表达的属性。例如数据集“提交方和发布方”需要用“单位名称”“联系人”“联系电话”“通信地址”等若干个基本信息来说明，数据集“关键词说明”需要用“关键词”“词典名称”来说明，而数据集“提交方和发布方”和“关键词说明”则表示元数据实体。元数据子集由共同说明数据集某一类属性的元数据元素与元数据实体组成，例如标识信息、内容信息、分发信息等。

2. 句法结构

句法结构（syntax structure）是指元数据格式结构及其描述方式，即元数据在计算机应用系统中的表示方法和相应的描述规则。应采用 XML DTD、XML Schema、RDF 来标识和描述元数据的格式结构。

3. 语义结构

语义结构（semantic structure）定义了元数据元素的具体描述方法，也就是定义描述时所采用的共用标准、最佳实践或自定义的语义描述要求。可参考国际标准 ISO/IEC 11179《信息技术 元数据注册系统（MDR）》所规定的数据元描述方法进行描述，也可以根据描述对象所在领域的特点自行确定。ISO/IEC 11179 中采用以下 10 个元素进行描述。

（1）名称（name）：元素名称。

（2）标识（identifier）：元素唯一标识符。

（3）版本（version）：产生该元素的数据版本。

（4）注册机构（registration authority）：注册元素的授权机构。

（5）语言（language）：元素说明语言。

（6）定义（definition）：对元素概念与内涵的说明。

（7）选项（option）：说明元素是限定必须使用的还是可选择的。

（8）数据类型（data type）：元素值中所表现的数据类型。

（9）最大使用频率（maximum occurrence）：元素的最大使用频次。

（10）注释（comment）：元素应用注释，用于说明子元素的情况。

常见元数据标准中规定的描述元素如表 2–5 所示。

表 2–5　常见元数据标准中规定的描述元素

标准名称	描述项数量	具体描述项
都柏林核心元数据标准（Dublin core）	15	题名、创建者、日期、主题、出版者、类型、描述、其他贡献者、格式、来源、权限、标识、语言、关联、覆盖范围
电子政务数据 第 2 部分：公共数据目录	15	中文名称、内部标识符、英文名称、中文全拼、定义、对象类词、特性词、表示词、数据类型、数据格式、值域、同义名称、关系、计量单位、备注
核心元数据标准	9	中文名称、英文名称、标识、定义、类型、值域、可选性、最大出现次数、注释
美国国防部发现元数据标准（DDMS）	17	题名、标识、创建者、发布者、贡献者、日期、语言、权限、类型、来源、主题、空间覆盖范围、时间覆盖范围、虚拟覆盖范围、描述、格式、安全

2.2.1.3　元数据作用

元数据可以为各种形态的信息资源提供规范、普遍适用的描述方法和检索方式，为分布的、由多种资源组成的信息体系提供整合的工具与纽带。元数据的作用主要体现在以下几方面。

1. 描述

元数据最基本的功能就在于对信息对象的内容描述，从而为信息对象的存取与利用奠定必要基础。各元数据格式描述信息对象的详略与深浅是不尽相同的，如 Dublin Core 所提供的即为最基本的描述信息。

2. 定位

元数据包含有信息对象位置方面的信息，可以通过它确定信息对象的位置所在，促进信息对象的发现和检索。

3. 寻找或发掘

元数据提供寻找或发掘的基础。在著录过程中，将信息对象的重要特征抽出并加以组织，赋予语义，建立关系，使得检索结果更加精确，有利于用户发现真正需要的资源。

4. 评价

元数据可提供信息对象的基本属性，便于用户在无须浏览信息对象本身的情况下，对信息对象有基本的了解和认识，对信息对象的价值进行评估，作为是否利用、如何利用的参考。

5. 选择

用户根据元数据所提供的描述信息，参照相应的评价标准，结合现实的使用环境，来做出决定，选择适合使用的信息对象。另外，元数据的作用还体现在对信息对象的保存、管理、整合、控制、代理等多个方面。

2.2.2 典型元数据标准

2.2.2.1 都柏林核心元数据元素集

都柏林核心元数据元素集（Dublin core metadata element set，DC）最初由美国 OCLC 公司于 1995 年提出，现在由都柏林核心元数据组织（Dublin Metadata Initiative，DCMI）负责管理与推广。尽管 DC 最初的应用是为了网络资源的著录与挖掘，但得益于其元素简单易用和基于自由、开放、共享精神的大力推广，目前 DC 的内容包括了一整套原则和方法的元数据应用标准规范体系，已远超过一套元数据词表。DC 包括资源内容描述、知识产权描述、外部属性描述三大类，共 15 个核心元素，并依据 ISO/IEC 11179 标准简单而完备地定义了这些元素的属性。DC 的优势在于提供了一套完整的元数据方案，便于著录和检索；不足是对著录对象的描述深度不够，无法满足特定领域的描述和专指度较高的检索。为了更好地规范 DC 的发展，使之提供更多领域元数据可重复使用的“轮子”，DCMI 提出元数据应用纲要（application profile）模型。DCMI 认为，一套完整的元数据应用纲要应该包含以下五个部分：功能需求说明、领域模型、元素集与描述、应用指南、编码句法指南。DCMI 的元数据应用纲要模型如图 2-1 所示。

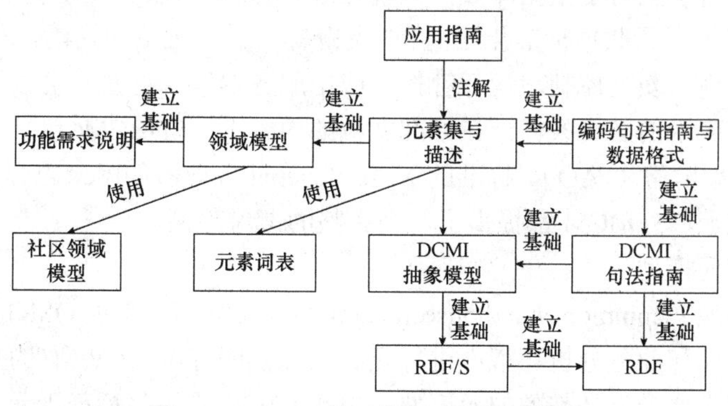

图 2-1 DCMI 的元数据应用纲要模型

DC 作为最早普及使用的元数据标准，大大推动了元数据标准体系框架技术与理论的发展。其最新在形式化定义和应用纲要等方面的发展，也为编制和运用元数据标准提供了很好的参考，如交由独立的技术学会而非公司或行政部门来制定其技术发展路线；领域模型与元素词表的建立；重视基于应用指南的推广；提供格式编码与描述语言等。

2.2.2.2 科学数据库核心元数据标准

中国科学院科学数据库核心元数据标准（scientific database core metadata，SDBCM）是针对中科院已经建成的几百个不同资源类型、不同学科的专业数据库，为有效揭示和管理这些复杂、异构、分布式数据资源，促进数据资源的利用、共享、交换和整合而建立的一套元数据共享方案。与 DC 近似平面结构的 15 个核心元素不同，SDBCM 采用扩展的、复杂层级树状结构，包含数百项数据元素。SDBCM 标准不仅涵盖包括关系型数据、文本文件、音视频文件等异构的数据资源元数据信息，也包括提供数据服务的服务资源元数据信息，其顶层两级内容如图 2-2 所示。在应用扩展性上，基于 SDBCM 可以扩展出类型相关应用方案（如图像通用元数据规范、视频资源元数据规范、音频资源元数据规范）和学科相关元数据方案（如生态研究元数据标准、大气数据元数据标准等）。

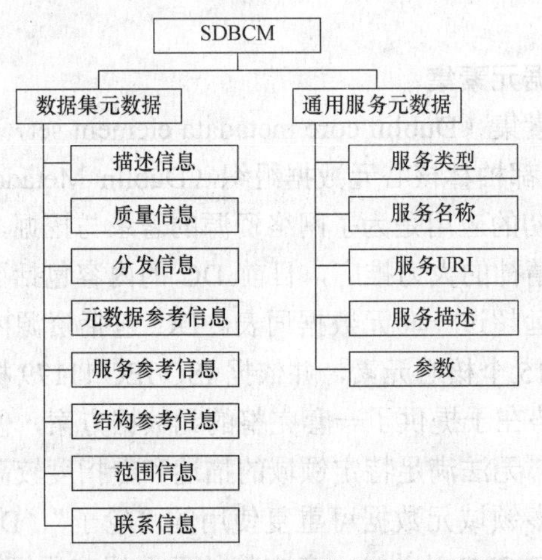

图 2-2　科学数据库核心元数据标准层次结构

SDBCM 是我国起步较早，应用范围较广，推广较成熟的一个元数据标准。中国科学院先后制定了《中国科学院科学数据库数据共享办法》《数据与服务注册规范》《数据分类与编码的原则和基本方法》《元数据标准化原则和方法》等一系列规范和指南，并开发了数据访问、通用元数据资源管理、安全控制、运行管控、应用服务器等。这些配套设施是一个成熟、完备元数据标准推广应用的必要条件。在标准文稿的内容上，SDBCM 包含了应用扩展方案、应用指南、常见问题解答（FAQ）、标准的 XML Schema 等丰富的附录内容。无论在标准自身还是在其配套设施上，SDBCM 都提供了一个完整的参考范例。

2.2.2.3 公共仓库元模型

公共仓库元模型（common warehouse metamodel，CWM）是被 OMG（对象管理组织）采纳的、在数据仓库和业务分析环境中进行元数据交换的标准。CWM 的目标是为数据仓库和业务分析领域定义一个语义完备的元模型，因此 CWM 除了包括基于元数据标准所应具备的数据元素外，还定义了描述标准的元语言（采用 UML 进行描述）、共享元数据的交换格式和方法（采用 XML 进行描述）、访问元数据的编程语言 API（采用 JMI 或 IDL 映射技术）。CWM 元模型按包组织，在逻辑上采用分层结构，分为管理层、分析层、资源层、基础层和对象模型层，如图 2-3 所示。其中 CWM 元模型层次结构图中上面四层的包是 CWM 元模型

特有的包，最下面对象模型层的包来源于 UML 的对象模型。

管理层	数据仓库处理包	数据仓库操作包				
分析层	转换包	联机分析处理包	数据挖掘包	信息可视化包	业务命名规则包	
资源层	对象包	关系型包	记录包	多维包	XML包	
基础层	业务信息包	数据类型包	表达式包	键和索引包	软件配置包	类型映射包
对象模型层	核心包	行为包	关系包	实例包		

图 2－3　CWM 元模型层次结构

1. 对象模型层

对象模型层是 UML 元模型的一个子集，它是支撑基于该层以上整个 CWM 的基础，它由核心包、行动包、关系包和实例包组成，其中核心包被其他三个包所依赖。该层定义了数据仓库中不同对象共有的属性和动作，并衍生出不同对象的子类。

2. 基础层

基础层包含业务信息包、数据类型包、表达式包、键和索引包、软件配置包、类型映射包等特定功能的元模型，为更高层问题域的元数据建模提供公共服务。

3. 资源层

资源层对对象模型层和基础层进行扩展，定义了各种不同类型数据资源的元模型。数据资源类型主要包括：面向对象的数据库、关系型数据库、面向记录的数据源、多维数据库和 XML 数据流。资源层主要为数据资源的逻辑模型和物理模型建模，是数据集成共享的基础。

4. 分析层

分析层提供了支持仓库活动即面向分析的元数据模型，主要描述作用于数据资源之上的服务，其提供了处理和分析阶段元数据所必需的语法和语义。分析层中的转换包支持元数据的映射和转换，是模型驱动的数据集成方法实施的关键部分。

5. 管理层

管理层定义了两个关于数据仓库活动处理的元模型，以支持仓库的日常操作和管理服务功能。

CWM 在对元数据的组织上，摒弃了 DC 中采用的树状层次结构，而采用了纯面向对象的方式，并使用 UML 为描述语言。CWM 可以根据具体业务需求进行裁剪。如对仅满足关系型数据库模式信息的元数据定义与组织，可以以关系型包为核心，只需使用其依赖的核心包、行为包、实例包、数据类型包、键和索引包等。利用 CWM 的扩展机制可在元数据中增加更多的分类信息。CWM 提供了两种扩展机制，一种是基于类继承的重量级扩展机制，另一种是使用 Stereotype 和 TaggedValue 类的轻量级扩展机制。具体应用中，两种扩展机制一般是同时使用的，如利用继承生成 Table 类的子类，利用 TaggedValue 类增加类别、密级等简单属性。

2.2.2.4 美国国防部 DDMS

美国国防部发现元数据规范（Department of Defense discovery metadata specification，DDMS）是美国国防部为支持网络中心数据战略（net-centric data strategy）的要求而制定的元数据标准规范，旨在对资源的共建共享规定框架与概念，此框架适用于对军事领域信息资源进行统一规范化建设，从而可以作为我军元数据规范建设的参考。

DDMS 的研究对象是需要参与共享的所有军事资源，即与军事相关的任何由数据组成的资源实体，包括各种数据库资源、系统或应用程序的输出文件、各种形式的资料、网页或者各种提供数据操作的服务；DDMS 的内容包括美国军事领域共享资源的元数据体系结构、元素集组成、元素的定义，主要侧重于支持搜索功能的描述性元数据的研究；DDMS 的主要功能是用于军事资源的发现，通过灵活的搜索工具的支持，屏蔽了资源的类型、格式、存储位置、分类等信息，可迅速准确地找到用户所需的资源；DDMS 的元数据的著录层次发展始于数据库层次，例如对数据库的建立者、基本特征、存取路径等的描述信息，目前正在向数据库内记录的属性信息层次进展，DDMS 与其相关政策会根据具体搜索应用的需求来增加数据库内记录属性的信息。

DDMS 的设计遵循了元数据开放机制的理念和原则，采用逻辑划分的方式，分为核心层与扩展层两个部分，各个元素根据其重要程度进行归类。DDMS 的相当一部分元素的定义、编码规则复用了都柏林核心元数据元素集的标准，编码语言采用 XML 与 HTML 两种方式。DDMS 的扩展机制规定了可以根据需要扩展核心元数据元素集的元素或普通元素，所有的元数据信息都要统一注册管理。DDMS 的版本随着用户或系统的功能需求的变化而不断改进，如 DDMS 1.1 便引入了“反恐共享信息”方面的标准。

DDMS 的语法描述采用基于 XML 的 XML Schema 来定义语法结构，以 XML 形式保存的所有元数据文件，其文件语法结构的有效性通过 XML Schema 来验证。DDMS 的注册管理采用了开放登记（open registry）机制，建立了公开的网站，提供各种元数据格式的权威定义与用法等信息，用户或系统可以申请注册新的元数据标准，可以申请对原有元数据标准各层次的内容进行维护，如结构的改变、元素的增删和修改、注册新的规范词表、编码方案等，以使元数据标准能够实时地满足用户或系统的最新需求。此外，元数据标准规范开放登记系统管理机制还提供元数据格式、元素、修饰词的检索机制。用户通过元数据的目录系统进行元数据的搜索，从得到的元数据中获取所要的各种数据资源。

2.2.3 元数据标准的分类与管理

2.2.3.1 元数据标准的分类

对现有元数据标准的分类，一般可采用美国国会图书馆对其资源库核心元数据表的分类方法，将元数据划分为描述型元数据、管理型元数据、结构型元数据三种类型。其中描述型元数据用于数字对象的发现，管理型元数据用于管理和保存资源库中的对象，结构型元数据主要用于资源库中数字对象的存储和显示。

对现有元数据标准的分类，大多按元数据标准所服务的业务领域进行划分。这里提出按对复杂性的处理、对业务领域的关联程度和数据结构组织方式三种视角对元数据标准进行划分，表 2-6 为不同视角的元数据标准划分。

表2-6 不同视角的元数据标准划分

划分依据	分类	说明	现有标准案例
对复杂性的处理	扩展方法	优点：具有非常好的灵活性和广泛的适用性； 缺点：不同元数据标准都需要根据本领域的特点对核心元素据进行扩展，扩展的原则、方法不尽一致，难以保证扩展后的元数据标准在语法和定义上的一致性	DC。如国家数字图书馆元数据标准就是在DC上进行的扩展
	裁剪方法	优点：元数据标准内容丰富，体系完备，具有较强的描述能力； 缺点：元数据标准所定义的体系结构、数据内容一般较为复杂，难以掌握	CWM 裁剪。对常用关系数据库的应用，只需应用其5个包约40个类
对业务领域的关联程度	弱关联	弱关联方式体现在元数据标准的大部分内容可以适用于其他领域和行业。弱关联的标准与业务领域的相关性一般体现在特定的编码中，如单位编码表、数据分类编码表等	SDBCM。此标准虽然包括数百项数据项，但这些数据项对其他业务领域的应用也具有参考意义和相当的实用性
	强关联	强关联方式要求元数据标准的编制者要仔细规划所涉及业务领域的所有数据项（即数据元），并对其进行分类分析。这类标准更倾向于数据元标准。一般适用于业务领域面较窄的行业	行业标准。《港口管理信息系统数据字典》（JT/T 484—2002）规定了港口自然环境、港口设施、港口生产、港埠企业及生产质量安全和环境保护五类数据项定义近400项
数据组织结构	结构化层次模型	层次清晰的树状结构，具有一定的扩展性，但不具有数据演化能力和数据封装能力	DC、SDBCM
	面向对象模型	采用关联、继承、聚合等关系处理数据关系，具有数据演化能力和数据封装能力	CWM

2.2.3.2 元数据资源管理

元数据标准的提出只是数据共享工程的开始，真正做到数据共享的元数据资源管理，还需要大量的后续软硬件设施的建设。图2-4列出了一个典型的元数据资源管理的应用场景。

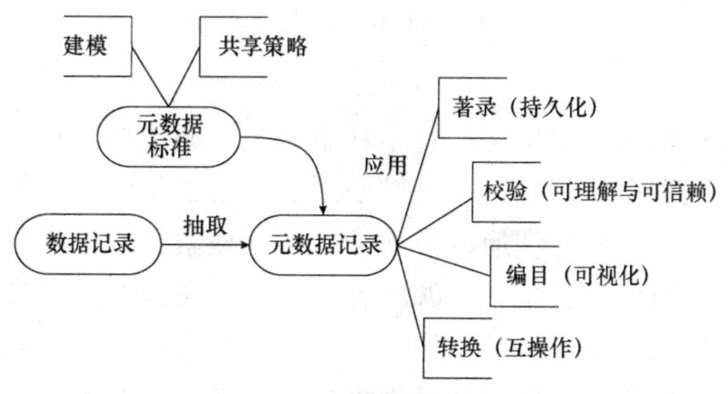

图2-4 元数据资源管理的应用场景

元数据标准的应用对象是元数据，围绕元数据记录，需要做大量的工作。抽取，是指从现有数据记录中按照新的元数据标准抽取出元数据记录，这可以大大减少元数据著录的工作量，特别是对于关系型数据库记录，可用JDBC等跨数据库的访问技术进行自动化的抽取。著录，即要完成复合标准的元数据著录工作，实现元数据信息的可持久化，一般有持久化到数据和文件两种方式。校验，探索元数据记录信息质量保证机制，保证元数据是可理解和可信赖的。编目，以目录服务形式提供元数据的对外服务，参考 Windows 的活动目录树和 LDAP 实现，提供灵活、分布式的数据检索服务。转换，元数据是异构数据相互转换的基础，必须开发相应的转换接口，满足数据互操作的需要。此外一个完整的元数据记录对外服务还应包括门户建设、运维环境、安全机制等。

元数据的管理需要大量的工程实践。以元数据持久化为例，对 DC、SDBCM 等以层次关系组织结构的元数据标准大多采用 XML 文件作为元数据描述的元语言，对元数据记录也多用 XML 文件形式交换，如果直接将 XML 文件保存入库是最好的持久化方法，但无论对于原生（native）XML 数据库还是基于关系型数据库扩展的 XML 存储功能（XML-enabled）的数据库，都存在映射关系复杂、效率低、支持格式有限、无法提供事务支持等问题；而对于以面向对象方法组织的 CWM，其官方网站给出了将 204 个类持久化到 SQL Server 2000 数据库中的示例方案，部署后生成了近 300 个表、1 000 个字段和 10 000 多个存储过程，即使裁剪也需耗费大量的工作；而基于 EMF（eclipse modeling framework）提供的元模型持久化方案，工作量要少很多。

2.2.4 元数据标准参考框架

参考美国国防部制定的 DDMS 的逻辑模型，建立元数据标准参考框架，该框架包括核心层和扩展层，如图 2-5 所示。

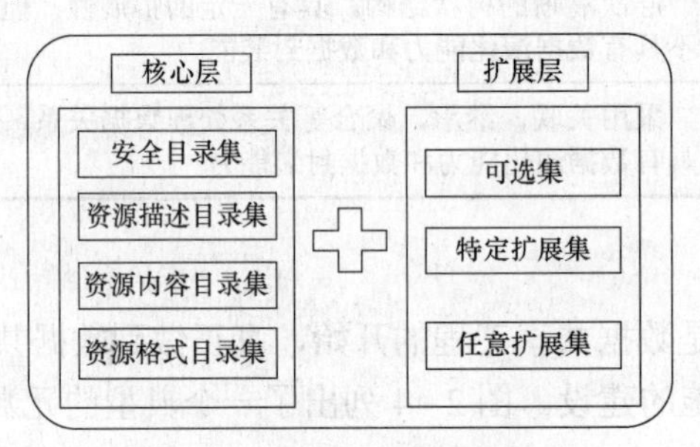

图 2-5　元数据标准参考框架

2.2.4.1 核心层

核心层中的元素具有最大的通用性，对于任意一种资源的描述与管理都是必要的，它们是实现不同元数据格式互操作的基础。所有核心层的元素都需要在元数据资源管理中心（应建立的全军元数据统一管理机构）注册，是进行元数据搜索的必选项目。核心层元数据元素可分为安全目录集、资源描述目录集、资源内容目录集、资源格式目录集四个目录集合，每一个目录集合用来描述领域数据资源某一层面的信息，核心层的各个元素根据自身所属的类别分别归类到这四个目录集合中，这四个目录集合的范围限定如下。

1. 安全目录集

安全目录集是描述信息资源的安全相关层次和领域的元素的集合。这些元素提供有关安全属性的规范化的描述，并可以用于支持访问控制，反映了信息保密的原则。

2. 资源描述目录集

资源描述目录集中的元素用于描述信息资源的维护、管理和资源的关系方面的内容。

3. 资源内容目录集

资源内容目录集中的元素用于描述信息资源的概念性、背景性的相关内容。此集合的元素旨在提高对信息资源对象的查找精度。

4. 资源格式目录集

资源格式目录集中的元素用于描述信息资源的物理方面的内容。

2.2.4.2　扩展层

扩展层中的元素是对特定资源领域或适应于特定应用而扩展的描述项，必要时也可对核心层元数据进行扩展。根据领域数据资源的特点，将扩展层分为可选集、特定扩展集、任意扩展集三个目录集合。

1. 可选集

可选集是指事先在元数据资源管理中心注册、可以对核心层元数据元素集合进行扩展的元素集合。用户如果要扩展核心层元数据元素集合，最好选用可选集中的元数据元素，这样无须重新到元数据资源管理中心注册，也可以实现元数据的互操作。可选集中的元数据元素可以是元数据复合元素，也可以是属性元素。

2. 特定扩展集

特定扩展集是指根据数据资源的分类方式，由各个数据单位定义和维护的元数据元素的集合。它反映了该种资源领域的数据的各种特征。

3. 任意扩展集

任意扩展集是指针对具体的更小范畴的数据资源实体，根据用户的特定需要而扩展的元数据元素的集合。

2.2.4.3　核心层元数据集的元素组成

首先定义几种元数据元素的约束性：必选、条件性、可选。具体规定如下。

表中纵列“约束”表示在数据元目录中，一个属性对应一个数据元的约束模式，可能的情况如下。

•必选（mandatory，M）：元素是必须给出的，必选的。

•条件性（conditional，C）：元素在某种指明的条件下是必需的。

•可选（optional，O）：允许但非必需，是否给出则由数据提供者自由决定。

表 2–7 是节选的部分核心层元数据集元素的具体组成，加入了扩展层的元素。

表 2–7　核心层元数据集的元素组成（节选）

<table>
<tr><td rowspan="7">元数据标准核心集（节选）</td><td rowspan="3">安全目录集</td><td rowspan="3">安全</td><td rowspan="3">描述信息资源的安全</td><td rowspan="3">M</td><td>安全级别</td><td>M</td></tr>
<tr><td>分发限制</td><td>C</td></tr>
<tr><td>发行性</td><td>C</td></tr>
<tr><td rowspan="4">资源描述目录集</td><td rowspan="2">资源名称</td><td rowspan="2">由资源创建者和发布者给出的资源名称</td><td rowspan="2">M</td><td>主名称</td><td>M</td></tr>
<tr><td>其他名称</td><td>O</td></tr>
<tr><td rowspan="2">标识符</td><td rowspan="2">数据资源在本系统中的辨识资料</td><td rowspan="2">M</td><td>来源标识的方法</td><td>M</td></tr>
<tr><td>来源标识的内容</td><td>M</td></tr>
</table>

续表

元数据标准核心集（节选）	资源描述目录集	创建者	资源内容的主要创建者，包括人名、单位名称或是服务实体	M	创建者的描述方法	M
					姓名	C
					组织机构	O
					用户 ID	C
					电话号码	O
					邮箱地址	O
		发布者	资源实体的供应者，包括人名、单位名称或者服务实体	O	发行者的描述方法	C
					姓名	C
					组织机构	O
					用户 ID	C
					电话号码	O
					邮箱地址	O
		语种	资源内容的所属语种的背景标识资料	O	语言的描述方法	C
					语言的值	O
		其他责任者	除发布者之外的其他参与者	O	责任者的描述方法	C
					姓名	C
					组织机构	O
					用户 ID	C
					电话号码	O
					邮箱地址	O
		类型	被描述数据资源的所属范畴	O	描述类型的方法	C
					类型的值	O
	资源内容目录集	日期	资源产生、维护的相关日期	O	创建日期	O
					发行日期	O
					有效期限	O
					最新更改日期	O

2.3 数据元标准化

2.3.1 数据元概述

2.3.1.1 数据元基本模型

1. 数据元

依据《信息技术 元数据注册系统（MDR）第1部分：框架》（GB/T 18391.1—2009）的定义，数据元（data element）是由一组属性规定其定义、标识、表示和允许值的数据单元。数据元可以理解为数据的基本单元，将若干具有相关性的数据元按一定的次序组成一个整体结构即为数据模型。

数据元一般由对象类、特性和表示三部分组成。

（1）对象类（object class）。对象类是现实世界或抽象概念中事物的集合，有清楚的边界和含义，并且特性和其行为遵循同样的规则而能够加以标识。

（2）特性（property）。特性是对象类的所有个体所共有的某种性质，是对象有别于其他成员的依据。

（3）表示（representation）。表示是值域、数据类型、表示方式的组合，必要时也包括计量单位、字符集等信息。

对象类是收集和存储相关数据的实体，例如，人员、设施、装备、组织、环境、物资等。特性是人们用来区分、识别事物的一种手段，例如，人员的姓名、性别、身高、体重、职务，坦克的型号、口径、高度、长度、有效射程等。表示是数据元被表达的方式的一种描述。表示的各种组成成分中，任何一个部分发生变化都将产生不同的表示，例如，人员的身高用“厘米”或用“米”作为计量单位，就是人员身高特性的两种不同的表示。数据元的表示可以用一些具有表示含义的术语做标记，例如，名称、代码、金额、数量、日期、百分比等。

数据元的基本模型如图2-6所示。

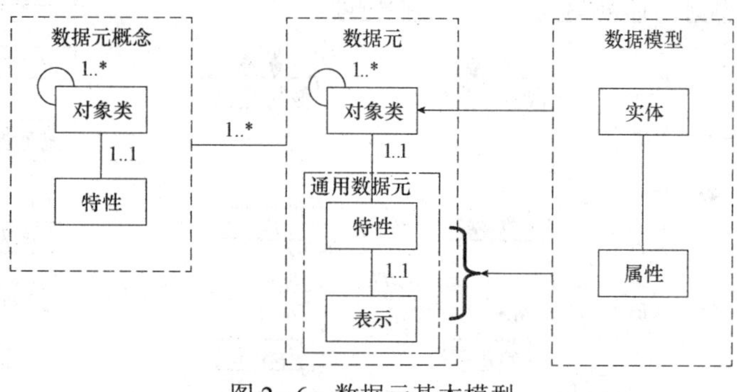

图2-6 数据元基本模型

数据元基本模型中，对象类对应于数据模型中的实体，特性和表示对应于数据模型中的属性。

2. 数据元概念

数据元概念是能以数据元形式表示，且与任何特定的表示无关的一种概念。一个数据元概念由一个对象类和一个特性组成，它与特定的表示无关；一个数据元概念与一个特定的表示结合就成为一个数据元。

数据元概念与数据元是一对多的关系，即一个数据元概念可以与多种不同的表示方式结合，组成多个数据元。例如，人员性别是一个数据元概念，而人员性别名称和人员性别代码是表示这个数据元概念的两个数据元。计量单位也是数据元概念的一种表示方式，一个数据元概念采用不同的计量单位表示就产生多个不同的数据元。例如，坦克全重是一个数据元概念，采用“吨”表示的坦克全重和采用“千克”表示的坦克全重是两个不同的数据元。

3. 数据模型

数据模型（data model）是数据的图形或文字表示，指明其特性、结构和相互间关系。在数据元基本模型中，数据模型中的实体对应数据元的对象类，属性对应数据元的特性和表示，一个数据模型由若干个具有相关性的数据元组成。

2.3.1.2　数据元相关概念

在数据工程领域，与数据元相关的概念比较多，在不同的应用环境中，这些概念的含义不尽相同。必须明确数据元相关概念的确切含义，并理清各个概念之间的相互关系。数据元的相关概念及相互关系如图 2–7 所示。

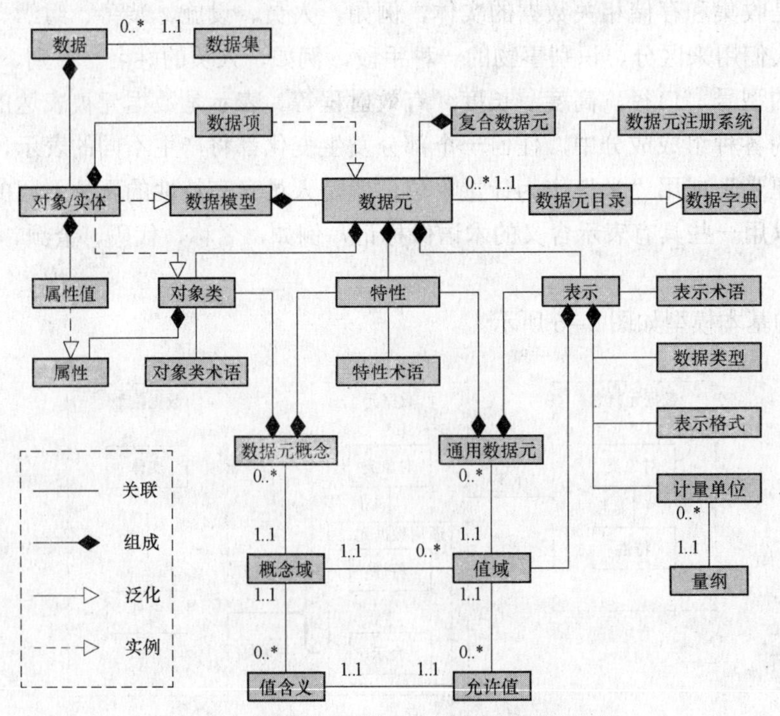

图 2–7　数据元的相关概念及相互关系示意图

复合数据元（composite data element）：由若干数据元或若干其他复合数据元素共同组成的数据元。

数据元目录（data element directory）：也称为数据元集、数据元字典，是列出并定义了全部相关数据元的一种信息资源。数据元目录根据应用范围可分为不同的层级，例如，ISO/IEC 委员会级、国际协会级、行业部门级、单位级、应用系统级。

数据字典（data dictionary）：涉及其他数据应用和结构的数据的数据库，即用于存储元数据的数据库。可泛指为其他数据的应用提供描述、索引或数据来源等作用的数据集。数据元目录也是一种数据字典，数据元注册系统中除了数据元目录还包括若干与数据元相关的数据字典。

数据元注册系统（data element registry）：用来注册和管理数据元目录及相关数据，并对外提供数据元检索、查询等服务的信息系统。

数据（data）：计算机中对事实、概念或指令等的一种形式化的表示。数据是数据模型的实例。

数据集（dataset）：由相关数据组成的可标识的集合。理论上，一个数据集可以小到单个数据文件或关系数据库中的单个数据表。图像、音频、视频、软件等也可以被视为数据集。

数据项（data item）：数据元的一个具体值。

对象（object）/实体（entity）：对象指可以想象或感觉的现实世界的任一部分；实体指任何现存的、曾经存在的或可能存在的具体的或抽象的事物，包括事物间的联系。在本教程中，两者在本质上没有区别，只是为适应不同的语境采用不同的术语。对象/实体由若干个有序的、具有相关性的数据项组成。对象/实体是数据模型或对象类的一个实例。

属性（attribute）：一个对象类的一种特性的表示。对象类的一个属性可以看成由该对象类的一个特性和特性的一种表示组成。

属性值（attribute value）：某种属性的一个实例表示。对象类所有属性的属性值构成一个对象。属性值不是一个简单的数值，而是“属性+数值”。通常的表述中属性值简称为“属性”，一个“对象的属性”是指一个“对象的属性值”。

对象类（object class）：现实世界或抽象概念中事物的集合，有清楚的边界和含义，并且其特性和其行为遵循同样的规则而能够加以标识。

对象类术语（object class term）：数据元名称的一个成分，用于表示数据元所属的对象类。

特性（property）：一个对象类中的所有个体所共有的某种性质。

特性术语（property term）：数据元名称的一个成分，用于表示数据元所属的类别。

表示（representation）：数据元被表达的方式的一种描述。表示可以由值域、数据类型、表示格式、计量单位等组成。

表示术语（representation term）：数据元名称的一个成分，表示数据元有效值集合的形式。

数据类型（data type）：可表示的值的集合，指计算机中存储一个数据项所采用的数据格式，例如整型、浮点型、布尔型、字符串型等。

表示格式（layout of representation）：对数据元值的表示的格式化描述。

计量单位（unit）：计量属性值的基本单位。

量纲（dimension）：又叫作因次或维度、维数、次元，表示一个物理量由基本量组成的情况。一个量纲可以由多种计量单位来表示。

概念域（conceptual domain）：有效的值含义的集合。一个概念域可以有多种表达方式，即一个概念域有多个值域与其对应。

值含义（value meaning）：指一个值的含义或语义的内容。一个值含义属于一个概念域。

值域（value domain）：有效的取值范围。一个数据元的值域是其所有允许值的集合。

允许值（permissible value）：值域（允许值集合）范围内的一个实例。在一对具有对应关系的概念域和值域中，概念域中的值含义与值域中的允许值是一一对应的。

2.3.1.3 数据元分类

数据元分类如下。

1. 按数据元的应用范围分类

数据元按数据元的应用范围分类，可分为通用数据元、应用数据元（或称“领域数据元”）和专用数据元。

（1）通用数据元。通用数据元是指与具体的对象类无关的、可以在多种场合应用的数据元。通用数据元是独立于任何具体的应用而存在的数据元，其主要功能是为应用领域内的数据元设计者提供通用的数据元模板。一个通用数据元由一个特性和该特性的一个表示组成，它与特定的对象类无关；把一个通用数据元应用于一个特定的对象类中时，它就与该对象类组成一个数据元。通常，各领域、行业所制定的公共数据元目录中所收录的数据元都是通用数据元。通用数据元可以作为制定数据元的模板使用，在进行数据模型设计时，从公共数据元目录中提取合适的通用数据元与给特定的对象类结合就成为一个完整的数据元。

（2）应用数据元。应用数据元是在特定领域内使用的数据元。应用数据元与通用数据元是相对于一定的应用环境而言的，两者之间并没有本质的区别，应用数据元是被限定的通用数据元，通用数据元是被泛化的应用数据元，随着环境的变化两者可以相互转化。

（3）专用数据元。专用数据元是指与对象类完全绑定、只能用来描述该对象类的某个特性的数据元。专用数据元包含数据元的所有组成部分，是“完整的”数据元。

2. 按数据元值的数据类型分类

数据元按数据元值的数据类型分类，可分为文字型数据元与数值型数据元。例如，人的姓名是用文字表示的，属于文字型数据元；人的身高是用数值表示的，属于数值型数据元。

3. 按数据元中数据项的多少分类

数据元按数据元中数据项的多少分类，可分为简单数据元和复合数据元。简单数据元由一个单独的数据项组成；复合数据元是由两个及以上的数据项组成，即由两个以上的数据元组成。组成复合数据元的数据元称为成分数据元。虽然数据元一般被认为是不可再分的数据的基本单元，而复合数据元是由两个以上的数据元组成的，但是在实际应用中复合数据元一般被当作不可分割的整体来使用，所以复合数据元仍然可以看作是数据的基本单元，即数据元。例如，“日期时间”是一个复合数据元，表示某一天的某一时刻，它由“日期”和“时间”两个数据元组成。

2.3.1.4　数据元与元数据

数据元与元数据是两个容易混淆的概念。元数据用来描述数据的内容、使用范围、质量、管理方式、数据所有者、数据来源、分类等信息。它使得数据在不同的时间、不同的地点，都能够被人们理解和使用。元数据也是一种数据，也可以被存储、管理和使用。

数据元是一种用来表示具有相同特性数据项的抽象“数据类型”。对于一个数据集而言，元数据侧重于对数据集总体的内容、质量、来源等外部特征进行描述，而数据元则侧重于对数据集内部的基本元素的“名、型、值”等特性进行定义。元数据只用来定义和描述已有的数据，数据元则可以用来指导数据模型的构建，进而产生新数据。

为了使数据元容易被人们理解和交流，需要用一种特定格式的数据对数据元进行描述，这种用来描述数据元的特定格式的数据就是数据元的元数据。数据的提供者为使数据能够被其他人理解和使用，在提供数据的同时需要同时提供描述该数据的元数据，数据元的元数据是其中的一个重要的组成部分。

2.3.2　数据元的基本属性

数据标准的作用就是制定一些数据提供者和数据使用者共同遵守的规范，使数据提供者和数据使用者对数据的含义和表达有共同的理解，从而保证数据能够被正确地理解和恰当地使用。要达成不同角色的用户对数据元的共同理解，必须为数据元定义若干个能够被共同理解的基本属性。

数据元基本属性的定义将决定数据元字典的内容和规范，并作为数据模型设计、数据交换的参考依据，基本属性定义的质量将对后期的数据资源建设产生重大的影响。所以，数据元基本属性的定义是数据元标准化至关重要的一步。

参考 ISO/IEC 11179 系列标准中给出的通用数据元基本属性模型，对应领域的数据元基本属性模型，如图 2–8 所示。

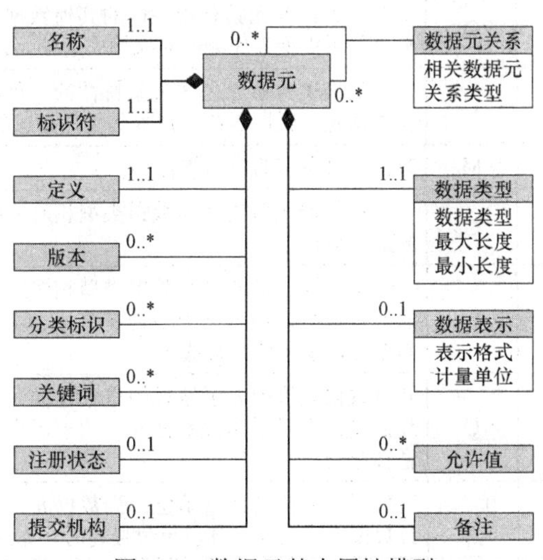

图 2–8　数据元基本属性模型

图 2－8 中关联的基数表示一个数据元可以或必须包含某种属性实例的个数，可能的类型有：

① 0..1：0 个或 1 个。

② 0..*：0 个或多个。

③ 1..1：1 个且仅仅 1 个。

④ 1..*：1 个或多个。

数据元的基本属性按其性质可分为以下几种类型。

① 标识类：可以用来标识数据元的属性，包括名称、标识符、版本。

② 定义类：描述数据元语义方面的属性，包括定义。

③ 关系类：描述数据元的分类、数据元之间的相互关系等方面信息的属性，包括分类标识、关键词、相关数据元、关系类型。

④ 表示类：描述数据元表示方面的属性，包括数据类型、最大长度、最小长度、表示格式、计量单位、允许值。

⑤ 管理类：描述数据元管理与控制方面的属性，包括注册状态、提交机构、备注属性。

数据元的基本属性按性质分类如表 2–8 所示。

表 2–8　数据元基本属性表

属性种类	数据元属性名称	约束	定义	数据类型
标识类	名称	M	赋予数据元的单个或多个字词的指称	字符
	标识符	M	一个数据元在元目录中的全局唯一标识符	字符
	版本	C	一个数据元在逐步完善过程中，某个规范版本发布的标识	字符
定义类	定义	M	表达一个数据元的本质特性并使其区别于所有其他数据元的陈述	字符
关系类	分类标识	O	标记数据元分类信息的数据段	字符
	关键词	O	用于数据元检索的一个或多个有意义的字词	字符
	相关数据元	O	与一个数据元具有相关性的其他数据元。本属性应与“关系类型”作为一对属性一起使用	字符
	关系类型	C	这是描述数据元之间关系特性的一种表达。若“相关数据元”属性存在，则本属性是必选的	字符
表示类	数据类型	M	数据元可表示的值的集合	字符
	最大长度	C	表示数据元值的（与数据类型相对应的）存储单元的最大数目	整数
	最小长度	C	表示数据元值的（与数据类型相对应的）存储单元的最小数目，当数据类型为字符型、字符串型或二进制型时，本属性是必选的	整数
	表示格式	C	对数据元值的表示格式的格式化描述。在数据元的其他属性不足以明确数据元值的表示格式时，本属性是必选的	字符
	计量单位	C	数据元数值的计量单位。当数据元为数值型数据元且数值表示需要有计量单位描述时，本属性是必选的	字符
	允许值	O	这是数据元允许值集合的一个表达	字符

续表

属性种类	数据元属性名称	约束	定义	数据类型
管理类	注册状态	C	一个数据元在注册生命周期中状态的指称。在数据元的生命周期内，本属性是必选的	字符
	提交机构	O	提出数据元注册、修改或注销请求的组织或组织内部机构	字符
	备注	O	这是数据元的注释信息	字符

数据元基本属性的描述信息应作为一个数据字典，存储在数据元注册系统中，基本属性的任何改动都应该在这个数据字典中得到体现，以规范数据元基本属性的定义和应用。

2.3.3　数据元的命名和定义

数据元的命名规则和定义规则主要对数据元的名称、定义等内容的编写进行规范。按照约定的规则对数据元进行规范的命名，可以方便数据元的交流和理解，达到见名知义的效果，也可以有效地避免出现同样含义的数据元在数据元目录中重复注册的现象。规范、正确的定义为数据元的含义做出权威的解释，并保证解释内容本身没有歧义。

2.3.3.1　数据元的命名规则

数据元的名称是为了方便人们使用和理解而赋予数据元语义的、自然语言的标记。一个数据元是由对象类、特性、表示三个部分组成的，相应地，一个数据元的名称是由对象类术语、特性术语、表示术语和一些描述性限定术语组成的，数据元的命名规则主要对各术语成分的含义、约束、组合方式等进行规范。

数据元的命名规则主要包括以下内容。

1. 语义规则

语义规则规定数据元名称的组成成分，使名称的含义能够准确地传达。

（1）对象类术语表示领域内的事物或概念，在数据元中占有支配地位。

（2）专用数据元的名称中必须有且仅有一个对象类术语。

（3）特性术语用来描述数据元的特性部分，表示对象类显著的、有区别的特征。

（4）数据元名称中必须有且仅有一个特性术语。

（5）表示术语用来概括地描述数据元的表示成分。

（6）数据元名称需要有且仅有一个表示术语。

（7）限定术语是为了使一个数据元名称在特定的相关环境中具有唯一性而添加的限定性描述。限定术语是可选的。对象类术语、特性术语和表示术语都可以用限定术语进行描述。

2. 句法规则

句法规则规定数据元名称各组成成分的组合方式，如图 2–9 所示。

（1）对象类术语应处于名称的第一（最左）位置。

（2）特性术语应处于名称的第二位置。

（3）表示术语应处于名称的最后位置。当表示术语与特性术语有重复或部分重复时，在不妨碍语义精确理解的前提下，可以省略表示术语。

（4）限定术语应位于被限定成分的前面。

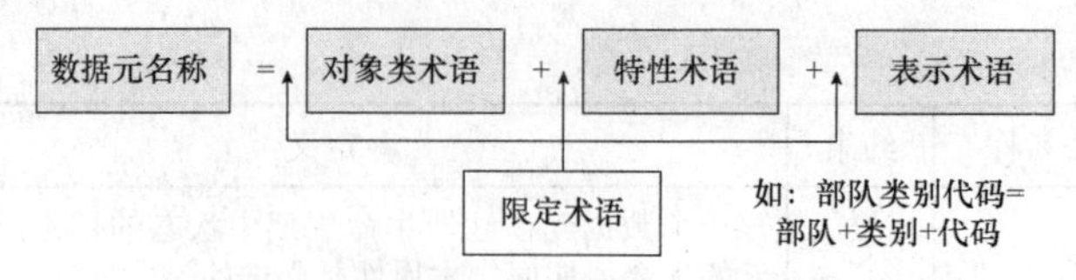

图 2–9 数据元名称句法规则示意图

3. 唯一性规则

为防止出现同名异义现象，在同一个相关环境中所有数据元名称应该是唯一的。

为规范数据元的命名，除了需要遵守上述的命名规则外，还需要对数据元名称各成分的术语作统一的规范。数据元名称中的术语应采用领域标准、公认的术语，在数据元注册系统中可以构建一个领域的术语字典，作为数据元命名时各术语成分的统一来源。

领域术语字典收录数据元目录中所需的所有术语，应像《军语》一样为数据元目录中的所有术语作标准的命名和公认的定义。在注册一个新的数据元时，数据元名称的对象类术语、特性术语、表示术语都从术语字典中提取，若术语字典中没有符合要求的术语，可以手工录入术语，但必须保证录入的术语是领域内标准的术语。将从术语字典提取或手工录入的对象类术语、特性术语、表示术语按数据元命名规则组织并添加必要的限定术语修饰，就产生一个规范的数据元名称。操作过程中，发现术语字典中没有收录的新术语时，可以将新术语录入到术语字典中，使术语字典的内容不断更新，以满足为数据元的命名提供权威术语来源的需求，如图 2–10 所示。

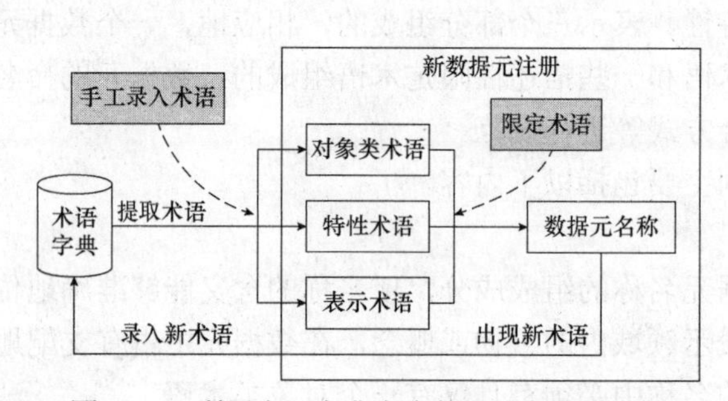

图 2–10 利用术语字典产生数据元名称示意图

2.3.3.2 数据元定义的编写规范

数据元的定义是数据元含义的自然语言表述。数据元定义的规范化是数据元标准化中至关重要的一项内容。为了达成一致性理解，发挥数据元的功能，必须为数据元给出一个形式完备、表述清楚、含义精确并能被普遍理解的定义。定义内容如果涉及军事训练领域的术语，应尽量选用术语字典中已收录的标准术语。

为使定义的内容表述规范、含义准确、简明扼要、易于理解，数据元定义的编写应遵守以下几项规范。

（1）具有唯一性。每个数据元的定义在整个数据元目录中必须是唯一的，它是一个数据元区别于其他数据元的根本因素。

（2）准确而不含糊。数据元的定义应该力求清楚明了，并且只存在一种解释。如有必要，应用“一个”“多个”“若干”等数量词明确表示所涉及事物或概念的个数。

（3）阐述概念的基本含义。要从概念的基本含义阐述该概念是什么，而不是阐述该概念不是什么。否定式的定义并没有明确说明数据元的实际含义，而是要人们利用排除法去理解，这样的定义不易于理解，且容易引起歧义。

（4）用描述性的短语或句子阐述。不能简单地用数据元名称的同义词来定义数据元，必须使用短语或句子来描述数据元的基本特性。

（5）简练。定义内容应尽量简单明了，不要出现多余的词语。表述中不应加入与数据元的定义没有直接关系的信息。表述中可以使用缩略语，但必须保证所用的缩略语是人们普遍理解的。

（6）能单独成立。要让使用人员从数据元定义本身就能理解数据元的概念，不需要附加说明和引证。应避免两个数据元的定义中彼此包含对方的概念，造成相互依存关系。

（7）相关定义使用相同的术语和一致的逻辑结构。采用相同的术语和句法表述具有相关性的数据元定义，有利于使用人员对定义内容的理解。

2.3.4 数据元的表示格式和值域

数据元不是一个简单的数值，而是一种“数据类型”，它不仅描述了数据的含义及相互关系，还包括数据的存储类型、数据的表达方式、取值的约束规则等内容，这就是数据元的表示。数据元的表示主要包括数据类型、数据表示和值域。数据类型定义了数据项在计算机中存储的方式；数据表示描述了数据项展现的格式，包括表示格式、计量单位等；值域则对数据项的取值范围作约束。

2.3.4.1 数据元值的表示格式

数据元值的表示格式是指用一组约定格式的字符串来表示数据元值展现的格式，主要通过基本属性中的“表示格式”属性来描述。

数据元值的数据类型大致可以分为字符型、数值型、日期时间型、布尔型、二进制型五种，对各种类型的表示格式做如下约定。

1. 字符型

字符型数值的表示格式由类型表示和长度表示组成。类型表示指明字符内容的范围，如表 2–9 所示。

表 2–9 字符型表示格式

分类	符号	范围
常规型	A	大写字母（A–Z）
	a	小写字母（a–z）
	n	数字（0–9）
混合型	Aa	大写字母或小写字母（A–Z，a–z）
	An	大写字母或数字（A–Z，0–9）
	an	小写字母或数字（a–z，0–9）
	Aan	大写字母、小写字母或数字（A–Z，a–z，0–9）
	S	任意字符（GBK）

字符型的长度表示可分为固定长度表示和可变长度表示两种。固定长度表示直接在字符

类型符号之后添加长度数值，不带任何间隔或中间字符，即：符号 + 固定长度值。例如，A3：表示长度为 3 个字符的大写字母；an5：表示长度为 5 个字符的小写字母或数字。

可变长度表示在字符类型符号之后添加最小长度数值，然后添加两点“..”，最后加上最大长度数值，最小长度数值为 0 时可以省略，即：符号 + [最小长度值] + .. + 最大长度值。例如，a..6：表示最小长度为 0 个字符、最大长度为 6 个字符的小写字母；S3..5：表示最小长度为 3 个字符、最大长度为 5 个字符的任意字符。

2. 数值型

数值型用符号“N”表示。数值型数值的表示格式分整数型表示和小数型表示两种。整数型表示直接在类型符号后添加最大有效数字位数，只有类型符号没有其他修饰时表示对有效数字的位数不作限制（这种情况可以省略表示格式内容）；小数型表示在整数型表示基础上再添加一个逗号“,”，然后再添加小数点后最多保留数字位数，例如：

（1）N：表示所有整数。

（2）N3：表示最大有效数字为 3 位的整数。

（3）N，3：表示小数点后最多保留 3 位数字的所有小数。

（4）N5，2：表示最大有效数字为 5 位、小数点后最多保留 2 位数字的小数。

3. 日期时间型

日期时间型分别用“YYYY”“MM”“DD”“hh”“mm”“ss”六个符号表示年、月、日、时、分、秒。可根据实际情况将这 6 个符号结合一些标记符号进行排列、组合成符合要求的表示格式，例如：

（1）YYYY/MM/DD：表示“年/月/日”。

（2）YYYYMMDDhhmmss：表示“年月日时分秒”。

（3）hh：mm：ss：表示“时：分：秒”。

4. 布尔型

布尔型数据在计算机中只存储为 1 或 0，但在表示时是多种多样的，例如，可以表示为“是”和“否”、“True”和“False”、“有”和“没有”、“√”和“×”等。布尔型的表示格式用竖线号“|”分开所要表示的两个允许值，“|”左边的符号代表“真（True）”，“|”右边的符号代表“假（False）”，例如：“1|0”“真|假”“True|False”“T|F”“√|×”等。

5. 二进制型

二进制型的表示格式用数据内容实际格式的默认缩略名称（后缀名）表示，例如“jpg”“bmp”“txt”“doc”等。

2.3.4.2 数据元的值域

数据元的值域用来表示数据元允许值的集合，数据元的值域描述可以为数据元值的有效性提供校验依据。数据元的值域主要由数据元的定义决定，同时受数据元的“数据类型”“最大长度”“最小长度”“表示格式”“计量单位”等属性影响。

值域是允许值的集合，一个允许值是某个值和该值的含义的组合，值的含义称为值含义。一组值含义的集合就是一个概念域，概念域是概念的外延。将一个概念域中的所有值含义对应的允许值集合在一起，就形成了对应的值域。不同的值域的允许值所对应的值含义都相同时，这些值域在概念上是等价的，它们共享同一个概念域。

值域可以在数据元表示中应用，而概念域则对应于数据元概念。数据元概念和概念域都表示概念，属于概念层；数据元和值域都是数值的容器，属于表示层。概念域和值域是可以独立于数据元概念和数据元存在的，一个值域可以在不同的数据元表示中重复使用。这些概念之间的关系如图 2–11 所示。

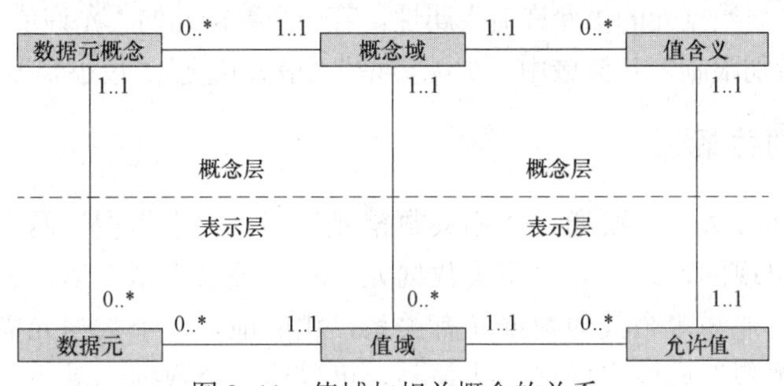

图 2–11　值域与相关概念的关系

在数据元注册系统中可以构建值域数据字典，字典中同时包含概念域和值域。概念域用来组织和索引相同概念的值域，值域则作为数据元值域的引用来源。值域数据字典中的值域应该有“标识符”“名称”“定义”“表达方式”“允许值”等基本属性。值域允许值的表达方式应有统一的规范，以满足值域数据存储方便、计算机容易处理、使用人员能够理解等方面的要求。根据数据的特点，主要有以下几种值域的表达方式。

1. 枚举字符串

枚举字符串是将一个值域的所有允许值按照特定格式拼接成一个字符串作为该值域的表达方式。这种表达方式适用于表示允许值固定且数目不多的枚举型值域，例如军种、部队类别等。

2. SQL 查询语句

将一个值域的允许值在数据库中组织成一个数据字典，通过 SQL 查询语句返回值域的所有允许值。这种表达方式适合用于表示允许值数目比较多的枚举型值域，例如装备列表、供应单位代码列表等。

3. 数值区间

用数学中的数值区间表达式表示值域的允许值。例如“[0，10)”表示“0≤允许值<10”。有限分段值域将各分段区间表达式按特定格式罗列出来即可，例如“[0，10)；(15，20]”表示“0≤允许值<10 或 15<允许值≤20”。这种表达方式可以用来表示不可枚举的连续区间或有限分段区间的值域，例如人的身高、手枪的长度等。

4. 正则表达式

正则表达式（regular expression）是一个特殊的字符串，它能够转换为某种算法，根据这种算法来匹配文本，对文本进行校验。用一个正则表达式来表示值域的允许值。目前像 C#、Java、PHP 等流行的高级计算机语言基本上都支持正则表达式。这种表达方式特别适用于表示允许值为格式化字符串的值域，例如 E-mail 地址、URL 地址等。

5. 文字描述

对于一些难以用计算机实现自动处理的值域可以采用文字描述，由操作人员阅读描述内容并理解其含义后再判断值域的允许值。

值域数据字典中须为每个概念域和值域分配全局唯一的标识符，值域还须标记其表达方式的类型。数据元的值域通过“允许值”属性来描述，在“允许值”属性中记录值域数据字典中符合数据元值域要求的一个值域的标识符，通过标识符可以唯一确定数据元的值域。若值域数据字典中没有符合新注册数据元值域要求的值域，需要在值域数据字典中注册一个新的值域，然后再将其标识符赋值给新注册数据元的“允许值”属性。若一个数据元的“允许值”属性为空，表示该数据元对值域没有特别限制，其值域由“数据类型”“最大长度”“最小长度”属性来确定。

2.3.5 数据元间的关系

数据元之间的相互关系主要通过“相关数据元”和“关系类型”两个基本属性来体现。这两个属性是成对出现的，即一对“相关数据元”和“关系类型”属性表示数据元之间相互关系。一个数据元可能与多个其他数据元有关系，相应地，一个数据元需要有若干对“相关数据元”和“关系类型”属性来描述这些关系。可以给一个数据元赋予多个成对的“相关数据元”和“关系类型”属性，也可以在一个指定的属性中存储多个成对的“相关数据元”和“关系类型”属性数据。

数据元之间的相互关系主要有派生关系、组成关系、连用关系三种。

2.3.5.1 派生关系

派生关系也叫扩展关系，表示一个较为专用的数据元可以由一个较为通用的数据元加上某些限定性描述派生而来。派生得来的数据元相对于其派生来源数据元称为专用数据元，派生来源数据元相对于专用数据元称为通用数据元。专用数据元的应用范围和允许值集合分别包含在通用数据元的应用范围和允许值集合之内。派生关系记录在专用数据元的一对“相关数据元”和“关系类型”属性中。数据元派生关系示例如图 2–12 所示。

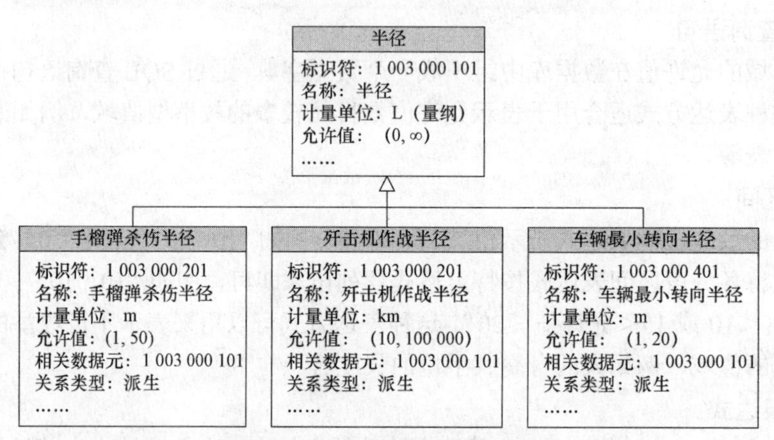

图 2–12 数据元派生关系示例图

2.3.5.2 组成关系

组成关系表述了整体与部分的关系，一个数据元（复合数据元）由另外若干个数据元（简单数据元或复合数据元）组成。一个复合数据元由多少个成分数据元组成，就为该复合数据元赋予多少对“相关数据元”和“关系类型”属性分别记录每个组成关系。数据元组成关系示例如图 2–13 所示。

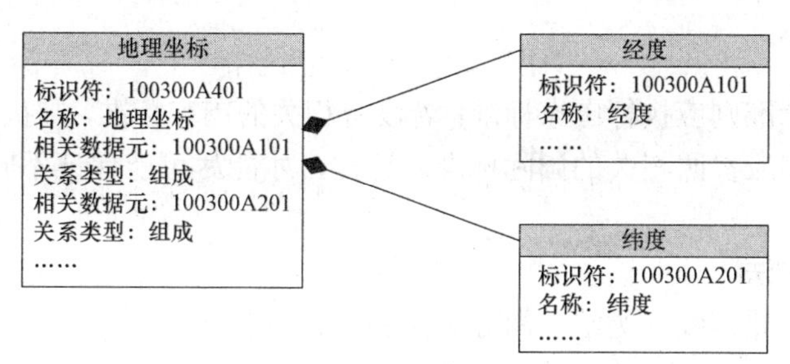

图 2–13　数据元组成关系示例图

2.3.5.3　连用关系

连用关系描述了一个数据元与另外若干数据元一起使用的情况。一个数据元与多少个数据元具有连用关系，就为该数据元赋予多少对“相关数据元”和“关系类型”属性分别记录每个连用关系。

2.4　数据分类与编码

2.4.1　数据分类的基本原则和方法

2.4.1.1　基本原则

数据分类就是把具有某种共同属性或特征的数据归并在一起，通过其类别的属性或特征来对数据进行区别。为了实现数据共享和提高处理效率，必须遵循约定的分类原则和方法，按照信息的内涵、性质及管理的要求，将系统内所有信息按一定的结构体系分为不同的集合，从而使得每个信息在相应的分类体系中都有一个对应位置。换句话说，就是把相同内容、相同性质的信息以及要求统一管理的信息集合在一起，而把相异的和需要分别管理的信息区分开来，然后确定各个集合之间的关系，形成一个有条理的分类系统。数据分类基本原则如下。

1. 稳定性

依据分类的目的，选择分类对象的最稳定的本质特性作为分类的基础和依据，以确保由此产生的分类结果最稳定。因此，在分类过程中，首先应明确界定分类对象最稳定、最本质的特征。

2. 系统性

将选定的分类对象的特征（或特性）按其内在规律系统化地进行排列，形成一个逻辑层次清晰、结构合理、类目明确的分类体系。

3. 可扩充性

在类目的设置或层级的划分上，留有适当的余地，以保证分类对象增加时，不会打乱已经建立的分类体系。

4. 综合实用性

从实际需求出发，综合各种因素来确立具体的分类原则，使得由此产生的分类结果总体最优、符合需求、综合实用和便于操作。

5. 兼容性

有相关的国家标准则应执行国家标准；若没有相关的国家标准，则执行相关的行业标准；若二者均不存在，则应参照相关的国际标准。这样，才能尽可能保证不同分类体系间的协调一致和转换。

2.4.1.2 数据分类方法

数据分类方法主要有线分类法、面分类法和混合分类法。

1. 线分类法

线分类法是将分类对象按所选定的若干个属性（或特征）逐次地分成相应的若干个层级的类目，并排成一个有层次的、逐渐展开的分类体系。在这个分类体系中，一个类目相对于由它直接划分出来的下一级类目而言，称为上位类；由一个类目直接划分出来的下一级类目称为下位类；而本类目的上位类直接划分出来的下一级各类目，彼此称为同位类。同位类类目之间存在着并列关系，下位类与上位类类目之间存在着隶属关系。

线分类法的优点是层次性好，能较好地反映类目之间的逻辑关系；实用方便，既符合手工处理信息的传统习惯，又便于计算机处理信息。线分类法的缺点在于结构弹性较差，分类结构一经确定，不易改动；效率较低，当分类层次较多时，代码位数较长。

采用线分类法，需要注意以下要求。

（1）由某一上位类划分出的下位类类目的总范围应与该上位类范围相等。

（2）当某一个上位类类目划分成若干个下位类类目时，应选择同一种划分基准。

（3）同位类类目之间不交叉、不重复，并只对应于一个上位类。

（4）分类要依次进行，不应有空层或加层。

例如，国防工程分为防护工程、边防工程、机场工程、通信工程等，通信工程又分为光通信工程、程控交换工程、卫星通信工程等。

2. 面分类法

面分类法是将所选定的分类对象的若干属性（或特征）视为若干个“面”，每个“面”中又可分成彼此独立的若干个类目。使用时，可根据需要将这些“面”中的类目组合在一起，形成一个复合类目。

面分类法的优点是具有较大的弹性，一个“面”内类目的改变，不会影响其他的“面”；适应性强，可根据需要组成任何类目；便于计算机处理信息；易于添加和修改类目。面分类法的缺点在于不能充分利用容量，可组配的类目很多，但有时实际应用的类目不多。

采用面分类法时，需要注意以下要求。

（1）根据需要选择分类对象本质的属性（或特征）作为分类对象的各个“面”。

（2）不同“面”内的类目不应相互交叉，也不能重复出现。

（3）每个“面”有严格的固定位置。

（4）“面”的选择以及位置的确定，根据实际需要而定。

例如，科研项目分类采用面分类法，可以按照科研项目类型、项目经费来源和项目级别进行划分，按照项目类型可分为科技类、社教类、医科类等；按照项目经费来源可分为国家自然科学基金、国家 863、973 计划项目、卫计委经费等；按照项目级别可分为国家级、军队级、省部级等。

3. 混合分类法

混合分类法是将线分类法和面分类法组合使用，以其中一种分类法为主，另一种方法做补充。

一般来说，对于逻辑层次关系清晰且具有隶属关系的分类对象，应采用线分类法进行划分。对于不具有隶属关系的分类对象，可以选定分类对象的若干属性（或特征），将分类对象按每一属性（或特征）划分成一组独立的类目，每一组类目构成一个“面”，再按一定顺序将各个“面”平行排列，即面分类方法。对于一个较庞大且逻辑关系繁杂的分类体系，通常要选择混合分类法进行分类，也就是将线分类法和面分类法混合起来使用，以其中一种分类法为主。

2.4.2 数据编码的基本原则和方法

2.4.2.1 基本原则

所谓数据编码是将事物或概念赋予有一定规律性的、易于人或计算机识别和处理的符号、图形、颜色、缩减的文字等，是交换信息的一种技术手段。数据编码的目的在于方便使用，在考虑便于计算机处理信息的同时还要兼顾手工处理信息的需求。数据编码应遵循唯一性、匹配性、可扩充性、简洁性等基本原则。

（1）唯一性。在一个编码体系中，每一个编码对象仅应有一个代码，一个代码只唯一表示一个编码对象。

（2）匹配性。代码结构应与分类体系相匹配。

（3）可扩充性。代码应留有适当的后备容量，以便适应不断扩充的需要。

（4）简洁性。代码结构应尽量简单，长度应尽量短，以便节省计算机存储空间和减少代码的差错率。

上述原则中，有些原则彼此之间是相互冲突的，如：一个编码结构为了具有一定的可扩充性，就要留有足够的备用码，而留有足够的备用码，在一定程度上就要牺牲代码的简洁性。代码的含义要强、多，那么代码的简洁性必然会受影响。因此，设计代码时必须综合考虑，做到使代码设计最优化。

2.4.2.2 数据编码方法

根据编码对象的特征或所拟订的分类方法，数据编码方法不尽相同。数据编码方法不同，产生的代码的类型也不同。常见的数据代码类型如图2–14所示。数据代码可分为两类：有含义代码和无含义代码。有含义代码能够承载一系列编码对象的特征信息，无含义代码不承载编码对象的特征信息，用代码的先后顺序或数字的大小来标识编码对象。

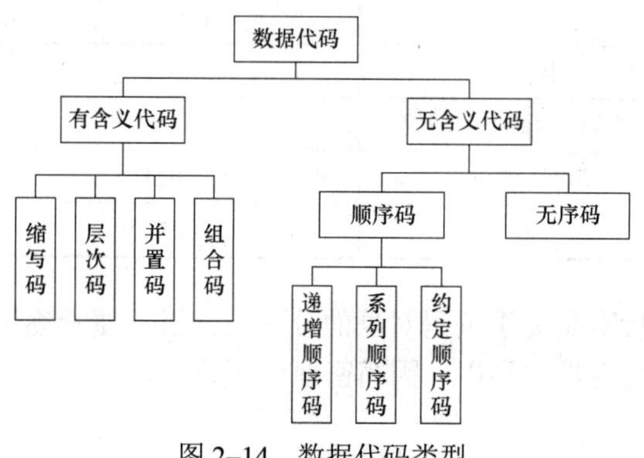

图2–14 数据代码类型

1. 缩写码编码方法

缩写码是按一定的缩写规则从编码对象名称中抽取一个或多个字符而生成的代码，这种编码方法的本质特性是依据统一的方法缩写编码对象的名称，由取自编码对象名称中的一个或多个字符赋值成编码来表示。缩写码编码方法能有效用于那些相当稳定的、并且编码对象的名称在用户环境中已是人所共知的有限标识代码集的情况。例如《世界各国和地区名称代码》（GB/T 2659—2000）中国家字母代码表采用缩写码编码方法，中国的缩写码为 CN，美国的缩写码为 US。

缩写码编码方法的优点是用户容易记忆代码值，从而避免频繁查阅代码表，可以压缩冗长的数据长度。缺点是编码依赖编码对象的初始表达（语言、度量系统等）方法，常常会遇到缩写重名。

2. 层次码编码方法

层次码编码方法以编码对象集合中的层级分类为基础，将编码对象编码成连续且递增的组（类）。

位于较高层级上的每一个组（类）都包含并且只能包含它下面较低层级全部的组（类）。这种代码类型以每个层级上编码对象特性之间的差异为编码基础，每个层级上特性必须互不相容。层次码的一般结构如图 2–15 所示。

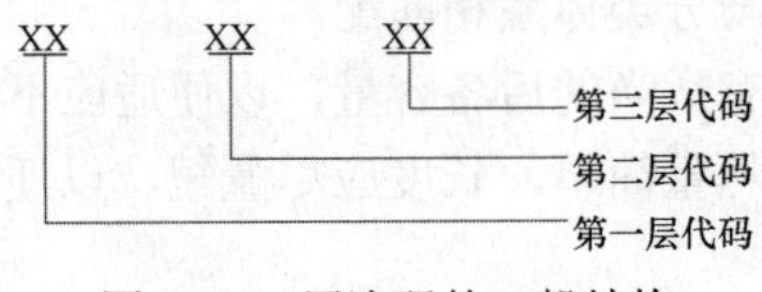

图 2–15 层次码的一般结构

层次码编码方法可再分为固定递增格式和可变递增格式两种。固定递增格式如《学科分类与代码》（GB/T 13745—2009），学科代码格式由 7 位数字位组成，下一级学科相对于上一级学科按固定的两位代码递增。可变递增格式，如通用十进制分类法（UDC），作为世界上规模最大、用户最多、影响最广泛的通用文献分类法，其字符的数目和编码表达式的分段是可变的，其细节描述的程度能延伸到想要达到的层级。两种格式的代码如表 2–10 所示。

表 2–10 固定递增和可变递增格式的层次编码

固定递增格式示例		可变递增格式示例	
代码	学科名称	代码	地名
110	数学	624	土木工程
11014	数理逻辑和数据项基础	624.02	建筑物成分
1101410	演绎逻辑学	624.024	屋顶，屋顶用材料
—	—	624.024.13	屋顶坡度

层次码编码方法的优点是易于编码对象的分类或分组，便于逐层统计汇总，代码值可以解释。缺点是限制了理论容量的利用，因精密原则而缺乏弹性。

3. 复合码编码方法

复合码由若干个完整的、独立的代码组合而成。一般而言，复合码编码方法包括并置码编码方法和组合码编码方法。

（1）并置码编码方法。并置码是由一些代码段组成的复合代码，这些代码段描述了编码对象的特性，这些特性是相互独立的，这种方法的编码表达式可以是任意类型（顺序码、缩写码、无序码）的组合。并置码编码方法侧重于对编码对象特性的标识。

并置码编码方法的优点是以代码值中表现出一个或多个特性为基础，可以很容易地对编码对象进行分组。缺点是因需要含有大量的特性，导致每个代码值有许多字符；难以适应新特性的要求。

例如，“军校学员学号”编码中前4位为入学年份，5，6位为学生类别代码，后4位为流水号。比如某个学生的学号为“201201124”，表示该学员是2012年入学的本科生，流水号为124。

（2）组合码编码方法。组合码也是由一些代码段组成的复合代码，这些代码段提供了编码对象的不同特性。与并置码不同的是，这些特性相互依赖并且通常具有层次关联。

组合码编码方法常用于标识目的，以覆盖宽泛的应用领域。组合码偏重于利用编码对象的重要特性来缩小编码对象集合的规模，从而达到标识目的。

组合码编码方法的优点是代码值容易赋予，有助于配置和维护代码值；能够在相当程度上解释代码值，有助于确认代码值。缺点是理论容量不能充分利用。

例如《公民身份号码》（GB 11643—1999）规定，中国公民身份号码是18位特征组合码，由17位数字本位码和1位数字校验码组成，整个18位组合码共分4段，排列顺序从左至右依次为：6位行政区域码+8位出生日期码+3位顺序码+1位校验码。

4. 顺序码编码方法

顺序码是按阿拉伯数字或拉丁字母的先后顺序来标识编码对象的。顺序码编码方法就是从一个有序的字符集合中顺序地取出字符分配给各个编码对象。这些字符通常是自然数的整数，如：以“1”打头；也可以是字母字符，如：“AAA、AAB、AAC、…”。

顺序码一般作为以标识或参照为目的的独立代码使用，或者作为复合代码的一部分使用，后一种情况经常附加分类代码。在码位固定的数字字段中，应使用零填满字段的位数直到满足码位的要求。示例：在3位数字字段中，数字1编码为001，而数字11编码为011。

顺序码编码方法还可细分为以下三种方法：递增顺序码编码方法、系列顺序码编码方法、约定顺序码编码方法。

（1）递增顺序码编码方法。编码对象被赋予的代码值，可由预定数字递增决定。例如，预定数字可以是1（纯递增型），或是10（只有10的倍数可以赋值），或者是其他数字（如偶数情况下的2）等。用这种方法，代码值没有任何含义。为便于今后原始代码集的修改，可能需要使用中间代码值，这些中间代码值的赋值不必按1递增。

递增顺序码编码方法的优点：能快速赋予代码值，简明，编码表达式容易确认。缺点：编码对象的分类或分组不能由编码表达式来决定；不能充分利用最大容量。

例如，《世界各国和地区名称代码》（GB/T 2659—2000）中的部分国家和地区的数字代码，按递增顺序码编码，如表2–11所示。该标准中，后来增加的地区名称南极洲使用了中间代码值010。

表 2–11　递增顺序码编码方法示例

代码	国家或地区名称
004	阿富汗　AFGHANISTAN
008	阿尔巴尼亚　ALBANIA
012	阿尔及利亚　ALGERIA
016	美属萨摩亚　AMERICAN SAMOA
020	安道尔　ANDORRA
024	安哥拉　ANGOLA

（2）系列顺序码编码方法。系列顺序码是根据编码对象属性（或特征）的相同或相似，将编码对象分为若干组；再将顺序码分为相应的若干系列，并分别赋予各编码对象组；在同一组内，对编码对象连续编码。必要时可在代码系列内留有空码。

这种编码方法首先要确定编码对象的类别，按各个类别确定它们的代码取值范围，然后在各类别代码取值范围内对编码对象顺序地赋予代码值。系列顺序码只有在类别稳定，并且每一具体编码对象在目前或可预见的将来不可能属于不同类别的条件下才能使用。

系列顺序码编码方法的优点是能快速赋予代码值，简明，编码表达式容易确认。缺点是不能充分利用最大容量。

例如，《中央党政机关、人民团体及其他机构代码》（GB/T 4657—2009）中，就采用了三位数字的系列顺序码，如表 2–12 所示。

表 2–12　系列顺序码编码方法示例

代码	名称
100～199	全国人大、全国政协、高检、高法机构
200～299	中央直属机关及直属事业单位
300～399	国务院各部委
⋮	⋮
700～799	全国性人民团体、民主党派机关

（3）约定顺序码编码方法。约定顺序码不是一种纯顺序码。这种代码只能在全部编码对象都预先知道，并且编码对象集合将不会扩展的条件下才能顺利使用。

在赋予代码值之前，编码对象应按某些特性进行排列，例如，依名称的字母顺序排序，按（事件、活动的）年代顺序排序等。这样得到的顺序再用代码值表达，而这些代码值本身也应该是从有序的列表中顺序选出的。

约定顺序码编码方法的优点是能快速赋予代码值，简明，编码表达式容易确认。缺点是不能适应将来可能的进一步扩展。例如，军校学员成绩等级代码，编码按成绩从好到差排列，如表 2–13 所示。

表 2–13　军校学员成绩等级代码表

代码	成绩等级
01	特优
02	优秀
03	良好
04	中等
05	及格
06	不及格

2.4.2.3　数据编码设计要求

当选定一种编码方法后，需要选择适当的代码结构。例如，一种代码结构具有很好的可扩充性，但是在某种程度上牺牲了其简洁性。因此，必须周密考虑各个方面的问题，采用折中的办法，以达到整体最优、综合实用的效果。编码方法应以预定的应用需求和编码对象的性质为基础，选择适当的代码结构。在决定代码结构的过程中，既要考虑潜在的各种编码规则，又要考虑这些规则的优缺点，分析代码的一般性特征，研究代码设计所涉及的各种因素，避免潜在的不良后果。

在进行代码设计时，需要注意以下几点。

（1）现行代码使用。当有可供使用的现行代码时，应尽可能地采用。如果不是绝对需要，就不应设计新的代码。

（2）代码含义。在编码规则恰当时，有含义代码能承载一系列编码对象的特征信息，在使用上更加容易、可靠和便捷。有含义代码的设计应力图把握代码对象的最稳定特征，而不能与其不太稳定的特征相关联。在不必对已有代码元素重新编码或扩大编码表达式格式的情况下，代码结构应能为代码集合增加新的代码元素提供支持。

（3）代码字数。代码应由最少数目的字符组成，以节省存储空间并减少数据通信时间。固定长度代码（例如，只采用三位字符，而不是一位、二位和三位字符混用）在使用上比可变长度代码更加可靠且更加容易处理。为便于代码的记录、读取和人工操作，对于字符较长的代码可规定存储格式和表述格式，如：存储格式为“xxxxxxxxxx”，表述格式为“xxx－xxx－xxxx”。

（4）代码命名时，要使每个独立的代码段都有自己标准化的、唯一的、与应用标志相适应的名称。

2.5　小　　结

标准和标准化的概念是本章学习的基础，学习概念重点在于培养工作和生活中的标准意识，充分认识标准的重要性。元数据标准化和数据元标准化是数据标准化基础和核心，理清两者概念的区别和联系至关重要。元数据是描述数据的数据，是从最具普遍性、更抽象一层的角度去描述数据。数据元是现实世界或抽象概念中特定对象（实体）的描述，更具有具体性和针对性。针对元数据标准化，本章重点介绍了元数据的基本概念和典型元数据标准，初步提出了元数据标准框架；对数据元标准化，重点介绍了数据元相关的概念体系以及数据元命名、定义、表示的方法。最后对规范数据时经常需要使用的分类与编码技术进行了阐述。

习　题

1. 试从身边矿泉水、笔记本等商品上寻找执行标准信息，并简述几种标准的类型及适用范围。

2. 梳理你所从事的工作中有强制执行或参考执行的标准情况，并做简要阐述。

3. 阐述元数据和数据元的联系和区别。

4. 试从典型元数据标准中选择一种，查阅资料，分析其作用及对本业务领域数据描述的启示。

5. 分析比较各种数据分类方法的适用范围和优缺点。

6. 分析比较各种数据编码方法的适用范围和优缺点。

7. 请你采用适当的分类方法对武器装备进行分类，并阐述你采用该分类方法的理由。

8. 请你采用适当的编码方法对部队实体进行编码，编码应包含部队的属方、军种、兵种、兵种类型、级别等信息，并阐述你采用该编码方法的理由。

第 3 章　数据模型

数据模型是数据工程理论的重要组成部分，其理论体系经过多年发展已非常成熟。一个好的数据模型不仅要准确地反映客观事实，还要符合数据库设计理论的要求和客观规律，同时也是数据资源建设和信息系统建设质量的重要保证。本章首先介绍数据模型的基本概念和数据模型的三种基本形式，然后介绍四种常见数据建模标记符号，最后介绍数据模型的描述方法。

3.1　数据模型基本概念

数据模型具有许多优点，数据模型是无二义性的，可以很好地反映用户的需求，易于理解和沟通。根据模型应用的目的不同，可以将数据模型划分为三类：概念模型、逻辑模型和物理模型。概念模型，是按照用户的观点对数据进行建模，主要用于表达用户的需求。逻辑模型是在概念模型的基础上确定模型的数据结构，目前主要的数据结构有层次模型、网状模型、关系模型、面向对象模型和对象关系模型。物理模型是在逻辑模型的基础土，确定数据在计算机系统内部的表示方式和存取方式，物理模型是面向计算机的。

3.1.1　概念模型

概念模型也称信息模型，它是按照用户的观点来对数据和信息建模，也就是说，把现实世界中的客观对象抽象为某一种信息结构，这种信息结构不依赖于具体的计算机系统，也不对应某个具体的数据库管理系统，它是概念级别的模型。

3.1.1.1　概念模型的基本元素

1. 实体

在这里把客观存在的并可以相互区分的事物称为实例，比如（395001, 三系, 1 号楼, 大学英语, 85）是一个学生实例，描述了一个同学的具体情况，再比如（109742, 王芳, 一系, 计算机教研室, 讲师）是一个教师实例，描述了一名教师的具体情况。实例可以是具体的人、事、物，也可以是抽象的概念，如某名老师、某门课程、某次上课等。

同一类型实例的抽象称为实体，如学生实体（学号, 系名, 住处, 课程, 成绩）、教师实体（工作证号, 姓名, 系名, 教研室, 职称）。实体是同一类型实例的共同抽象，不再与某个具体的实例对应。相比较而言，实例是具体的，而实体则是抽象的。

2. 属性

实体的特性称之为属性。学生实体的属性包括学号、系名、住处、课程、成绩等，教师实体的属性包括工作证号、姓名、系名、教研室、职称等。

3. 域

属性的取值范围称为该属性的域。例如，性别的域是集合{“男”,“女”}。域的元素必须是相同的数据类型。

4. 键

能唯一标识每个实例的一个属性或几个属性的组合称为键。一个实例集中有很多个实例，需要有一个标识能够唯一地识别每一个实例，这个标识就是键。

5. 联系

在现实世界中，客观事物之间是相互关联的，这种相互关联在数据模型中表现为联系。实体之间的联系包括以下三种。

（1）一对一联系。如果对于实体 A 中的每一个实例，实体 B 中至多有一个实例与之联系，反之亦然，则称实体 A 与实体 B 存在一对一联系，记为 1:1。

（2）一对多联系。如果对于实体 A 中的每一个实例，实体 B 中有 n 个实例与之联系，反之，对于实体 B 中的每一个实例，实体 A 中至多有一个实例与之联系，则称实体 A 与实体 B 存在一对多联系，记为 $1{:}n$。

（3）多对多联系。如果对实体 A 中的每一个实例，实体 B 中有 n 个实例与之联系，反之，对于实体 B 中的每一个实例，实体 A 中有 m 个实例与之联系，则称实体 A 与实体 B 存在多对多联系，记为 $m{:}n$。

3.1.1.2 概念模型的要求

在概念模型设计阶段，设计人员应从用户的角度看待数据及处理要求和约束，产生一个反映用户观点的概念模型。将概念模型设计作为一个独立的过程有以下几方面的好处：一是各阶段的任务相对单一化，设计复杂程度大大降低，便于组织管理；二是概念模型不受特定的 DBMS 的限制，也不需要考虑数据存储和访问效率问题，因而比逻辑模型更为稳定；三是概念模型不含具体的 DBMS 所附加的技术细节，能够准确地反映用户的需求。

通常对概念模型有以下要求。

（1）概念模型是对现实世界的抽象和概括，它应该真实、充分地反映现实世界中事物和事物之间的联系，有丰富的语义表达能力，能表达用户的各种需求。

（2）概念模型应简洁、明晰、独立于机器、容易理解，方便数据库设计人员与用户交换意见，使用户能够积极参与数据库的设计工作。

（3）概念模型应易于变动。当应用环境和应用要求改变时，概念模型容易修改和补充。

（4）概念模型应容易向关系、层次或网状等各种数据模型转换，易于从概念模型导出与 DBMS 相关的逻辑模型。

3.1.2 逻辑模型

逻辑模型是在概念模型的基础上建立起来的，概念模型考虑的重点是如何将客观对象及客观对象之间的联系描述出来，逻辑模型考虑的重点是以什么样的数据结构来组织数据。

3.1.2.1 逻辑模型的种类

目前，数据库领域中最常见的逻辑模型如下：

- 层次模型；
- 网状模型；
- 关系模型；
- 面向对象模型；
- 对象关系模型。

其中，层次模型和网状模型称为格式化模型。20 世纪 70 年代至 80 年代初格式化模型的数据库系统非常流行，在数据库系统产品中占据主导地位。20 世纪 80 年代以来，计算机厂商新推出的数据库管理系统几乎都支持关系模型，非关系系统的产品也大都加上了关系接口。数据库领域当前的研究工作也都是以关系方法为基础，关系模型成为目前最重要的一种逻辑模型。

关系模型具有以下优点。

（1）关系模型与格式化模型不同，它是建立在严格的数学理论基础之上的。

（2）关系模型的概念比较单一。无论实体还是联系都用关系来表示，对数据的检索和更新结果也是关系，所以其数据结构简单、清晰，易懂易用。

（3）关系模型的存取路径对用户透明，从而具有更高的数据独立性、更好的安全保密性，也简化了程序员的工作和数据库开发工作。

关系模型最主要的缺点是，由于存取路径对用户透明，查询效率往往不如格式化数据模型。

3.1.2.2 关系模型的基本元素

关系模型的基本元素包括关系、属性、视图等。关系模型是在概念模型的基础上构建的，因此关系模型的基本元素与概念模型中的基本元素存在一定的对应关系，如表 3–1 所示。

表 3–1 关系模型与概念模型基本元素的对应关系

概念模型	关系模型	说明
实体	关系	概念模型中的实体转换为关系模型中的关系
属性	属性	概念模型中的属性转换为关系模型中的属性
联系	关系，外键	概念模型中的联系有可能转换为关系模型中的新关系，被参照关系的主键转化为参照关系的外键
	视图	关系模型中的视图在概念模型中没有元素与之对应，它是按照查询条件从现有关系或视图中抽取若干属性组合而成的

3.1.2.3 关系模型的完整性约束

关系模型的数据操作主要包括查询、插入、删除和更新数据，这些操作必须满足关系的完整性约束条件。关系的完整性约束包括三个类型：实体完整性、参照完整性和用户定义的完整性。其中，实体完整性、参照完整性是关系模型必须满足的完整性约束条件，用户定义的完整性是应用领域需要遵照的约束条件，体现了具体领域中的语义约束。

1. 实体完整性

实体完整性规则：若属性（指一个或一组属性）A是关系R的主属性，则属性A不能为空值。

2. 参照完整性

现实世界中的实体之间往往存在某种联系，在关系模型中，实体与实体的联系包含在关系模式的表达之中，由此产生关系模式与关系模式之间的引用。

参照完整性规则：若属性（或属性组）F是关系模型R的外码，它与关系模型S的主码K相对应，则对于R中每个元组在F上的值必须为下列两种情况之一：

- 取空值（F的每个属性值均为空值）；
- 等于S中某个元组的主码值。

3. 用户定义的完整性

用户定义的完整性就是针对某一具体关系数据库的约束条件。它反映某一具体应用所涉及的数据必须满足的语义要求。例如，住处属性不能取空值，学号属性必须取唯一值，成绩属性的取值范围为0～100等。

对应具体应用中出现的这类约束条件，应当由关系模型提供定义和检验这类约束的机制。以便使用统一的方法处理这些约束，而不要由应用程序承担这一检查功能。

3.1.3 物理模型

物理模型是在逻辑模型的基础上，考虑各种具体的技术实现因素，进行数据库体系结构设计，真正实现数据在数据库中的存放。物理模型的内容包括确定所有的表和列，定义外键用于确定表之间的关系，基于性能的需求进行反规范化处理等内容。在物理实现上的考虑，可能会导致物理模型和逻辑模型有较大的不同。物理模型的目标是如何用数据库模式来实现逻辑模型，以及真正地保存数据。

物理模型的基本元素包括表、字段、视图、索引、存储过程、触发器等，其中表、字段和视图等元素与逻辑模型中基本元素有一定的对应关系。如表3-2所示。

表3-2 物理模型与逻辑模型基本元素的对应关系

逻辑模型	物理模型	说明
关系	表	逻辑模型中的关系转换为物理模型中的表
属性	字段	逻辑模型中的属性转换为物理模型中的字段，由于物理模型与具体的DBMS相对应，物理模型中字段的类型与逻辑模型中属性的类型可能不完全一致
主键属性	主键字段	逻辑模型中的主键属性转换为物理模型中的主键字段
外键属性	外键字段	逻辑模型中的外键属性转换为物理模型中的外键字段
视图	视图	逻辑模型中的视图转换为物理模型中的视图

3.1.3.1 索引

索引就是一种供数据库服务器在表中快速查找某行（或某些行）的数据库结构。为什么在新华字典中能够很快地找到某个汉字呢？主要原因是字典中内容已按照拼音顺序进行了排序，所以能很快找到所查的汉字。在数据库中，为了从大量的数据中迅速地找到需要的内容，也采用类似字典的方法，由于数据在查询之前已经排好序，因此数据查询时不必扫描整个数据表，而是在表的某个局部范围内查找，缩小了查找范围，节约了查询时间，提高了查询速度。

3.1.3.2 存储过程

存储过程是数据库中定义的子程序，是由 SQL 语句和控制流语句构成的程序块。存储过程可以大大提高 SQL 语句的效率和灵活性。

3.1.3.3 触发器

触发器是一个特殊的存储过程，它存放在数据库中特定的表上，它不是由程序调用来执行，也不是手工启动来执行，而是由某个事件来触发执行，当这个表的数据被添加、删除和更改时触发器就会自动执行。触发器可以查询其他表，而且可以包含复杂的 SQL 语句，触发器常常用于加强数据完整性约束和业务规则等。

3.2 数据建模标记符号

如果要将数据模型中的要素可视化地展现出来，需要借助一些专门的符号。目前有多种标记符号，这些标记符号所表达的概念基本是相同的，其中比较流行的标记符号有四种：P. P. Chen 提出的实体－联系图标记符号；美国空军发起的 ICAM 的系列方法之一 IDEF1x 标记符号；James Martin 等人提出的信息工程（IE）标记符号；UML 数据模型标记符号。这些标记符号使用广泛，并被很多 CASE 工具采纳。

3.2.1 实体—联系图标记符号

3.2.1.1 实体

实体用矩形表示，在矩形框内注明实体的名称，如图 3－1 所示，该图表示的是“部队”实体。

图 3－1 部队实体

3.2.1.2 属性

属性用椭圆来表示，并用线与实体连接起来，在椭圆内注明属性的名称，如图 3－2 所示，部队实体有“部队番号”属性。

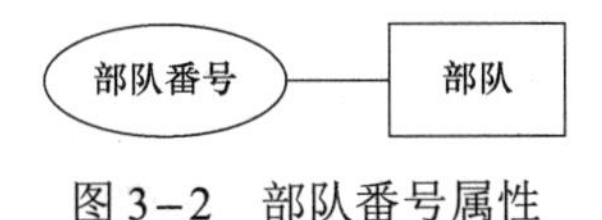

图 3－2 部队番号属性

3.2.1.3 联系

联系用菱形表示，并用线与有关实体连接起来，在菱形内注明联系的名称，在连接线上注明基数，联系还可以有属性，如图 3–3 所示，部队实体与装备实体之间有多对多的“拥有”

联系，该联系有“数量”属性。

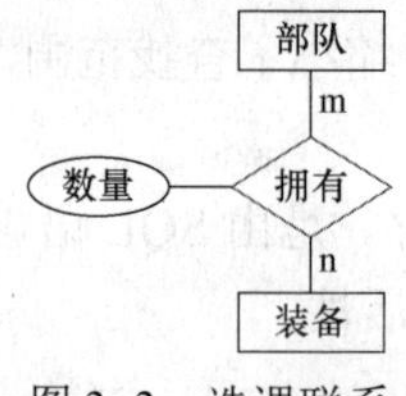

图 3-3　选课联系

3.2.1.4　实体—联系图标记符号的应用

图 3-4 描述了一个简单的概念模型，该模型有四个实体，分别是部队、人员、装备和驻地等实体。人员实体有人员编码和人员名称属性，部队实体有部队编号、部队番号、部队代号、部队级别、部队类型和简介等属性，驻地实体有地址编码和详细地址属性，装备实体有装备编码和装备型号属性。部队实体与驻地实体之间是一对一的联系，部队实体与人员实体之间是一对多的联系，部队实体与装备实体之间是多对多的拥有联系，并且拥有联系有数量属性。

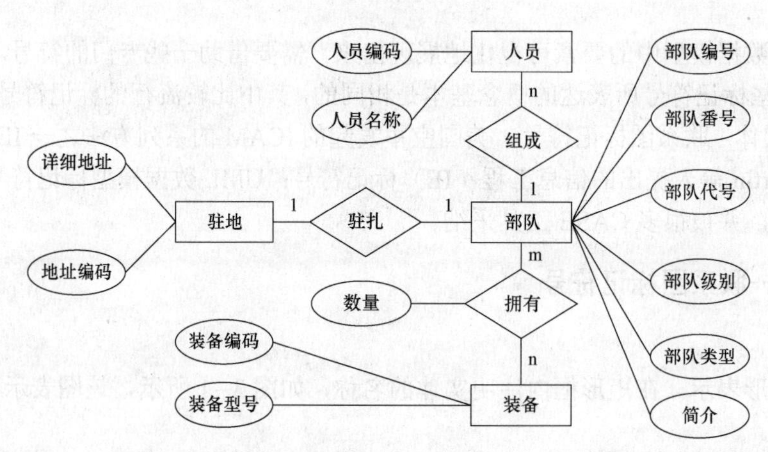

图 3-4　实体—联系图标记的部队信息概念模型

3.2.2　IDEF1x 标记符号

3.2.2.1　实体和属性

实体分为两大类：一类是独立实体，用直角分层矩形表示；另一类是依赖实体，用圆角分层矩形表示，如图 3-5 所示，矩形上面是实体的名称，矩形的上层是主键属性，矩形的下层是非主键属性。不依赖于任何其他实体就能唯一确定实体中每个实例的实体称为独立实体，否则称为依赖实体。

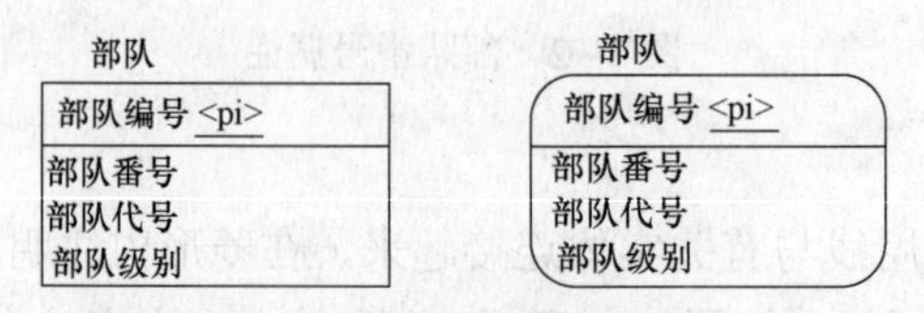

图 3-5　独立实体和依赖实体标准符号

3.2.2.2 联系

实体之间的联系分为两大类：一类是标识联系，另一类是非标识联系。两个实体之间建立联系后，如果子实体是独立实体，则二者的联系是非标识联系，如果子实体是依赖实体，则二者的联系是标识联系。或者说，如果二者的联系是非标识联系，则子实体是独立实体，如果二者的联系是标识联系，则子实体是依赖实体。标识联系用实线表示，非标识联系用虚线表示。标识联系与非标识联系的差别在关系模型中体现出来，如果两个实体之间存在非标识联系，则父实体的主键成为子实体的外键，如图3-6所示；如果两个实体之间存在标识联系，则父实体的主键成为子实体的外键且为主键的一部分，如图3-7所示。

联系用实线或虚线表示，根据联系两端的基数不同，联系两端的标记符号也有所差别，如表3-3所示。

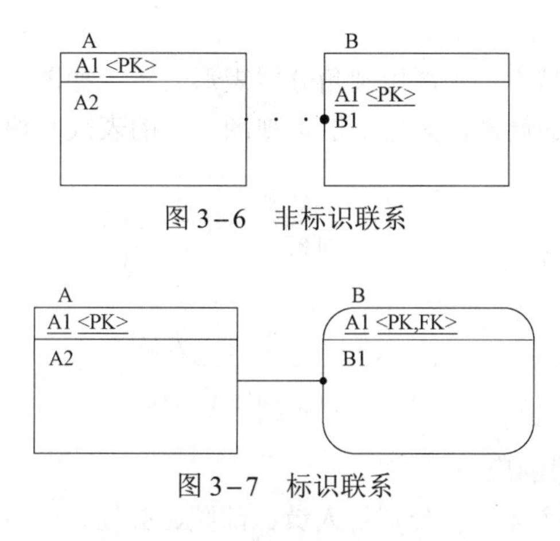

图3-6 非标识联系

图3-7 标识联系

表3-3 联系两端的标记符号

联系两端的标记符号	含义
- - - - - - - - - - 或 ——————— - - - - - - - - - -● 或 ———————●	基数为1 基数为0，1或n
Z - - - - - - - - - -● 或 ———————●	基数为0或1
P - - - - - - - - - -● 或 ———————●	基数为1或n
5 - - - - - - - - - -● 或 ———————●	基数为5（某个指定的自然数）
- - - - - - - - - -○	基数为0或1，作用于父实体端

3.2.2.3 继承

与实体—联系图不同，IDEF1x标记符号中，实体之间除了联系之外，还有继承，这是面向对象思想在数据建模中的典型应用，如图3-8所示，其含义是军官实体和士兵实体都继承于人员实体，军官实体和士兵实体中没有共同的属性，因为它们共同的属性都抽取到人员实体中。

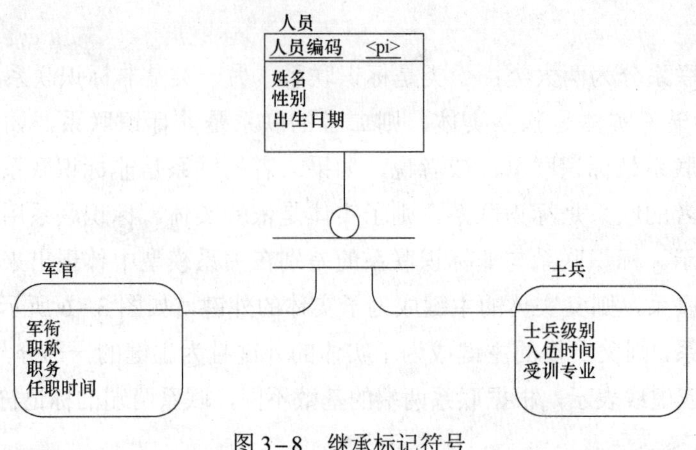

图 3-8　继承标记符号

3.2.2.4　视图

在逻辑模型和物理模型中，视图用圆角分层矩形表示，如图 3-9 所示，矩形上层是视图的名称，矩形中层是视图的属性，矩形下层是视图参考的表或其他视图。

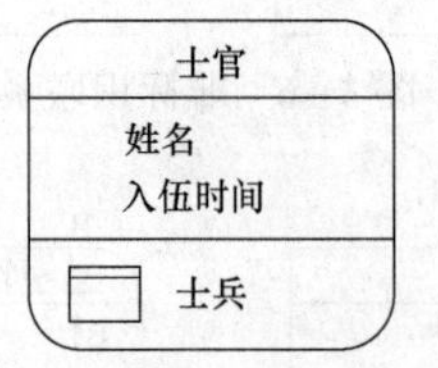

图 3-9　视图标记符号

3.2.2.5　IDEF1x 标记符号的应用

在图 3-10 中，有五个实体，分别是人员、部队、驻地、装备、装备编配等。人员实体有人员编码和人员名称属性，部队实体有部队编号、部队番号、部队代号、部队级别、部队类型、简介等属性，驻地实体有地址编码和详细地址属性，装备实体有装备编码和装备

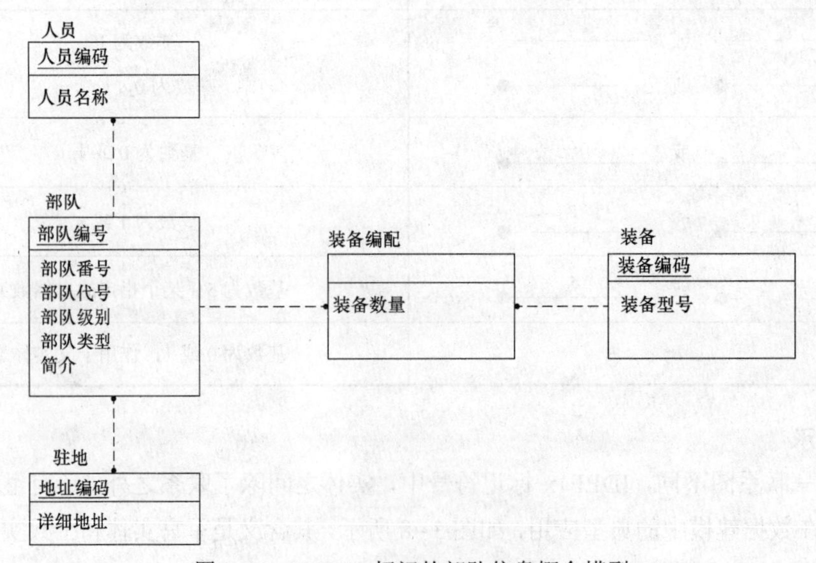

图 3-10　IDEF1x 标记的部队信息概念模型

型号属性，装备编配实体有装备数量属性。部队实体与驻地实体之间是一对一的联系，部队实体与人员实体之间是一对多的联系，部队实体与装备编配实体之间是一对多的联系，装备实体与装备编配实体之间是一对多的联系。从图 3－4 与图 3–10 的比较可以看出，IDEFIx 表示法比较简练、精确。

3.2.3　信息工程标记符号

3.2.3.1　实体和属性

实体用分层矩形表示，其中，上层中列出实体的名称，下层中列出实体的所有属性，如图 3–11 所示，其中主键属性用下划线和<pi>标记，外键属性用<fk>标记。

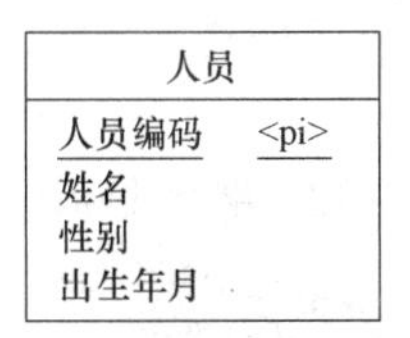

图 3–11　实体标记符号

3.2.3.2　联系

联系用带“鱼尾纹”的线来表示，并将两个实体连接起来，在线旁写明联系的名称，根据联系种类和基数通过鱼尾纹体现出来，图 3–12 中表示部队实体与人员实体之间是一对多联系。一个部队中有 0 个或多个人员，一个人员只属于一个部队，并必须归属于一个部队。联系两端标记符号的含义如表 3–4 所示。

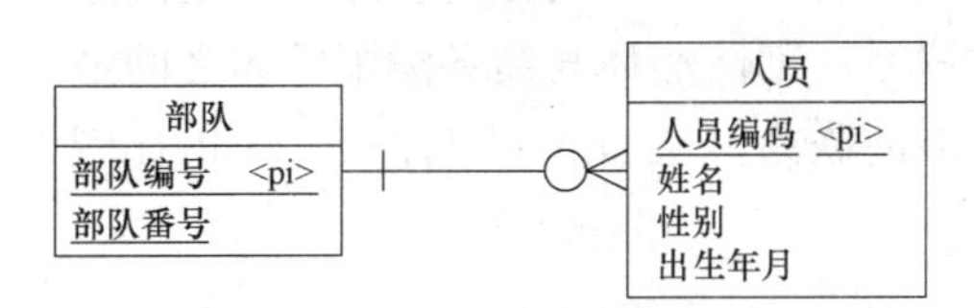

图 3–12　联系标记符号

表 3–4　联系两端的标记符号

符号	含义
	基数为 0 或 1
	基数为 1
	基数为 0 或 n
	基数为 1 或 n
	基数为 0 或 n，连接的实体为依赖实体
	基数为 1 或 n，连接的实体为依赖实体

3.2.3.3 继承

在信息工程标记符号中也有继承的标记符号，如图 3-13 所示。继承的含义和用途与 IDEF1x 中的继承类似，这里不再作过多的叙述。

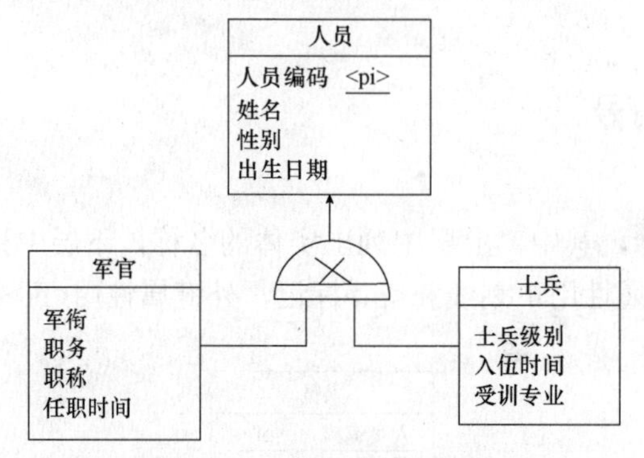

图 3-13 继承的标记符号

3.2.3.4 视图

在 PowerDesigner 的建模工具中，信息工程中的视图标记符号与 IDEF1x 中的视图标记符号相同。

3.2.3.5 信息工程标记符号的应用

在图 3-14 中，有 5 个实体，分别是人员、部队、驻地、装备、装备编配等。人员实体有人员编码和人员名称属性，部队实体有部队编号、部队番号、部队代号、部队级别、部队类型、简介等属性，驻地实体有地址编码和详细地址属性，装备实体有装备编码和装备型号属性，装备编配实体有装备数量属性。部队实体与驻地实体之间是一对一的联系，部队实体与人员实体之间是一对多的联系，部队实体与装备编配实体之间是一对多的联系，装备实体与装备编配实体之间是一对多的联系。从图 3-4 与图 3-14 的比较可以看出，信息工程图表示法比较简练、精确。

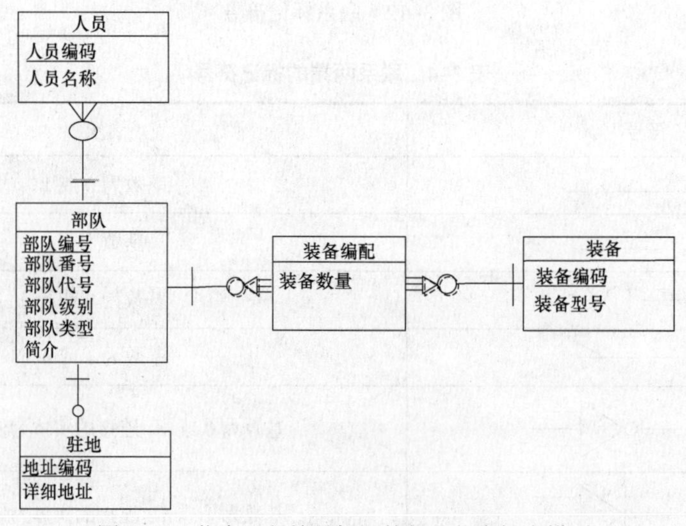

图 3-14 信息工程符号标记的部队信息概念模型

3.2.4 UML 数据模型标记符号

这里以 Rational Rose 2003 版为例介绍 UML 数据模型标记符号，在 Rational Rose 2003 中没有概念模型和逻辑模型的建模过程，直接进行物理模型建模。

3.2.4.1 表和字段

在 Rational Rose 2003 中，表的板型（stereotype）有 None、Label、Decoration 和 Icon 四种。在 Decoration 板型中表用分层的矩形表示，如图 3–15 所示，其中，上层是表的板型和名称，中间是表的字段，下层是表的各种约束条件，如主键、外键、索引和触发器等。

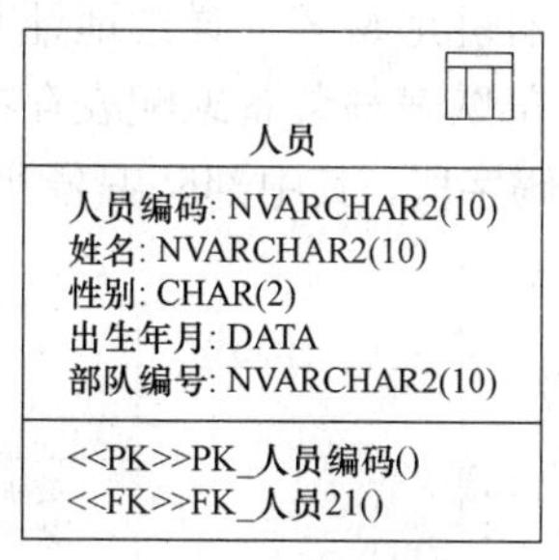

图 3–15　表的标记符号

3.2.4.2 联系

在 UML 标记符号中，联系分为标识联系（identifying relationship）和非标识联系（non–identifying relationship）两类，如图 3–16 所示，标识联系用带实菱形的直线表示，靠近菱形的一端是父实体，直线上方标注《Identifying》，直线的两端注明联系的基数；非标识联系用直线表示，直线上方标注《Non–Identifying》，直线的两端注明联系的基数。

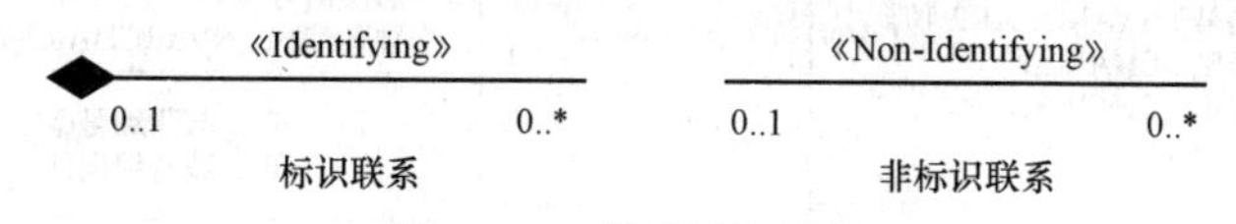

图 3–16　联系标记符号

3.2.4.3 视图

在 Rational Rose 2003 中，视图的板型（stereotype）有 None，Label，Decoration 和 Icon 四种。在 Decoration 板型中视图用分层的矩形表示，如图 3–17 所示，其中，上层是视图的板型和名称，中间是视图的字段和字段来源，下层是视图的触发器。

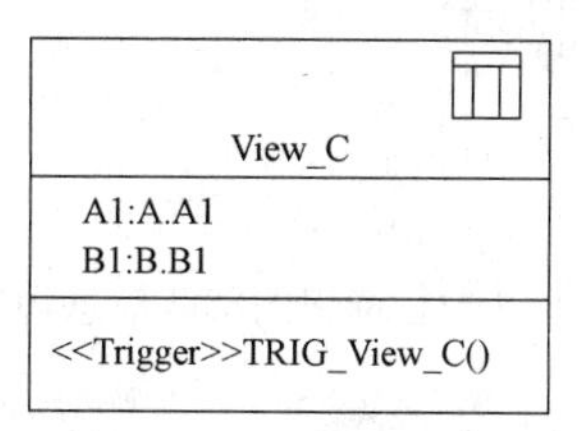

图 3–17　视图标记符号

由于视图的内容来自其他的表或视图，因此视图对其他的表或视图存在依赖关系，这种依赖的标记符号图 3–18 所示，虚线箭头指向被依赖的表或视图，虚线箭头的上方标记为《Derive》，虚线箭头的下方标记依赖的名称。

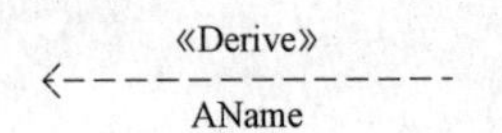

图 3–18　视图关联标记符号

3.2.4.4　UML 标记符号的应用

在图 3–19 中，有五个表，人员表有人员编码和人员名称字段，其中人员编码字段是主键，部队编号字段是外键，部队表与人员表是一对多的非标识联系，部队表有部队编号、部队番号、部队代号、部队级别、部队类型、简介字段，其中部队编号字段是主键，部队表与驻地表是一对一的非标识联系，驻地表有驻地编码、详细地址和部队编号字段，其中驻地编码字段是主键，部队编号字段是外键，部队表与装备编配表存在一对多的非标识联系，装备编配表有装备数量、部队编号和装备编码字段，其中部队编号和装备编码字段既是外键又是主键。

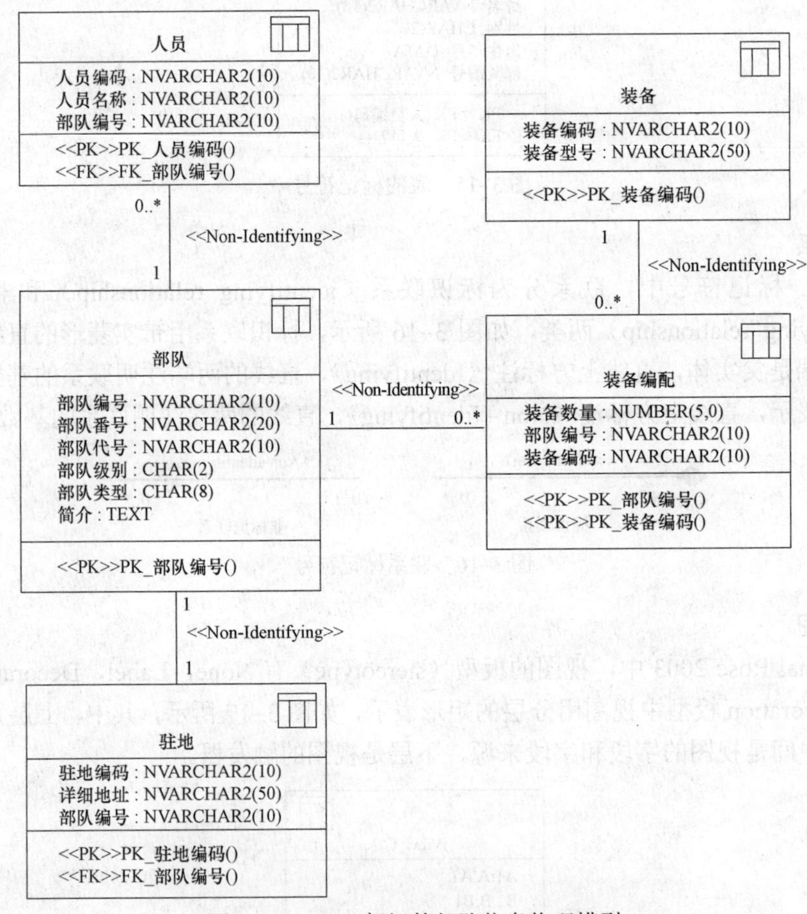

图 3–19　UML 标记的部队信息物理模型

3.2.5　标记符号的补充说明

在前面介绍的四种标记符号中，尽管发现它们之间有很多相似之处，但是在许多细节上面仍然存在一定的差异。

实体—联系图标记符号由于缺乏视图、索引、触发器等逻辑模型和物理模型所需元素的标记符号，它只能应用于概念模型建模，适合于以手工标绘方式与用户进行面对面的交流，挖掘和明确系统数据需求。虽然常用的CASE工具不支持该标记符号，但由于该标记符号易于理解，在数据建模教学中被广泛使用。

IDEF1x标记符号和信息工程标记符号可用于概念模型建模，也可用于逻辑模型和物理模型建模，主流的数据建模CASE工具几乎都支持IDEF1x标记符号和信息工程标记符号，但是这些CASE工具提供的标记符号之间也存在一些差异，难以统一。

随着UML在建模领域的广泛应用，UML在数据建模方面也在快速发展，作为业界主流的建模工具Rational Rose，UML目前只支持物理模型建模。跳过概念模型和逻辑模型，直接进行物理模型建模对开发人员有较高的要求，而且物理模型也不便于与用户交流。

3.3 数据模型描述方法

数据定义阶段，构建的数据模型应包括概念模型、逻辑模型、物理模型和数据字典四个部分。其中数据字典是各类标准数据和编码规则的集合，用于指导数据的编码、交换等工作，而各层次数据模型的概念在前面已进行了阐述，这里不再累赎。下面围绕数据模型的描述方法进行详细介绍。

3.3.1 概念模型描述方法

概念模型主要规定了领域数据的概念定义和类型、概念的属性组成及定义、概念的关联关系定义和构建概念模型的方法等内容。

3.3.1.1 概念模型图

概念模型设计的要求如下。

（1）概念模型主要面向使用业务系统的用户，应取得和用户一致的意见。

（2）概念模型图采用实体—联系图的符号来进行描述和定义。

（3）每个概念模型图应标注对应的用户视图和业务活动。

3.3.1.2 概念定义表

概念是指对数据需求中的一个人，一件事物，或者一个理念的抽象。通过抽象和提取出概念实体、属性，关系定义表得到进一步的明确，保证数据模型建设的概念清楚，没有歧义。该定义表结构要求如下。

（1）名称。指实体、属性、关系的名称。

（2）定义。指对实体、属性、关系意义所做的简要而准确的描述。

（3）类型。指定义的对象是实体，还是属性，或者是关系。

（4）提供或维护单位。指提供或维护数据定义的单位。

3.3.1.3 实体属性的定义方法

实体属性除了通过定义表来描述外，有时还需要补充该实体属性的取值规则和准确含义。通过借鉴已有的数据定义方法，采用统一的描述形式，实现标准化描述和无歧义的理解。

建议采用如下的符号来描述实体属性的含义或取值情况：

=意思是等价于（或定义为）。

+意思是和（即属性由两个分量组成）。

[ ]意思是或（即从方括号内列出的若干个分量中选择一个），通常用“｜”号隔开供选择的分量。

n{ }m 意思是重复（即重复花括号内的分量），重复的最小次数是 n，最大次数是 m。

( )意思是可选（即括号内的分量可有可无）。

下面举例说明上述定义数据的符号的使用方法。

装备型号是武器装备实体的一个属性，型号是长度不超过 8 个字符的字符串，其中第一个字符必须是字母字符，随后的字符既可以是字母字符也可以是数字字符，采用上面的符号可以定义装备型号：

装备型号=字母字符+字母数字串

字母数字串=0{字母或数字}7

字母或数字=[字母字符|数字字符]

3.3.2 逻辑模型描述方法

逻辑模型规定了领域数据的抽象数据库设计内容，是根据数据关系结构进行设计的数据模型。逻辑模型主要包括逻辑模型图、表实体定义表、数据项定义表、关系定义表和定义域表。

3.3.2.1 逻辑模型图

逻辑模型设计的要求如下。

（1）逻辑模型的设计要依据概念模型的设计结果，不能有不一致。

（2）逻辑模型图采用信息工程标记符号来进行描述和定义。

（3）每个逻辑模型图应标注对应的概念模型。

3.3.2.2 表实体定义表

表实体定义表结构要求如下。

（1）名称：该表实体的中文名称。

（2）代码：该表实体所对应的数据库中表的名称，可以是中文，也可以是字母、数字和符号的组合。

（3）提供或维护单位：定义该表实体的提供或维护单位。

（4）注释：该表实体的含义等其他需要说明的内容。

3.3.2.3 表属性定义表

表属性定义表结构要求如下。

（1）名称。中文名称。

（2）代码。该表属性的标识代码，可以是中文，也可以是字母、数字和符号的组合。

（3）定义域。定义的域代码，与下面的定义域表中的名称表示方法一致。

（4）数据类型。指该数据项的数据类型，数据类型的值应从已有的标准定义中选取。

（5）长度。数据类型的长度。

（6）精度。如果该数据类型是近似数值类型，需定义该数值的精度。

（7）量纲。量纲单位一般用国际度量单位。

（8）非空。是否可以为空，“是”表示为非空，“否”表示为空。

（9）主标识符。是否为主标识符。“是”表示为主标识符，“否”表示不是主标识符。

（10）取值规则。指数据项取值的约束条件。约束条件主要指取值范围、取值列表以及取值的格式化等规则。

（11）注释。该数据项含义等其他需要说明的内容。

3.3.2.4　关系定义表

关系定义表结构要求如下。

（1）名称。关系的中文名称。

（2）代码。关系的标识代码，可以是中文，也可以是字母、数字和符号的组合。

（3）表实体1代码。表实体1的代码。

（4）表实体2代码。子表实体的代码。

（5）关系类型。父表实体与子表实体之间的关系类型，关系类型编码的取值如表3–5所示。

（6）注释。该关系含义等其他需要说明的内容。

表3–5　通用关系类型表

关系类型名称	关系类型编码	说明
一对一关系	10	1个实体A对应0或1个实体B 1个实体B对应0或1个实体A
	11	1个实体A对应1个实体B 1个实体B对应0或1个实体A
	12	1个实体A对应0或1个实体B 1个实体B对应1个实体A
	13	1个实体A对应1个实体B 1个实体B对应1个实体A
一对多关系	20	1个实体A对应0或n个实体B（n≠1，下同） 1个实体B对应0或1个实体A
	21	1个实体A对应1或n个实体B 1个实体B对应0或1个实体A
	22	1个实体A对应0或n个实体B 1个实体B对应1个实体A
	23	1个实体A对应1或n个实体B 1个实体B对应1个实体A
多对多关系	30	1个实体A对应0或n个实体B 1个实体B对应0或n个实体A
	31	1个实体A对应1或n个实体B 1个实体B对应0或n个实体A
	32	1个实体A对应0或n个实体B 1个实体B对应1或n个实体A
	33	1个实体A对应1或n个实体B 1个实体B对应1或n个实体A

3.3.2.5 域定义表

域定义表结构要求如下。

（1）名称。域的中文名称。

（2）代码。域的标识代码，可以是中文，也可以是字母、数字和符号的组合。

（3）数据类型。即可表示的值的集合，指计算机中存储一个数据项所采用的数据格式，如整型、浮点型、布尔型、字符串型等。

（4）长度。该域数据类型的长度。

（5）精度。如果该域的数据类型是近似数值类型，需定义该数值的精度。

（6）取值规则。域取值的约束条件，约束条件主要指取值范围、取值列表以及取值的格式化等规则。

（7）默认值。该域默认的取值。

（8）量纲。量纲单位一般用国际度量单位。

（9）注释。该域的含义等其他需要说明的内容。

3.3.3 物理模型描述方法

物理模型是面向计算机物理表示的模型，描述了数据在储存介质上的组织结构，它不但与具体的 DBMS 有关，而且还与操作系统和硬件有关。每一种逻辑模型在实现时都有其对应的物理模型。数据库管理系统为了保证其独立性与可移植性，大部分物理模型的实现工作由系统自动完成，如物理存取方式、数据存储结构、数据存放位置以及存储分配等在逻辑模型的基础上自动完成，而设计者只设计索引、聚集等特殊结构。因此设计物理模型时不再考虑物理存取方式等内容的构建。

物理模型规定了领域数据的数据库设计内容，是根据数据关系结构进行设计的实际数据库系统的数据模型。物理模型主要包括物理模型图。

物理模型图结构要求如下。

（1）物理模型图的设计要依据逻辑模型的设计结果，不能有不一致。

（2）物理模型图中的符号采用信息工程标记符号。

（3）每个物理模型图应标注对应的逻辑模型。

3.3.4 数据字典描述方法

数据字典是各类标准数据和编码规则的集合，用于指导数据的编码、交换等工作。

数据字典结构要求如下。

（1）层次编码。如果数据字典中的值有多个层次的关系，则需要定义该层次编码。

（2）值名称。字典中具体数据的名称。

（3）值编码。值名称所对应的编码信息，在对应的字典表中不能重复。

（4）注释。该取值的补充说明。

其中第 2 项和第 3 项内容必须描述，其他各项内容可以根据需要描述。

3.4 小　　结

本章重点介绍数据模型构建的理论、方法和最新的发展技术等相关内容。首先简要介绍了数据模型的基本概念及其含义，并按数据模型的分类分别介绍了概念模型、逻辑模型和物理模型。然后，围绕数据建模的方法分步骤介绍数据的需求分析、概念模型的设计、逻辑模型的设计、物理模型的设计。紧接着全面介绍了构建数据模型的各类标记符号，分别是实体—联系图标记符号、IDEF1x 标记符号、信息工程标记符号、UML 数据标记符号。最后，介绍了数据模型描述方法，帮助读者理解数据模型的描述方法。

习　　题

1. 试分析构建数据模型的主要作用和意义。

2. 简要说明构建数据模型的方法步骤。

3. 简要论述概念模型、逻辑模型和物理模型的关系。

4. 下面是某个大学数据库的需求描述，该数据库用于对学生成绩进行管理。

（1）记录每个学生的姓名、学号、社会保障号、当前地址和电话、永久地址和电话、出生日期、性别、班级（新生、二年级、……、毕业生）、主修院系、辅修院系（如果有的话）。某些用户应用程序还需要学生永久地址的城市名、所在省、邮政编码，以及学生的姓。每个学生的社会保障号和学号是唯一的。

（2）每个院系由其院系名、院系代码、办公室编号、办公室电话和所属学院这几个信息描述。每个院系的院系名和代码是唯一的。

（3）每门课有课程名、课程说明、课程编号、学时、级别、开课院系。每门课程的课程编号是唯一的。

（4）成绩单信息包括学生、单元、字母成绩和数值成绩（0，1，2，3 或 4）。

请设计该应用的数据模型，并画出相应的实体—联系图。确定每个实体类型的码属性及每个联系类型的结构约束。对于任何不确定的需求，做出适当的假设以使系统需求尽可能完整。

5. 画出练习题 4 的信息工程图。你的设计应考虑下面的要求。

（1）学生应该可以增加或减少主修和辅修科目。

（2）每个部门都可以增加或减少课程和聘用或解雇教员。

（3）每个教师都可以对学生的一门课程进行评分或改变评分。

注意：有些功能可能延伸至多个层级。

第 2 篇
数据资源规划

第 4 章　数据资源规划理论

凡事预则立、不预则废，数据资源的建设同样需要预，这里的预就是制定数据资源建设规划、明确数据资源建设步骤和明确数据资源建设目标。作为数据工程生命周期的第一个重要环节，数据资源的规划是高质量信息化建设的必由之路。科学合理的数据资源规划能够实现与领域相关的各种类型的数据在统一的平台上进行交换、共享和整合。这对加快领域内数据的流通，推动领域数据的生产、管理、服务和应用将起到重要作用。本章主要介绍数据资源规划产生的背景、基本概念、地位作用、理论基础等内容，使读者能够初步了解数据资源规划的核心思想、理论沿革和技术。

4.1　数据资源规划的由来

“数据资源规划”的产生，也像其他科学技术的出现一样，有它自己的特殊原因和动力，它是解决“信息系统开发与应用普及”和“数据处理危机问题”的必然结果。

4.1.1　失败的案例

一家大保险公司用三年的时间，花费了 400 万美元，开发了公司的计算机信息系统，为了应用，还抽调了不少业务人员参加培训学习，可是到头来不得不因系统难以提供必要和所需的信息，且维护成本高昂而放弃。美国国防部曾开发了十个自动化系统，但研究表明，这十个系统都存在着要修改的问题，且系统之间无法共享信息，系统的作用难以充分发挥，而解决上述问题需要耗费巨资。20 世纪 70 年代两家美国航空公司指控计算机应用系统研制人员，因为他们花费 4 000 万美元研制的软件实际上不好用。欧洲一家银行花费 7 000 万美元开发的应用程序，美国空军花费 3 亿美元开发的指挥系统软件，都没有收到预期的效果。

这些失败的案例说明，正确地开发使用计算机系统，可以扩大人脑的才智，使管理人员从繁重的数字工作中解放出来；而不正确地开发使用计算机系统，则会出现前所未有的灾难，其后果不堪设想。在企业高层领导中时常出现对计算机部门的不满情绪，认为他们花费了大量的人力、物力、财力和时间用于计算机的应用开发，但收效甚微。例如，一家世界一流的计算机网络系统方面的大公司的总经理伤心地说，多年来他一直要求每天或者起码每周给他一份资金平衡数据，但是看来他所需要的信息是无指望的。

4.1.2 应用积压严重

在大多数注重管理的企业中，新的应用需求的增长速度要比计算机部门所能提供的服务快得多，这种供求不平衡问题日趋严重。另外，无用的或效率很低的应用程序越积越多，形成“应用积压”问题。大多数企业已有两年到四年的应用积压，如一家银行已有七年的应用积压，这种状况随着计算机的降价而更加严重。长期的应用积压使计算机部门对尽快满足最终用户需求无能为力；许多用户需要的很有价值的应用项目，却因计算机部门的负担过重而不能及时开发。计算机部门负责人和工作人员，承受着双重压力。

4.1.3 应用开发效率低

随着计算机的普及，最终用户使用计算机的知识不断增加，对高效率开发各种应用软件的需求日益迫切。但是，系统分析和程序设计工作太慢了，程序设计停留在手工劳动密集型的阶段。要自动化地完成这种工作，需要信息系统分析与设计的新方法。例如，要把汽车制造从个体手工生产方式变为大工业生产方式，需要建立一种真正的基础结构。对于信息系统的自动化建设来说，也是同样的道理。这种必要的基础结构的建立，需要一定的时间和资金，但是这并不比早期系统的手工开发方法和维护所耗费的时间长、费用多。

4.1.4 系统维护困难

数据处理和软件开发工作，由于所谓的维护问题而变得更糟。使用“维护”这个术语，是指有的旧程序要重写，以适应新的需要，或者使它们能随系统资源的变化而继续适用。经常需要重新编写程序，这是因为分散开发的程序不能联合起来工作，或者当数据从一个系统传送到另一个系统时存在着接口问题。对一个程序进行必要的修改，会引致对其他程序必须进行修改的连锁反应。维护工作会随程序数目的增加而急剧增加，如果不采取严格的控制措施，程序之间的交互作用的数量大致会按程序数目的平方增长。

维护工作量的增长会使应用积压问题变得更加严重。在许多企业中，维护工作投入占80%以上，而新的应用开发工作投入不到 20%，有的企业的大部分程序员都在忙于维护工作。有的系统分析员设想那些现存的工作良好的程序应该不用去管它，事实上，像这样的程序所生成或使用的数据也是其他应用项目所需要的，而且几乎总是以不同的格式相互提供，维护工作无法避免。在某些大型企业中，这种维护困境像病魔缠身一样无法摆脱。令人十分担忧的是，今后如果总是采用传统的方法来增加越来越多的应用项目和系统，问题将会严重到何种程度。

上述种种情况的出现，使人们开始认真思考应对之策。总的来说，上述情况可以归纳为四个方面的问题：一是数据难以长效支撑信息系统的升级；二是数据难以共享应用于相似的业务支撑系统；三是数据难以维护和管理；四是数据资源建设的质量效益难以保证。以上问题究其原因，主要是由于信息化技术发展的阶段性，加之追求“实用快”的目标，很难统一考虑数据标准或信息共享问题，往往围绕单项业务开发、引进孤立的应用程序，再加上存在着“重硬轻软，重网络轻数据”的认识误区和小农意识的部门封闭、信息私有的狭隘观念，使一些人不重视数据资源的开发和共享，导致信息资源开发利用率低下，信息孤岛丛生，形成了一个重要的问题——不同的系统、不同的应用、不同的技术平台，从而形成信息难以共享的“信息孤岛”。解决这些问题，就需要进行数据资源规划，通过梳理业务流程，搞清数据需求，建立数据标准和数据模型。用这些标准和模型来衡量现有的信息系统及各种应用，符合的就继承并加以整合，不符合的就进行改造优化或重新开发，从而能积极稳步地推进信息化。

20 世纪 90 年代，因特网技术得到前所未有的发展，在因特网发展的过程中形成了三大关键技术：分组交换技术与中介信息处理器的发明，使分布式网络诞生，使物理层的扩展成为可能；TCP/IP 协议的提出与实施，使数据传输畅通无阻，统一了机器交互的语法；HTML 与 WWW 的出现，使得全球最大的信息资源利用系统得以出现。

早期对数据资源和信息资源的概念并未加以区分，所说的数据资源规划也称为信息资源规划。对数据资源规划的研究则始于 20 世纪 80 年代。20 世纪 80 年代初，由于信息系统开发失败的案例较多，应用积压严重，开发效率低下，系统维护困难等原因，社会信息化需要寻求新的信息系统开发指导方法。以詹姆斯・马丁（James Martin）为代表的美国学者先后出版了《信息工程》《战略数据规划方法论》《信息系统宣言》等书，勾画出建造大型复杂信息系统所需要的一整套方法和工具的宏伟蓝图。

国内较早提出数据资源规划理论的是大连海事大学高复先教授。高复先教授对数据资源规划理论的定义和定位是：数据资源规划是指对企业生产经营活动中所需要的信息，从产生、获取到处理、存储、传输及利用进行全面的规划。他指出企业信息化建设的主体工程是建设现代信息网络，而现代信息网络的核心与基础则是信息资源网。企业信息资源规划，就是信息资源网的规划，是企业信息化建设的基础工程和先导工程。

高复先教授的数据资源规划理论发展于詹姆斯・马丁的战略数据资源规划（strategic data planning，SDP）理论，在此基础上他引入了数据资源管理标准理论，并在信息系统集成研究中找到了两者的结合点——战略数据资源规划中的实体分析和主题数据库的建立，必须以数据资源管理标准的建立与实施为基础，否则总体数据资源规划中的成果无法在集成化的系统开发中落实；数据资源管理的建立固然可以从某个具体的应用开发项目中启动，但要较快地改造企业低档次的数据环境，重建高档次的数据环境，必须具有全局的观点和整体的行动，这就是进行企业数据资源规划。

支撑高复先的数据资源规划理论的是詹姆斯・马丁的信息工程理论、战略数据资源规划理论和威廉・德雷尔的数据资源管理理论。高复先认为在战略数据资源规划过程中进行数据资源管理标准化工作可以发挥战略数据资源规划在集成化的信息系统建设中的指导作用，这就是高复先理论的本质内容。

4.2　数据资源规划的概念和作用

“数据资源规划”概念的提出，已有三十多年的时间了。但业界对其内涵和外延的理解却各不相同。而且在称谓上也不统一，常见的有“数据资源规划”“总体数据资源规划”“战略数据资源规划”“数据总体规划”“信息资源总体规划”等不同的称谓。

4.2.1　数据资源规划概念的提出

美国詹姆斯・马丁教授在《信息工程理论》一书中首先明确提出“数据资源规划”这一

概念，该理论引入中国之后，国内理论界对数据资源规划的研究出现了高潮。马丁教授认为，战略数据资源规划是通过一系列步骤来建造组织的总体数据模型，而总体数据模型是按实体集群划分的、针对管理目标的、由若干个主题数据库概念模型构成的统一体，在实施战略上既可采用集中式又可采用分布式，分期分批地进行企业数据库构造。按照马丁教授对战略数据资源规划的定义，战略数据资源规划的概念应当涵盖以下内容：①是一个实体集群；②是由主题数据库构成的概念模型；③是针对企业经营管理目标的；④应对数据的分布有所考虑；⑤应对实施的进度和步骤有所安排。

马丁教授所提出的战略数据资源规划是针对整个组织，而并不仅仅是针对组织中特定信息系统建设的，尽管马丁教授并没有明确指出这一点。随后人们在使用这一概念和方法时，也没有特别关注这一点，而是把精力过多地集中于方法的技术层面，以致出现了各种各样的对战略数据资源规划的理解和认识。最为突出的是把战略数据资源规划仅仅看作是针对组织内部某一特定信息系统建设的规划。比如有人认为：总体数据资源规划是管理信息系统建设的重要组成部分、总体数据资源规划是系统设计中的重要一环等。如此，将战略数据资源规划的概念局限于组织的某一特定信息系统，把人们的思维更多地限制在采用什么样的技术来进行数据资源规划上，较少地从管理和逻辑概念层次上对组织的信息进行考虑和优化。同时由于仅仅是对某一信息系统的规划，对组织需要的众多信息系统缺乏全盘考虑，从而导致出现不同信息系统之间数据格式不一、数据冗余等问题。在一定程度上，制约了组织的信息化进程。

4.2.2 数据资源规划的定义

国务院信息化工作办公室在《信息资源规划与国家基础数据库的政策建议》中指出，广义的"信息资源规划，不论是在一个具体的组织机构范围内还是在行业地区、国家等更大的范围内，都是指对信息资源描述、采集、处理、存储、管理、定位、访问、重组与再加工等全过程的全面规划工作"。高复先教授在《基于信息资源规划的区域信息化建设》一文中提出，"信息资源规划，是指政府部门或企事业单位的信息的采集、处理、传输和使用的全面规划"。同时，他在《信息资源规划是农业信息化的基础工程》中又指出，"信息资源规划是指对信息的采集、处理、传输和利用的全面规划"。孙立宪同志指出，信息资源规划是指对信息的采集、处理、传输和使用的全面规划，是以信息工程方法论为技术基础，侧重于业务分析与优化，数据流分析，建立业务模式、功能模型和数据模型，并架构系统体系结构模型，形成企业信息化建设的信息资源管理基础标准，并通过后续的数据环境改造来解决企业信息资源整合等问题，以实现数据集成与信息共享的关键技术方法。

总之，数据资源规划是对企事业单位或政府部门的数据从产生、获取，到处理、存储、传输和使用的全面规划，是信息化建设的基础工程，其核心是：运用先进的信息工程和数据资源管理理论及方法，通过总体数据资源规划，打好数据资源管理和资源管理的基础，促进实现集成化的应用开发。而本书中所涉及的数据资源规划主要是指对信息资源内容本身的规划，而不涉及信息资源其他方面的规划，如：信息网络、信息系统、信息设备等的规划就不在这里讨论。

为此，这里给出本书的数据资源规划定义：数据资源规划就是为使信息系统能够支持领域内的整体数据资源建设、数据资源管理、数据应用等目标，在遵循信息化建设总体目标的前提下，对业务领域所需建设的数据种类、数据内容、数据标准以及数据资源建设的步骤方法等进行规范化设计和统筹建设的过程。

4.2.3 数据资源规划的核心思想

数据资源规划与以往的信息系统设计规划有较大差异，要高质量完成数据资源规划，必须建立正确的思想理念。

4.2.3.1 数据资源规划的核心对象是数据

首先，信息系统设计的核心对象是功能模块，因为功能模块可以直接满足用户业务活动的需求，而数据资源规划的目的是提供数据资源建设的质量效益，以满足用户使用各类数据的需要，因此在规划设计时必须围绕数据对象本身特点规律来实施；其次，一个信息系统的开发，首先要考虑的是为管理人员提供什么信息服务，怎样组织这些信息，这就涉及科学的数据结构和数据标准化问题，因此数据往往位于信息处理系统的中心；最后，如果用户有依托数据进行决策的需求，要用这些数据来回答“如果怎样，就会怎样”一类问题，就需要从辅助决策的角度来收集整理数据。

4.2.3.2 规划的数据对象必须相对稳定

优秀的数据资源规划能够实现数据的稳定性，但无法保证业务处理不发生变化。只要一个组织的职能任务不发生大的变化，即使业务活动发生了变化，所使用的数据类一般也很少变化。通过一定的分析方法，可以找出这些数据类的稳定结构，构建逻辑的数据模型。根据这些模型建立起来的数据库，不仅能为多种业务活动服务，而且还能适应组织机构和业务处理上的变化。

4.2.3.3 最终用户必须真正参加数据资源规划工作

企业的高层领导和各级管理人员都是计算机应用系统的用户，正是他们最了解业务过程和管理上的信息需求。所以从规划到设计实施，在每一阶段上都应该有最终用户的参与。

4.2.4 数据资源规划的作用

数据资源规划在当前的信息化建设中发挥着越来越重要的作用，主要体现在以下四个方面。一是将有效解决数据资源开发不足、利用不够、效益不高等问题，有利于整体信息化建设的提质增效；二是将有利于缓解甚至打破数据资源建设中长期存在的“数据孤岛”问题，避免大量重复建设和体系分割；三是将有利于数据资源建设的标准化，有利于数据资源的深层共享共用，形成数据资源建设的良性循环；四是数据资源建设的市场化发展，有利于解决数据资源建设产业化程度低、产业规模小、缺乏国际竞争力等问题。

4.3 数据资源规划的理论基础

数据资源规划的理论基础总体而言是信息资源管理理论与战略规划理论交融的结果，需要从多个学科汲取有益的成分，图书情报、企业战略管理以及信息系统等学科都为数据资源规划提供了理论依据。图书情报学科在信息技术的推动下，由传统的文献研究拓展到以数字信息资源为主体的信息资源管理，有关信息资源管理的许多理论成果将直接为数据资源规划所用。信息系统学科则提供了丰富的业务信息需求获取、信息系统体系建设和规划的理论与方法。企业战略管理中有关战略规划的方法、流程、思想，为从宏观上把握数据资源规划的模式提供了借鉴。具体来说，数据资源规划的理论基础包括信息生命周期管理理论、信息工程和战略数据资源规划理论、信息资源管理和数据资源管理标准化理论。

4.3.1 信息生命周期管理理论

信息生命周期管理是 20 世纪六七十年代诞生于美国政府部门的概念。1977 年，美国联邦日常文书工作委员会提出了一个基本的信息生命周期，分为 5 个阶段：确定需求、控制、处理、利用和处置。1985 年，美国行政管理与预算局在 A-130 号文件中正式引入了信息生命周期的理论，指出信息经过的典型周期包括生产或收集、处理、传播、使用、存储、保存，同时将信息管理定义为：在信息生命周期内，有关的计划、预算、处置和控制。1986 年美国南卡罗来纳大学教授马钱地与美国著名的信息资源管理专家霍顿合作出版的《信息趋势：从信息资源中获利》一书中将信息管理比作产品管理，解释了信息生命周期的概念。他们把信息管理视为与制造一种产品或开发一种武器系统一样，是存在生命周期的，即存在一种逻辑上相关联的若干阶段或步骤，每一步都依赖于上一步。因为信息是一种具有生命周期的资源，信息生命周期是信息运动的自然规律，它一般由信息需求的确定和信息资源的生产、采集、运输、处理、存储、传播与利用等阶段组成。近年来，有关信息生命周期管理的研究逐渐在企业中得到重视，虽然理解角度不一，提出的解决方案也不尽相同，但都认识到信息是有生命周期的，随着时间的推移，信息会经历一个产生、保护、读取、迁移、存档、回收的周期，在不同的时期信息的价值会有所变化，如果将所有数据以同样的设备及方式存储，必然会造成存储成本的浪费，解决这个问题的关键是实现信息生命周期管理，通过完整的信息生命周期管理解决方案，将不同类型的数据存放在适合的存储设备上，并通过特定的技术手段对这段数据进行处理和分析，才能发挥信息的最大价值。

信息生命周期管理理论提出来后，得到了 META、EMC 等公司的积极响应，其中，EMC 提出的实现信息生命周期管理的“6C”方案影响最为广泛。

1. 第一个“C”是分类和策略服务

分类和策略服务是信息资源生命周期管理的基础，由于业务和数据的不断变化及增长，企业必须洞察信息价值变化，对信息资源实施科学分类，将最有价值的信息放在高端储存设备上，将价值较低的应用移植到低成本存储设备。

2. 第二个“C”是整合

整合即利用各种技术、信息和运营手段，对各种存储系统、服务器、数据中心的资源及各种应用与管理进行全面整合，从而克服信息孤岛问题。

3. 第三个“C”是业务连续性

由于数据信息的重要性，企业应避免因灾难破坏、数据丢失等中断业务的风险。为规避风险，克服服务等级不一致，降低复杂度和成本，从计划、建设、管理三个方面涉及保持业务连续性的科学架构，保障应用和数据在计划内和计划外停机时一直可用。

4. 第四个“C”是恢复和归档

恢复和归档即把有价值的信息保存在不同等级的存储系统中，用磁盘备份动态生产信息，使得用户可以从归档中快速获取数据，或从备份中快速恢复数据。

5. 第五个“C”是法规遵从

法规遵从是指从咨询服务中以及满足管理法规的内容中寻找存储解决方案。

6. 第六个“C”是内容管理

内容管理是指如何对非结构化信息进行有效管理。

“6C”方案虽然主要应用在企业业务流程中的数据存储方面，但是涵盖了实现完整的信息生命周期管理所解决的关键问题，在数字信息资源成为最主要的信息资源形式的今天，这六个方面也是开展数字信息资源管理活动的重要因素。

4.3.2 信息工程和战略数据资源规划理论

20世纪七八十年代，以美国为首的一些信息技术发达国家，出现了“数据处理危机问题”，其现象与现在的“信息孤岛问题”完全相同。当时他们差不多都经历了计算机在数据处理领域应用的起步和发展时期。最初他们使用计算机实现批处理（batch processing），如工资计算、单据汇总、库存盘点等，后来逐步实现日常数据处理，如生产统计、库存控制等。随着管理和用户需求的提高，一些旧系统需要修改或重建，同时随着计算机设备的不断降价，个人计算机越来越多地出现在管理人员的办公桌上，要发挥这些设备的效益，必须把它们互连起来，既满足每个管理人员的信息需要，又给高层领导提供及时的决策信息。这时，人们发现了分散开发带来的严重后果。为把系统集成起来，需要大面积地修改遗留软件，重新组织数据结构，其耗费的人力和资金比重新建立还要多。美国20世纪80年代初的统计表明，全国每年软件维护费达200亿美元，这就是所谓的“数据处理危机”。

以詹姆斯·马丁为代表的美国学者，总结了这一时期数据处理方面的正反面经验，在有关数据模型理论和数据实体分析方法的基础上，结合他发现的“数据类和数据之间的内在联系是相对稳定的，而对数据的处理过程和步骤则是经常变化的”这一数据处理基本原理，于1981年出版了《信息工程》（*Information Engineering*）一书，明确提出了信息工程的概念、原理和方法。第二年他又出版了《战略数据规划方法论》（*Strategic Data Planning Methodologies*）一书，对信息工程的基础理论和奠基性工作——战略数据资源规划方法——从理论上到具体方法上做了详细阐述。20世纪80年代中期，詹姆斯·马丁出版了《信息系统宣言》（*An Information Systems Manifesto*）一书，对信息工程的理论与方法加以补充和发展，特别是在“自动化的自动化”思想上和关于最终用户与信息中心的关系以及用户在应用开发中应处于恰当位置的思想上都有充分发挥。同时加强了关于原型法、第四代语言和应用开发工具的论述。

马丁认为，信息管理是使有价值的资源隶属于标准的管理和控制过程以实现其价值的活动，它必须超越程式化的信息收集、储存和传播工作，必须致力于使信息利用为组织机构的目标服务。信息管理不同于管理信息系统，后者是为特定的管理层次提供特定类型信息的方法，前者则是为整个组织机构的所有层次包括战略层次、战术层次、操作层次等服务的。但信息管理与信息资源管理没有什么区别，“因为它们从根本上讲是一回事”。

在马丁的著作中，他将信息系统工程的研究范围细分为以下五个方面。

（1）信息系统的基本理论。包括信息系统的基本观点、认识论和方法论等。

（2）信息系统建模。包括信息系统概念模型、逻辑模型和物理模型的描述、观察、试验与验证等。

（3）信息系统开发。包括信息系统建设与管理的概念、方法、评价、规划、工具、标准等一系列相关技术问题和工程问题。

（4）信息系统支撑技术在信息系统中的应用。研究数据库/数据仓库、网络通信、人机交互、分布计算、决策支持、人工智能等技术如何满足信息系统各层次用户的需求，实现业务管理、信息共享、分析决策等功能，并在组织和人的参与下最终达到信息系统的目标。

（5）信息系统集成。研究系统集成的原则、方法、技术、工具和有关的标准、规范，应用先进的相关技术，将支持各个信息“孤岛”的小的运行环境，集成统一在一个大的运行环境中，最终形成一体化的信息系统。

信息工程作为一个学科涵盖内容要比软件工程更为广泛，“它包括为建立基于当代数据库系统的计算机化企业所必需的所有相关的学科”。从这一定义中可以看出三个基本点：信息工程的基础是当代的数据库系统；信息工程的目标是建立计算机化的企业管理系统；信息工程的范围是广泛的，是多种技术、多种学科的综合。信息工程的基本原理如下。

① 数据位于现代数据处理系统的中心。一个信息系统的开发，首先要考虑的是为管理人员提供什么信息服务，怎样组织这些信息，这就涉及科学的数据结构和数据标准化问题。借助于各种数据系统软件，对数据进行采集建立和维护更新。使用这些数据生成日常事务单据，例如打印发票、收据、运单和工票等。上级部门或专业人员要进行信息查询，对这些数据进行汇总或分析，得出一些图表和报告。为帮助管理人员进行决策，要用这些数据来回答“如果怎样，就会怎样”一类问题。数据库管理人员检查某些数据，以确信是否有问题，如图 4–1 所示，表现出数据位于现代数据处理系统的中心，值得注意的是这里的数据注重总体上的一致和物理实现前严谨的设计。

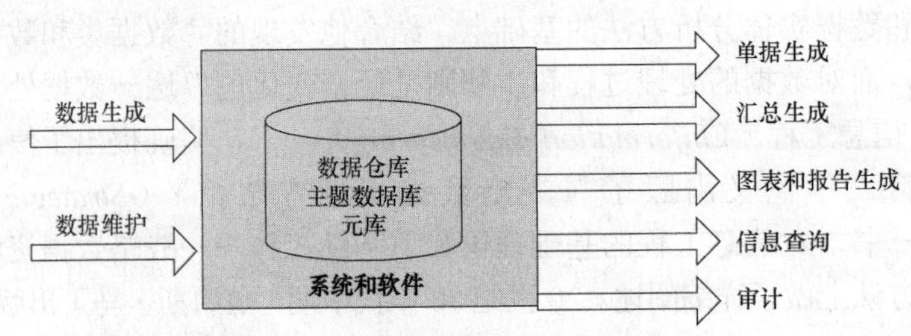

图 4–1　数据位于现代数据处理系统的中心

② 数据是稳定的，处理是多变的。只要企业自身的生产经营方向不变，即业务主体不变，所使用的数据类很少变化。具体来说，数据实体的类型是不变的，除了偶尔少量地加入几个新的实体外，变化的只是这些实体的属性值。对于一些数据项集合，可找到一种更好的方法来表达它们的逻辑结构，即稳定的数据模型。通过一定的分析方法，可以找出这些数据类的稳定结构，构建逻辑模型。根据这些模型建立起来的数据库，不仅能为多种业务活动服务（实现信息共享），而且还能适应组织机构和业务处理上的变化。

③ 最终用户必须真正参加开发工作。企业的高层领导和各级管理人员都是计算机应用系统的用户，正是他们最了解业务过程和管理上的信息需求。所以从规划到设计实施，在每一阶段上都应该有最终用户的参加。

战略数据资源规划方法论把数据的地位提到更高的层次。“数据环境”（data environment）是为了解决“数据处理危机问题”而提出的重要概念，马丁在《信息工程》和《战略数据规划方法论》中将计算机中的数据环境分为四类：第一类：最原始的数据环境，即数据文件，连最基本的数据库管理系统（DBMS）的支持都没有；第二类：应用数据库，有 DBMS 的支持，但基本按照报表原样建库，造成数据冗余和接口现象严重，可以说是目前很多企业所处的主要数据环境，也是制约企业信息化系统建设的最大障碍和发展瓶颈；第三类：主题数据库（subject database），经过科学严谨的规划和设计，其结构和对它的使用处理互相独立，面向业务主题，而不是面向处理来设计，这是一种健康和易于共享的数据环境；第四类：数据仓库（database warehouse），数据从多种数据源获取，经过分析、抽取等手段加工成最终用户在一定程度上可理解的形式，是主题数据库的集成，是深加工的精练的信息。

信息工程经过十年的发展，结合软件工程领域的面向对象的主流技术，20 世纪 90 年代初形成面向对象信息工程（object-oriented information engineering，OOIE），将信息工程的思想方法与面向对象进一步结合，是全企业集成化信息系统开发的理论与方法。OOIE 将全企业范围的管理信息系统建设划分为四个阶段：企业规划阶段，高层管理人员直接参与，采用全局的观点识别企业目标和关键成功因素，研究关键业务流，划分业务域，构思全企业范围的集成问题；业务域分析阶段，业务代表和系统分析员组成的联合需求计划小组对每一业务领域进行较详细的分析，建立业务域的对象和事件的详细模型；系统设计阶段，由联合应用设计小组采用面向对象技术设计出系统的类和方法，用责任驱动设计来详细分析类的行为，同时开发快速原型和演示系统，以便及时获得用户的反馈信息；建造阶段，尽量使用编码生成器和可重用类库，提高系统建造的速度和质量。

四个阶段的开发模型沿用金字塔的形状，如图 4–2 所示，数据位于现代数据处理系统的中心，由高层的塔尖逐渐向下扩展，是从全企业范围的规划到业务域分析、系统设计，然后再进行建造的较严谨的开发方法论，其技术关键是集成化元库和基于它的集成化计算机辅助工具组，来支持面向对象分析、设计与实现，建立可重用类库和进行开发人员的工作协调。从本质上 OOIE 仍然继承了信息工程的基本原理和战略数据资源规划的方法论，尤其在进行业务数据分析和逻辑数据库层面的设计，以及在数据资源管理的标准规范方面。

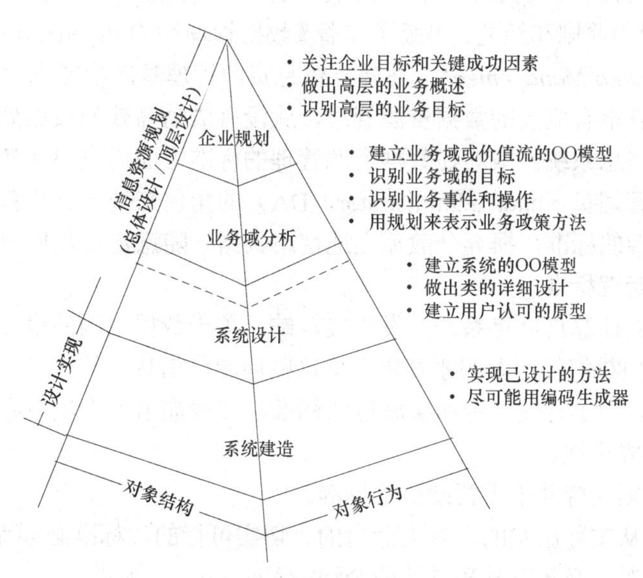

图 4–2　数据位于现代数据处理系统的中心

从上述基本原理和前提出发，马丁阐述了一整套自顶向下规划和自底向上设计的方法论。

他指出：建设计算机化的企业需要该组织的每一位成员都为这一共同目标进行一致的努力，这就包括采用新方法论的总体策略，并要求每一位成员对此应有清楚的理解。

4.3.3 信息资源管理和数据资源管理标准化理论

4.3.3.1 信息资源管理

信息资源管理（information resource management，IRM）是20世纪70年代末、80年代初开始在美国出现的新概念，其后发展很快但至今仍无统一定义。美国信息资源管理学家霍顿（(F. W. Norton）和马钱德（D. A. Marchand）等人是其主要的创始人，在20世纪80年代初他们就指出：信息资源（information resources）是企业极其重要的资源，应该得到足够重视和懂得如何开发利用，即将信息的管理技术作为整个组织的重要资源来抓。总的来说，IRM是企业资源（包括人及物理资源）的管理（包括规划、组织、操作及控制），涉及数据、文本、声音、图像等各类信息的开发、增强、维护和服务这样的系统支持，也涉及处理、传输、分布、存储及提取的系统服务。信息对现代企业至关重要，搞好信息资源管理的目的就是通过企业内外信息流的畅通和信息资源的有效利用，来提高企业的效益和竞争力。信息资源管理涉及的学科很广泛，是企业管理的新的重要职能。信息资源管理的主要观点如下。

（1）信息资源与人力、物力、财力和自然资源一样，都是企业的重要资源，并且是各类资源的链条。因此，应该像管理其他资源那样管理信息资源。信息资源管理是企业管理的必要环节，应该纳入企业管理的预算。

（2）信息资源管理包括数据资源管理和信息处理管理。前者强调对数据的控制，后者则关心企业管理人员在一定条件下如何获取和处理信息，并强调企业中信息资源的重要性。

（3）信息资源管理的目标是通过增强企业处理动态和静态条件下内外信息需求的能力来提高管理的效益。IRM追求3E（Efficient，Effective，Economical）即高效、实效、经济。

需要特别提到的是，在1985年，威廉·德雷尔提出和总结了数据资源管理（data administration）方面的原则和经验，出版了专著《数据管理》（*Data Administration：A Practical Guide to Successful Data Management*），在建立信息资源管理基础标准方面，丰富了IRM的理论、方法，指出没有卓有成效的数据资源管理，就没有成功高效的数据处理，更建立不起来整个企业的计算机信息系统。威廉在数据资源管理的标准方面提出很多建设性意见和原则，呼吁设立数据资源管理员（data administrator，DA）的角色来统一、规范地从总体上管理、协调、控制信息资源的标准，摒弃分散孤立地使用数据、随意定义数据的现象。

4.3.3.2 数据资源管理标准

威廉认为早期的计算机信息系统开发阶段，缺乏关于数据结构的设计和管理方面的科学方法，直到20世纪80年代，人们才开始考虑这些问题，信息系统设计人员认识到数据结构标准管理的重要性。为了有效制定和实施这些标准，威廉提出了十项原则。

① 不把例外当成正规。

② 管理部门必须支持并乐于帮助执行标准。

③ 标准必须是从实际出发的、有生命力的、切实可行的，标准必须保持其简明性。

④ 标准不能绝对，必须有某种灵活的余地。

⑤ 标准不应迁就落后。

⑥ 标准必须是容易执行的。

⑦ 标准必须加以宣传推广，而不是靠强迫命令。

⑧ 标准的细节并不是最重要的，重要的是有一定的标准。

⑨ 标准应该逐步制定，不要企图一蹴而就。

⑩ 数据资源管理的最重要标准是一致性标准，即数据命名、数据属性、数据设计和数据使用的一致性。

根据威廉·德雷尔的数据资源管理理论、马丁的信息工程理论和自身的实践，高复先把数据资源管理标准的研究着眼在实体分析和数据库相关标准上，并将数据资源管理标准划分为相互关联的五大类。

1. 数据元素标准

数据元素（data elements）是最小的不可再分的信息单位，是一类数据的总称。一般来说，它由修饰词（modifying word）+基本词（prime word）+类别词（class word）构成。为保证一个企业内部使用的数据元素标识和定义的统一，绝对不允许在其信息系统内出现“同名异义”或者“同义异名”的情况。

2. 信息分类编码标准

信息分类编码（information classifying and coding）是信息标准中最基础的标准。信息分类就是根据信息条目的内容特征，按照一定的原则和方法进行区分和归类，并建立一定的分类系统和排列顺序，以方便管理和使用。信息编码就是在信息分类的基础上，将信息对象（编码对象）赋予一定的规律性的、易于计算机和人识别与处理的符号。当前，我国企业可以依据《标准编写规则 第 3 部分：分类标准》（GB/T 20001.3—2015）进行本企业的信息分类编码，最终建立企业各领域的信息分类编码体系。

根据信息分类编码对象的稳定性、数量和使用频率，高复先将编码对象分成了 A，B，C 三类。在分类编码标准建立过程中，应采取一种“自上而下”的方法，既企业编码标准制定小组应首先考虑与国际、国家、行业标准的对接，然后考虑自身的特殊性，编码的更新维护工作必须根据需要不断进行。

3. 用户视图标准

用户视图（user view）是一组数据元素的集合，它反映了最终用户的信息需求。威廉·德雷尔认为，用户视图与外部数据流是同义词，用户视图是来自某个数据源或流向某个数据接收端的数据流。常见用户视图有：

- 输入的表单命令；
- 打印的报表；
- 更新的屏幕数据格式；
- 查询的屏幕数据格式。

用户不同，用户的信息需求不同，用户视图也不同，也就是数据元素的组合不同。高复先将用户视图分为三大类，四小类，用七位五层码表示，同时给出了一般的用户视图表示格式。

4. 概念数据库标准

概念模型是全面的数据应用逻辑结构，独立于任何软件和数据存储系统。概念数据库描述了各数据元素的逻辑关系，但不是它们的物理结构，它独立于任何数据库管理系统。概念数据库是依据企业概念模型建立的虚拟的数据库，表示企业的数据库存放什么样的信息和这些信息间的关系以及如何存放。

一般来说，一个主题数据库包含多个概念数据库，这些概念数据库由中文的数据要素表示。为建立规范的主题数据库，企业必须遵守一定的标准。

5. 逻辑数据库标准

逻辑数据库是系统分析员的观点，是对概念数据库的进一步分解和细化。一个逻辑数据库由一组规范化的基本表（table）构成，基本表的设计一般要符合三范式（3NF）的要求。企业的逻辑数据库标准就是指以基本表为基本单元，列出企业全部的逻辑数据库。

由于缺乏标准和一致性，数据开发初期的工作是杂乱无章的，程序员没有接受一致的训练，每个人都有自己的独特的数据编码和数据库字段标识习惯，并且没有人统一这些编码和标识，结果就是逻辑数据库没有统一的标准，系统难以兼容和集成。

4.4 小　结

本章重点研究数据资源规划的由来、概念、理论等相关内容。首先分析了数据资源规划的相关概念和发展沿革，提出了数据资源规划的定义。然后，介绍了数据资源规划的主要理论基础，包括信息生命周期管理理论、信息工程理论、战略数据资源规划理论、信息资源管理和数据资源管理标准理论。

习　题

1. 请你谈谈你对数据资源规划重要性的认识。
2. 请谈谈你对数据资源规划的核心思想的理解。
3. 请查阅数据资源规划的相关理论，分析比较不同数据资源规划理论之间的异同。
4. 如果你所在的学校要进行信息化建设，请你结合本章所学的知识，按照数据资源规划的步骤，提出一个数据资源规划的建设方案。
5. 数据资源规划过程中可能会存在哪些问题？你如何解决？
6. 数据资源规划与数据库系统设计有何差异和联系，请简要分析。

第5章 数据资源规划方法

数据资源规划的理论方法比较丰富，经过工程实践的不断验证提炼，逐步形成比较成熟的方法体系。目前主流的数据资源规划方法有三个：基于稳定信息过程的方法，基于稳定信息结构的方法，基于指标能力的方法。基于指标能力的方法。本章就围绕这三种方法的基本思路和具体步骤，分别进行阐述，最后对这三种方法进行比较，以更好地理解这三种方法的特点和适用场景。

5.1 基于稳定信息过程的数据资源规划方法

5.1.1 方法概述

数据资源规划强调将需求分析与系统建模紧密结合起来，需求分析是系统建模的准备，系统建模是用户需求的定型和规范化表达。在进行数据资源规划的时候，首先要根据工作内容（而不是按照现行的机构部门）划分出一些“职能域”；然后由业务人员和系统分析员组成的一些小组，分别对各个职能域进行业务和数据的调研分析；进而建立单位信息系统的功能模型和信息模型，作为整个信息化建设的逻辑框架。在做业务调研分析的时候，要注意识别主要业务过程，研究新的管理模式，即与机构调整和管理创新相结合。在做数据调研分析的时候，要调研分析职能域之间、职能域内部、职能域与外单位间的数据流向。只有经过这样细致的调研分析，才能进行科学的综合，获得相应的模型，并以模型为载体使参与数据资源规划的所有人在信息化建设“要做什么”的问题上达成共识。如图5–1所示，该数据资源规划方法可以概括为两条主线、三种模型、一套标准，其核心步骤如下。

（1）定义职能域。职能域或职能范围、业务范围，是指部门的主要管理活动领域。

（2）各职能域业务分析。分析定义各职能域所包含的业务过程，识别各业务过程所包含的业务活动，形成由“职能域—业务过程—业务活动”三层结构组成的业务模型。

（3）各职能域数据分析。对每个职能域绘出一、二级数据流程图，从而搞清楚职能域内外、职能域之间、职能域内部的信息流；分析并规范化用户视图；进行各职能域的输入、存储、输出数据流的量化分析。

（4）建立领域的数据资源管理基础标准。包括数据元素标准、数据分类与编码标准、用户视图标准、概念数据库和逻辑数据库标准。

（5）建立信息系统功能模型。在业务模型的基础上，对业务活动进行计算机化可行性分析，并综合现有应用系统程序模块，建立系统功能模型。系统功能模型由“子系统—功能模块—程序模块”三层结构组成，成为新系统功能结构的规范化表述。

（6）建立信息系统数据模型。信息系统数据模型由各子系统数据模型和全域数据模型组成，数据模型的实体是“基本表”，这是由数据元素组成的达到“第三范式”的数据结构，是系统集成和数据共享的基础。

（7）建立关联模型。将功能模型和数据模型联系起来，就是系统的关联模型，它对控制模块开发顺序和解决共享数据库的“共建问题”，均有重要作用。

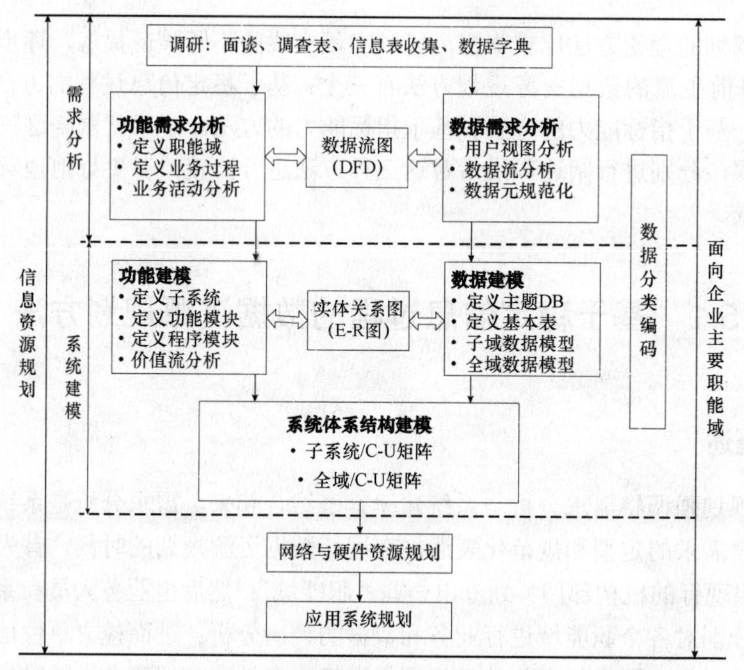

图 5–1　基于稳定信息过程的数据资源规划方法步骤

5.1.2　具体步骤

5.1.2.1　数据资源规划可行性分析

数据资源规划工作是数据工程建设的重要阶段，需要对被规划对象进行大量调研、分析和研究，往往涉及的人员多、过程时间长、规划工作量大。因此，在数据资源规划实施之前，首先应结合已有基础、资金、人员、时间等资源情况，对数据资源规划的必要性和可行性进行认真论证和分析。一般而言，任何工作开始之前都需要规划，只是规划的合理性、细致度和所需资源规模上有差异。对数据资源规划的可行性，至少应从下述三个方面研究。

（1）资源可行性，有足够的人力和资金资源支持数据资源规划工作吗？数据资源规划所占用的资源是否过大，以致后续工作无法开展？

（2）操作可行性，是否有足够的时间来实施数据资源规划，是否有专业的技术规划人员参与数据资源规划，是否能得到高层部门领导的支持和认可？

（3）技术可行性，使用现有的技术手段能支持数据资源规划吗？

5.1.2.2　确定数据资源规划的目标和范围

数据资源规划人员访问关键人员，仔细阅读和分析相关材料，以便对数据资源规划对象的规模和目标进行确认，以清晰地描述数据资源规划所涉及的范围和实施数据工程建设可行目标的内容。这个步骤的工作，实质上是为了确保数据资源规划人员正在规划的内容确实是用户需要规划的内容。

这个阶段的工作是后续工作的基础，应尽量避免规划的范围过宽，想面面俱到，结果造成规划工作量过大，严重影响数据资源建设的进度和质量；还要避免规划的范围过窄，导致在数据资源建设过程中才发现大量内容没有有效规划，从而失去了数据资源规划的实际意义。以武器装备类数据资源规划为例，根据应用需求其数据资源规划的范围是建设中国、美国、印度、俄罗斯的主战武器装备性能数据。如果数据资源规划的范围过大，表现为：①规划的范围太宽，如规划建设所有国家和地区的主战武器装备性能数据；②规划的内容太细，如规划建设组成武器装备每个部件的性能数据。这样的数据资源规划都脱离了实际需求，使数据资源建设任务工作量大增，而数据使用效率降低。一般而言，与业务密切相关的应用数据资源规划能够支持 5～10 年的数据资源建设需求就足够了，如果时间太长，等数据建成时，很多数据还没有使用和验证就已经过时了。

5.1.2.3　数据资源规划的准备

数据资源规划实施前必须做好充分的准备工作，在准备阶段的主要工作如下。

1. 组建数据资源规划小组

由高层部门领导挂帅，从科研院所和业务部门选择有经验的、素质好的人员组成专职的数据资源规划小组，其职责就是对本业务领域的数据进行规划、管理、协调和控制。它的人员组成应有系统规划员，负责总体规划和应用项目计划的编制和审查；数据资源管理员，负责数据资源管理规范的制定、修改、发布与监督执行，负责总体数据资源规划和数据库建设计划的编制或审查，负责数据资源的使用与管理；系统分析员，负责应用系统的分析与设计、数据库的设计和功能详细设计。

2. 确定总体设计的技术路线

重视总体设计，重视数据环境的建设，建立稳定的数据基础，选择适合本业务数据特点的数据资源规划技术路线。

3. 人员培训

对系统进行总体数据资源规划，意味着要采用一套科学的方法进行信息工程的基础建设。这套方法对大多数参加者来说是新颖的，必须通过适当的培训使他们掌握这套方法。可以说，能否使参加规划的人员掌握科学的方法，是总体数据资源规划工作能否成功的另一个关键因素。

5.1.2.4　研究当前的业务活动

不论是研制开发信息系统，还是展开业务领域的数据资源建设，都是围绕当前的业务活动展开的。充分地分析和研究这些业务活动，是数据资源规划的前提和基础。虽然，在数据资源规划可行性分析、确定数据资源规划的目标和范围等活动中已经对当前业务活动作过分析和研究，但其研究的基本目的是用较少的成本在较短的时间内确定数据资源规划的可行性和总体情况，因此许多细节被忽略了。然而详细研究当前的业务活动能够帮助捕获这些细节，并正确理解所要规划的数据到底是什么。

当然，需要指出的是当前的业务活动不仅仅是人工活动，还应包括有信息系统支撑的业务活动，这些信息系统是数据资源规划的重要信息来源，应仔细阅读分析现有信息系统的文档资料和使用手册，也要实地考察现有的信息系统。

为了准确反映当前的业务活动，也可以采用一些较成熟的方法和工具，如:《战略数据方法学》中提出的企业业务模型图、IRP（信息资源规划）软件工具等。

5.1.2.5 建立当前业务逻辑模型

对业务活动的分析研究成果还需要经过系统分析员的分析、细化、整合、重组，形成能够为数据资源规划员所理解的逻辑模型。建立逻辑模型的图形化工具有数据流图、实体—联系图、状态转换图、用例图、业务功能的层次结构图等，这些图形化工具通过不同的角度准确反映了当前业务的功能和活动。这些图形化工具大都在软件工程类书籍中有所介绍，这里不再详细讲解。

在建立当前业务逻辑模型时，往往会发现现实中的业务活动不能适应本部门的信息化建设，必须对这样的业务活动甚至业务组织进行调整或改革，这就需要对建立的逻辑模型进行多次调整和修改，以适应这种变化。

5.1.2.6 导出并建立数据模型

建立业务逻辑模型的目的不仅仅是反映将来信息系统的功能，更主要是能够反映数据资源建设的需求，以便于进行统一的、一致的数据资源规划和设计，这就需要建立数据模型。

数据模型是根据已建立的业务模型，按照职能域去收集用户在业务过程中所处理的报表、单证等数据表单（统称用户视图），分析这些用户视图由哪些数据元素组成，与业务过程的关系（输入关系、输出关系、存储关系），要准确地找出这种关系，需要绘制各业务过程的业务过程图，图中反映每个业务过程中各项业务活动的名称、需要的数据、产生的数据和责任人，使信息系统分析员与用户对每个业务过程达成一致认识。从视图中抽取数据元素构成概念数据库，建立全局数据模型。

5.1.2.7 建立信息资源管理标准

规划小组成员讨论并提出全域数据分类编码体系表；根据体系表和编码目录，结合主题数据库设计的要求，从数据元素库中提取全部可供信息编码的数据元素，填入各类信息编码的码表，逐一进行编码，并编写其编码原则和编码说明。属于程序标记类的编码可在应用开发时再做；码表内容非常庞大的一些信息编码，可另组队伍专门开发。完成后应组织专家评审。

5.1.2.8 设计主题数据库

虽然已经设计并构建了数据模型，但还存在以下问题：相同的数据元素，被不同的开发小组生成多次，而且具有不同的结构，这样，应该相互协调的数据就不能相互协调，不同应用部门之间的数据传送也很难进行。一般情况下，所要规划的大多数数据都需要作统一的管理，相同的数据应被多个用户共享，不同的用户可以将这些数据用于不同的目的。只有通过规划与协调组织起来的数据，才能有效地为多个用户服务。为此，需要设计主题数据库。

主题数据库是面向业务主题的数据组织存储，这些主题数据库与本领域业务管理中要解决的主要问题相关联，而不是与通常的计算机应用项目相关联。主题数据库是对各个应用系统“自建自用”的数据库的彻底否定，强调建立各个应用系统“共建共用”的共享数据库。同时主题数据库要求调研分析业务活动中各个管理层次上的数据源，强调数据的就地采集，就地处理、使用和存储，以及必要的传输、汇总和集中存储。

设计主题数据库是数据资源规划的非常重要的一步工作，如何设计出科学合理的主题数据库一直是数据资源规划员的一项重要工作。一般而言，采用自顶向下规划和自底向上设计的数据资源规划方法来设计主题数据库。

主题数据库的设计一般过程如下。

（1）统一数据标准。确定对应数据，统一数据标准，首先要统一数据的编码标准，使用统一的代码，消除数据间的重码现象；其次对数据的录入标准、存储标准、输出标准进行统一，以适应数据集成的需要；最后要规范数据的应用格式，建立统一的信息管理系统，统一信息使用和输出终端。

（2）筛选数据。构建标准一致的主题数据库的结构和数据处理过程是相对独立的，是面向业务主体的，在建立的过程中需要对系统中所有的数据进行归类和标准化，在标准化的基础上进行整合、集成，形成数据标准一致的、规范化的、统一的、不需要数据接口的数据集合。

（3）在数据标准统一和数据筛选、确定对应数据库的基础上，建立数据标准一致、信息共享的主题数据库，实现对分散开发的信息系统的数据集成、系统集成。

5.1.2.9　数据的分布分析

结合数据存储地点，进一步调整、确定主题数据库的内容和结构，制定数据库开发策略。数据的分布分析要充分考虑业务数据发生和处理地点，权衡集中式数据存储和分布式数据存储的利弊，还要考虑数据的安全性、保密性，系统的运行效率和用户的特殊要求等。根据这些调整数据实体的分组，制定主题数据库的分布或集中存储方案。

5.1.2.10　制定数据资源规划方案

将前面步骤中形成的业务逻辑模型、数据模型、资源编码标准体系、主题数据库设计方案、数据分布分析方案整合形成整体数据资源规划方案，以便于后续信息系统建设和数据工程建设参考分析。

5.1.2.11　审核、评价数据资源规划方案

邀请部门领导、用户和领域专家共同分析评估数据资源规划方案，分别从经济可行性、技术可行性和操作可行性等方面再细致地进行分析研究，以确保该数据资源规划方案确实能解决用户问题、提高业务部门信息化的管理效率和水平。并对该数据资源规划方案给出结论性意见。

在进行数据资源规划的过程中需注意以下问题。

（1）数据资源规划这种信息资源的开发方法，必须来自最高层的策划。因此高层管理人员的参与，能使规划工作更全面、更深入、更易于开展。

（2）数据资源规划的基础是建立业务模型和数据模型，这两个模型大致上反映了整个业务活动情况。

（3）数据资源规划的核心是模型分析，它需要系统设计员深入细致地分析业务模型和数据模型，深刻理解它们，从而为设计数据库系统奠定基础。

（4）数据资源规划的重点是建立主题数据库，确立整个信息系统的主题，并根据主题去组织数据，而建立规范的数据库表是建立主题数据库的主要任务。

（5）系统建设要与管理体制相互适应。业务本身是一个存在的系统，管理信息系统是一个新建的系统，要使管理信息系统能够充分发挥作用，必须解决两者之间的适配关系，两者不是简单的加减、模拟或替代关系，要为达到总体目标而互相适应。

5.2 基于稳定信息结构的数据资源规划方法

5.2.1 方法概述

该方法也是从组织的目标开始，但对组织目标和任务的确定和分解是为了更为全面地收集初始数据集，数据收集完成后，通过数据项审查、主题数据集审查以及信息关系分析，直接从数据的角度得到组织的信息模型，然后通过数据的流程对应地分析出组织的业务，这是一种从组织信息及其关系到业务过程的认识过程。这种认识过程很大程度上减弱了对现行业务的依赖，由于数据及其关系对于组织来讲是稳定的，因此通过信息关系分析组织的信息模型，以及由信息模型得到的组织逻辑业务过程，通常不会由于现行业务过程的变化而发生改变，从而在最大限度上保持了模型的稳定性。

基于稳定信息结构方法的中心是建立“核心数据集”，再转换成满足不同的使用者需要的输出信息结构——目标数据集，由于核心数据集的稳定性，通过更改输出信息结构即可满足不同的使用者，而输出信息结构的更改不会产生更多的“波及效应”。由于基于稳定信息过程方法需要先确定信息处理过程，一方面这种过程是当权的决策者和使用者的意志的反映，另一方面是组织与环境作用的结果。当然这一过程不得违反，且必须符合于逻辑过程，但一定会加入一些人为的、非逻辑的、不稳定的因素。由于基于稳定信息过程方法在本质上没有实现稳定因素与不稳定因素的分离、没有摆脱对于过程稳定性的过分依赖，致使当权者意志的变化、环境的轻微扰动等就可能形成病态信息，影响使用，甚至引致信息系统的崩溃。而基于稳定信息结构的方法是从分析组织的目标开始，从组织的目标到组织的任务，再到组织的数据以及数据关系分析，这样一步步展开的，其根本目的是通过一系列逻辑严密的步骤，分析提炼隐藏于组织机构和组织运行中的稳定的信息关系或信息流程，然后通过某种建模工具，将这种信息关系或信息流程描述出来，以作为今后组织信息系统建设的基础。

5.2.2 具体步骤

基于稳定信息结构的数据资源规划方法有五个步骤：A 确定目标与系统边界—B 获取初始数据集—C 建立核心数据集—D 完善目标数据集—E 建立信息模型等。其中，任一步骤都可返回前面的任一步骤，是一个循环过程，如图 5–2 所示。由于步骤 A 确定目标与系统边界和其他方法基本一致，本书将从步骤 B 开始论述。

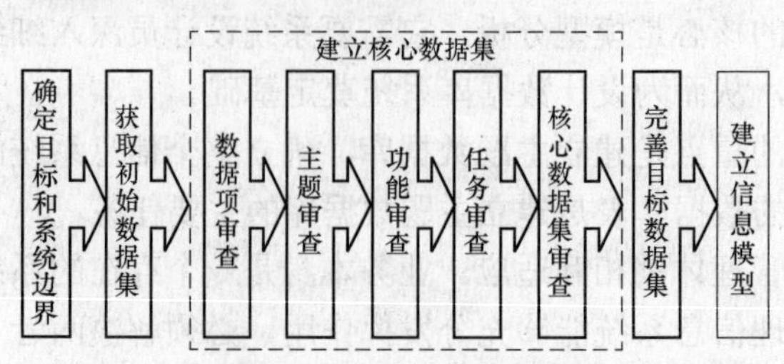

图 5–2 基于稳定信息结构的数据资源规划步骤

5.2.2.1　获取初始数据集

初始数据集的收集应尽可能全，防止有用信息的丢失，从表面上看这些数据是杂乱无章的，但数据之间存在着必然的本质联系。因此，只要在一个具有强相关性的数据集合中，收集到了一项数据，那么经过严密的逻辑分析，就有可能得到这一数据集在逻辑意义上的全集。所谓“全”是指支持信息系统目标的每一功能项至少能有一定数量的数据，作为逻辑分析的基础。

数据收集工作和后面的数据分析工作在实际工作中一般是交替进行数据收集并常伴以分析，而数据分析又常需要补充收集数据。这也是步骤 C 可能返回 B 或 A 的原因。

初始数据集具有包罗万象、关系不明、冗余度较大、数据的来源和目的并不明确、不规范等特征，这些都是在后续的分析过程中重点解决的问题。

5.2.2.2　建立核心数据集

建立核心数据集的过程是去粗取精、去伪存真、由此及彼、由表及里的分析过程，需要经过数据项审查—主题审查—功能审查—任务审查—核心数据集审查（与目标及功能的对比）。其中后 4 个步骤中发现问题（主要是完整性问题）时还要返回前面若干步骤。

1. 数据项审查

为了便于在建立组织的信息模型时能以精确、逻辑严密的数据作为基础，必须首先对收集到的单个数据项进行审查，以保证进入信息模型的各个数据项的概念是正确的，精度是足够的，采集是方便的。如果达不到要求，需进行适当的修正。数据项审查主要针对的是初始数据集中的单个数据项，它不一定能够表达一个完整的语义，该步骤的重点在于单个数据项自身的一些特性。

2. 主题的建立、审查、改进

主题是能构成一个完整语义的数据项组合。建立主题就是根据数据项之间的关系进行适当的组合，形成一系列的主题，这些主题的集合称为主题集。比如，当“兵器室数量”与“单位名称”和“计量单位”这三个数据项组合起来时，就可以得到一个完整的语义，得到“某一单位有多少兵器室”这样一个主题。主题审查是检查主题及其集合的指标是否达到满意的程度，并给出通过、改进、删除的结论。

在此步骤中，系统资源规划员会发现在初始数据集中还缺少一些数据项，没有它们，有些数据是孤立的，无法构成一个完整的含义。此时，必须重复前面各个步骤，来不断完善整个数据集合。也许会发现一些多余的数据项，这些数据项似乎没有什么用途，可暂做保存，有可能在进一步的规划中还能使用。也可能出现一些类似的、相近的、交叉的和重复的主题，要给予一定的优化，这是规划中的难点所在。

3. 功能的建立、审查、改进

每一个主题集是一个更大主题或主题子集的一个部分，或者直接服务于一定的功能。基于这一情况，在完成主题集的基础上，需要对每一个主题及其集合进行功能审查，即确定一组主题或主题子集能否完成一个特定的功能。功能的建立，就是根据主题集确定其能完成的功能集的过程；功能的审查，是检查功能及其集合是否达到满意程度的过程，并给出通过、改进、删除的结论。

4. 任务的建立、审查、改进

任务是一个或若干个功能的动态组合。如果功能审查是为了保证具备功能执行的条件，那么任务就是一个应用这些条件达到特定目标的过程。任务集的建立，是根据功能集确定其能完成的任务集的过程。

功能与主题是多对多的关系。功能是直接对数据进行操作的部分，任务是功能的集合。任务的审查是检查任务实现需求的情况，并给出通过、改进、删除的结论。功能的审查是静态的，任务的审查则是动态的。

5. 核心数据集的建立、审查、改进

核心数据集是具有一定功能、支持一定任务的、能为实现组织目标（或信息系统目标）提供全部信息支持的数据集合。建立核心数据集的过程，是在主题集的基础上经过功能与任务分析，将其逐步完善的过程。核心数据集的审查是检查其达到规定指标的程度，并给出通过、改进、删除的结论。

5.2.2.3 完善目标数据集

核心数据集是一种纯理性的数据集，其格式、内容与实际应用有一定的差距，不能直接满足用户要求。而目标数据集是能够满足用户界面各种需要的数据集，这一阶段要有用户的充分参与，用户需求在这个阶段得到充分的展示，从这个意义上讲，完善目标数据集的过程也是用户需求的实现过程。目标数据集是由核心数据集经过一定的变换得到的。过程中只需要增加一些控制信息，而不需要增加数据本身，从这个意义上讲，完善目标数据集的过程也是对核心数据集的检验过程。如果存在核心数据集不能满足目标数据集要求的情况，需要重复以前的各步骤，以使其达到规定的要求。

5.2.2.4 建立信息模型

前面的规划工作是分析，组织信息模型的建立则是一个综合过程。尽管前面的分析是动态的过程，但其结果的形式是静态的，这为动态的信息模型奠定了基础。信息模型的建立过程是根据数据之间的逻辑关系，找出信息的逻辑流程的过程，也是用这些过程联结各数据集合的过程。信息模型抽象地反映了组织运作过程中信息的流动过程，也就是数据资源规划的结果和归宿。

信息模型在逻辑上与信息系统是对等的，信息系统的建设是以信息模型为蓝本的，或者说，信息模型代表了组织（用户）的信息需求。也就是说，信息系统相关的设备、人员与组织机构及其相应的制度设计都是为满足组织信息需求服务的。

5.3 基于指标能力的数据资源规划方法

5.3.1 方法概述

该方法以“决策—指标—数据模型”的分析为切入点，一步步反推出能够支持目标决策应用的核心数据集。为了能够精准地评估出各种能力，做出正确适当的决策，经常需要辅之以各种指标数据。各种能力的评估和决策的制定都应该有各自适当的指标体系。在指标体系中，随着对指标的深入分析，可以构造出层层细化的指标数据模型。根据底层指标数据模型的具体要求，分析并收集能够支撑这些底层指标数据模型的数据集，将所有从底层指标数据模型收集来的数据集合并整理，直至形成目标数据集。

基于指标能力的数据资源规划方法不需要关心具体的业务流程，也不需要收集大量的初始数据集。在规划过程中每一步分析的数据信息都是有方向的，服务于最终的能力评价、决策制定等。在该方法中，比较重要的内容是建立正确的指标体系。指标体系是否合理决定了能力评价和制定决策的正确程度，也关系到是否能够分析出关联有意义的数据。此外，由于指标体系的层次是从高到底不断分散的过程，在底层的指标中，可能会出现交叉使用同样的数据元素的情况，在形成的目标数据集中，对于这些表达相同意义的数据元素需要做一致性检验，避免数据元素的重复或同义不同名等现象。具体步骤主要包括决策评估的搜集、支撑指标的分析、指标体系构建、建立指标的数据模型并分析数据集、数据子集的融合、核心数据集的一致性检验、核心数据集的评价，通过审核评价的数据形成核心数据集，最后围绕决策分析需求，按需完善目标数据集，形成可以完全支撑目标应用需要的数据集，如图 5–3 所示。

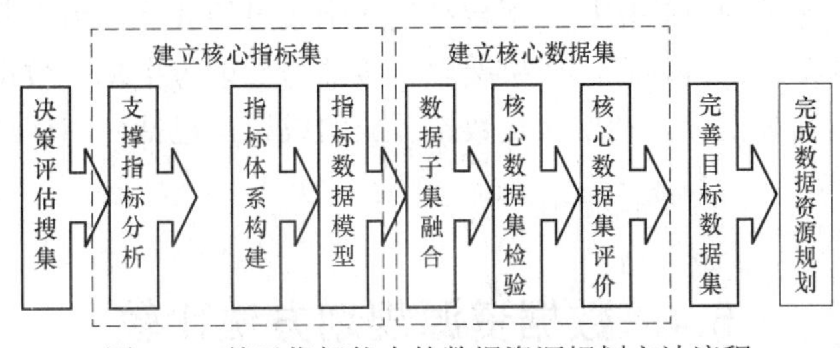

图 5–3　基于指标能力的数据资源规划方法流程

5.3.2　具体步骤

5.3.2.1　评估决策搜集

本方法着眼于数据资源建设的最终目标——为能力的评估和决策的制定服务，因此以这些最终目标为导向分析数据资源，首要步骤就是要正确搜集和分析需要评价的各种能力和制定的各类决策，将这些能力和决策分类细化，方便支撑指标的分析。

5.3.2.2　支撑指标分析

能力评估和决策制定与数据之间需要各种指标作为连接的桥梁。根据能力评估和决策制定的需要，转换出相应的支撑指标。以评估军队主要作战能力为例，为做出正确的能力评估，需要建立相应的指标作为依据。指标中可以从侦察情报、指挥控制、立体突击、精确打击、综合保障等多个方面考察作战能力，由这些指标值的综合得分评判军队的主要作战能力。

5.3.2.3　指标体系构建

围绕分析的支撑指标，通过分类组合等方法进行系统化设计，构建形成指标体系，该指标体系还需要经过专家审核和评价，形成一致的认识和理解。有时形成的指标体系可能是比较抽象的概念，无法直接分析出需要支撑的数据。指标体系建立后，可以进一步细化出更为详细的指标，由这些小指标组合形成大指标。例如“指挥控制”可以细分为陆战场综合态势更新周期、作战命令通达作战部队时间等小指标。

5.3.2.4　建立指标数据模型、分析数据集

细化后的指标体系已经较为具体，根据这些具体指标，建立对应的信息逻辑模型。在这些模型中，分析并定义必要的数据元素，从而构成各小指标的数据子集。

5.3.2.5　数据子集融合

每个数据模型的数据子集建立后，根据指标体系的层次结构，向上回溯，合并融合出上

一层次的各个指标的数据集合。例如，在作战能力的评估中，最终由 9 个分指标的数据集合形成这一能力评估所需的目标数据集。

5.3.2.6 核心数据集的一致性检验

在数据子集不断合并融合的过程中，各个具体指标所分析的数据子集之间可能存在一些重复的数据元素。如果这些重复的数据元素表达的意义是一样的，可以只保留一个，其他删除。有些数据元素表达的实际意义是一样的，但是定义上存在差别，需要利用一定的技术算法做出辨别，删除同义不同名的数据元素。

5.3.2.7 核心数据集评价

形成的数据集是否能够正确支撑能力评估和决策制定，需要有一定的标准做出评价。这里使用的评价体系，从准备级、平台级、数据级、利用级四个维度做出评价。准备级包括规章制度、行为准则、标准规范等指标。平台级是展示成果的载体，用于联系数据供与需，包括数据生成、数据收集、工具推荐、成果展现、传播与反馈等指标。数据级主要描述数据数量、质量、标准、范围等指标。利用级是数据开放的成果，包括利用促进、成果产出和数据利用等指标。

5.4 数据资源规划方法比较

数据资源规划是开展大数据资源建设的重要组成部分，是提高数据质量的重要保障手段，但不同数据资源规划方法有不同的特点和应用场合，必须准确理解和灵活运用，才能为今后的数据资源建设提供有力指导。表 5–1 是三种数据资源规划方法的比较。

表 5–1 三种数据资源规划方法比较

数据资源规划方法	理论支撑	优点和缺点	应用场景
基于稳定信息过程的数据资源规划方法	信息工程论	优点：理论成熟、易理解、实现难度不大； 缺点：步骤繁杂、涉及因素多、数据稳定性较差	业务场景相对固定，前期数据积累较少
基于稳定信息结构的数据资源规划方法	数据工程论	优点：理论较成熟、实施周期较短、数据稳定性好； 缺点：全局设计后置、初期工作量大、并行工作组织难度大	业务场景经常变化，前期数据积累较多
基于指标能力的数据资源规划方法	多理论融合	优点：直接支撑决策需求、设计思路清晰、数据稳定性好； 缺点：实现案例少、实施难度大、对设计人员要求高	业务场景涉及决策，前期数据积累较少

5.5 小　结

在前面相关知识学习的基础之上，重点围绕基于稳定信息过程的数据资源规划方法、基于稳定信息结构的数据资源规划方法、基于指标能力的数据资源规划方法，分别从方法概述、具体步骤等方面进行详细介绍。同时，通过分析比较三种方法的特点，帮助你在实施数据资源规划时能正确选择相应的方法完成规划任务。

习　题

1. 阐述基于稳定信息过程的数据资源规划方法和具体步骤。
2. 试问基于稳定信息过程的数据资源规划方法中，主题数据库如何分析和设计?
3. 阐述基于稳定信息结构的数据资源规划方法和具体步骤。
4. 阐述基于指标能力的数据资源规划方法和具体步骤。
5. 阐述指标类数据的分类体系。
6. 分析三种数据资源规划方法的适用范围和优缺点。

第6章　数据资源规划的需求分析

数据资源规划的需求分析是数据资源规划的重要基础，直接影响数据资源规划的质量和效果，在实际的需求分析实施过程中，这个阶段的工作容易被忽视。本章首先从数据资源规划需求分析与软件工程需求分析之间的区别谈起，理清数据资源规划需求分析的特点和重点，建立需求分析的全局观；然后介绍常规的需求获取方法，其后重点介绍需求分析的主流工具——数据流图；最后介绍用户视图分析技术。

6.1　需求分析基本概念

数据资源规划的第一阶段要进行需求分析，包括对功能的需求分析和对数据的需求分析。一般的计算机应用开发都要进行需求分析，“软件工程”或“系统分析与设计”课程中讲的就是这种需求分析。那么，数据资源规划需求分析与一般的软件工程需求分析有什么不同呢？它们的区别主要有以下三点。

1. 分析的业务范围不同

数据资源规划需求分析强调对全企业、企业的大部分或企业的主要部分进行分析，是一种全局性的分析，需要有全局的观点；而软件工程需求分析是一种局部性的分析，是根据具体的应用开发项目的范围进行调查分析，即使范围较大（涉及多个职能域）也是分散地进行旨在满足编程需要的需求分析，不强调全局观点。

2. 系统分析员组成不同

数据资源规划需求分析要求业务人员参加，特别强调高层管理人员的重视和亲自参与。一般要组成业务人员与系统分析员“联合需求分析小组”，而且要求业务人员在需求分析阶段起主导作用，系统分析员起协助辅导作用，整个需求分析过程是业务人员之间、业务人员与计算机系统分析员之间的研讨过程；软件工程的需求分析主要是由系统分析员完成的，他们只是向业务人员做一些调查，并没有组织业务人员广泛深入地参与其中。

3. 对数据标准化的要求不同

数据资源规划中对数据的需求分析要建立全局的数据标准，这是进行数据集成的基础准备工作。就是说，要提前开始全局性的数据标准化工作并集中统一地进行，不是等到应用项目开发时再分散地进行（此时将无法控制）；软件工程中对数据的需求分析不做数据标准化的准备工作，由系统分析员因人而异进行数据调查，一般收集完用户的单证报表就算完事。数据资源规划第一阶段的需求分析工作非常重要，要组织好两类人员相结合的工作组，通过技术培训掌握信息工程的基本原理、需求分析的方法与标准规范；强调两类人员密切合作，认真调查研究企业各管理层次的业务流程和信息需求，一步步完成规范化的需求分析技术文档。

虽然，数据资源规划的需求分析与一般的软件工程需求分析有许多不同，但在具体的方法层面，数据资源规划的需求分析完全可以借鉴软件工程的需求获取和需求分析方法。

6.2　需求获取方法

6.2.1　访谈

访谈是最早开始使用的获取用户需求的方法，也是迄今为止仍然广泛使用的需求分析方法。访谈有两种基本形式，分别是正式的和非正式的访谈。正式访谈时，系统分析员将提出一些事先准备好的具体问题，例如，询问客户公司销售的商品种类、雇用的销售人员数目以及信息反馈时间应该多快等。在非正式访谈中，系统分析员将提出一些用户可以自由问答的开放性问题，以鼓励被访问人员说出自己的想法，例如，询问用户对目前正在使用的系统有哪些不满意的地方。

当需要调查大量人员的意见时，向被调查人员分发调查表是一个十分有效的做法，经过仔细考虑写出的书面回答可能比被访者对问题的口头回答更准确。系统分析员仔细阅读收回的调查表，然后再有针对性地访问一些用户，以便向他们询问在分析调查表时发现的新问题。

在询问用户的过程中使用情景分析技术往往非常有效。所谓情景分析就是对用户将来使用目标系统解决某个具体问题的方法和结果进行分析。例如，假设目标系统是一个制定减肥计划的软件，当给出某个肥胖症患者的年龄、性别、身高、体重、腰围及其他数据时，就出现一个可能的情景描述。系统分析员根据自己对目标系统应具备的功能的理解，给出适用于该患者的菜单。客户公司的饮食专家可能指出，那些菜单对于有特殊饮食需求的患者（例如糖尿病人、素食者）是不合适的，这就使系统分析员意识到，目标系统在制定菜单之前还应该先询问患者的特殊饮食需求。系统分析员利用情景分析技术，往往能够获知用户的具体需求。

情景分析技术的用处主要体现在以下两个方面。

（1）它能在某种程度上演示目标系统的行为，从而便于用户理解，而且还可能进一步揭示一些系统分析员目前还不知道的需求。

（2）由于情景分析较易为用户理解，使用这种技术能保证用户在需求分析过程中始终扮演一个积极主动的角色。需求分析的目标是获知用户的真实需求，而这一信息的唯一来源是用户。因此，让用户起积极主动的作用，对需求分析工作获得成功是至关重要的。

6.2.2　快速原型系统法

快速建立软件原型是最准确、最有效、最强大的需求分析技术。快速原型就是快速建立起来的旨在演示目标系统主要功能的可运行的程序。构建原型的要点是：它应该实现用户看得见的功能，省略目标系统的“隐含”功能。

快速原型应该具备的第一个特性是“快速”。快速原型的目的是尽快向用户提供一个可在计算机上运行的目标系统的模型，以便使用户和开发者在目标系统应该“做什么”这个问题上尽可能快地达成共识。因此，原型的某些缺陷是可以忽略的，只要这些缺陷不严重地损害原型的功能，不会使用户对产品的行为产生误解，就不必管它们。

快速原型应该具备的第二个特性是“容易修改”。如果原型的第一版不是用户所需的，就必须根据用户的意见迅速地修改它，构建出原型的第二版，以更好地满足用户需求。在实际开发软件产品时，原型的“修改—试用—反馈”过程可能重复多遍，如果修改耗时过多，势必延误软件开发时间。

为了快速地构建和修改原型，通常使用下述三种方法和工具。

（1）第四代技术。第四代技术包括众多数据库查询和报表语言、程序和应用系统生成器以及其他非常高级的非过程语言。第四代技术使得软件工程师能够快速地生成可执行的代码，因此，它们是较理想的快速原型工具。

（2）可重用的软件构件。另外一种快速构建原型的方法，是使用一组已有的软件构件来装配原型。软件构件可以是数据结构，或软件体系结构构件，或模块。必须把软件构件设计成能在不知其内部工作细节的条件下重用。应该注意，现有的软件可以被用作“新的或改进的”产品的原型。

（3）形式化规格说明和原型环境。在过去的30多年中，人们已经研究出许多形式化规格说明语言和工具，用于替代自然语言规格说明技术。今天，形式化语言的倡导者正在开发交互环境，以便可以调用自动工具把基于形式语言的规格翻译成可执行的程序代码，用户能够使用可执行的原型代码去进一步精细化形式化的规格说明。

6.2.3 简易的应用规格说明技术

使用传统的访谈定义需求时，用户处于被动地位而且往往有意无意地与开发者区分“彼此”。由于不能像同一个团队的人那样齐心协力地识别和精分需求，这两种方法的效果有时并不理想。

为了解决上述问题，人们研究出一种面向团队的需求收集法，称为简易的应用规格说明技术。这种方法提倡用户与开发者密切合作，共同标识问题，提出解决方案，商讨不同方案并指定基本需求。今天，简易的应用规格说明技术已经成为信息系统领域使用的主流技术。使用简易的应用规格说明技术分析需求的典型过程如下。

首先进行初步的访谈，通过用户对基本问题的回答，初步确定待解决的问题的范围和解决方案。然后开发者和用户分别写出“产品需求”。选定会议的时间和地点，并选举一个负责主持会议的协调人。邀请开发者和用户双方组织的代表出席会议，并在开会前预先把写好的产品需求分发给每位与会者。

每位与会者在开会的前几天要认真审查产品需求，并且列出作为系统环境组成部分的对象、系统将产生的对象以及系统为了完成自己的功能将使用的对象。此外，还要使每位与会者列出操作这些对象或与这些对象交互的服务（即处理或功能）。最后还应该列出约束条件（例如，成本、规模、完成日期）和性能标准（例如，速度、容量）。并不期望每位与会者列出的内容都是毫无遗漏的，但是，希望能准确地表达出每个人对目标系统的认识。

会议开始后，讨论的第一个问题是，是否需要这个新产品，一旦大家都同意确实需要这个新产品，每位与会者就应该把他们在会前准备好的列表展示出来供大家讨论。可能把这些列表抄写在大纸上钉在墙上，或者写在白板上挂在墙上。理想的情况是，表中每一项都能单独移动，这样就能方便地删除或增添表项，或组合不同的列表。在这个阶段，严格禁止批评与争论。

在展示了每个人对某个议题的列表之后，大家共同创建一张组合列表。在组合列表中消除了冗余项，加入了在展示过程中产生的新想法，但是并不删除任何实质性内容。在针对每个议题的组合列表都建立起来之后，由协调人主持讨论这些列表。组合列表将被缩短、加长或重新措辞，以便更准确地描述将被开发的产品。讨论的目标是，针对每个议题（对象，服务、约束和性能）都创建出一张意见一致的列表。

一旦得出了意见一致的列表，就把与会者分成更小的小组，每个小组的工作目标是为每张列表中的项目制定小型规格说明。小型规格说明是对列表中包含的单词或短语的准确说明。然后，每个小组都向全体与会者展示他们制定的小型规格说明，供大家讨论。通过讨论可能会增加或删除一些内容，也可能进一步做些精细化工作。在完成小型规格说明之后，创建意见一致的确认标准。最后，由一名或多名与会者根据会议成果起草完整的软件需求规格说明书。

简易的应用规格说明技术并不是解决需求分析阶段遇到的所有问题的“万能灵药”，但是，这种面向团队的需求收集方法确实有许多突出优点：开发者与用户不分彼此，齐心协力，密切合作，即时讨论并求精，才能导出规格说明的具体步骤。

6.2.4　数据流图法

信息系统本质上是信息处理系统，而任何信息处理系统的基本功能都是把输入数据转变成需要的输出信息，数据决定了所需要的处理和算法，显然，数据是需求分析的出发点。在可行性研究阶段许多实际的数据元素被忽略了，当时系统分析员还不需要考虑这些细节，现在是定义这些数据元素的时候了。

结构化分析方法是面向数据流自顶向下逐步求精进行需求分析的方法。通过可行性研究已经得出了目标系统的高层数据流图，需求分析的目标之一就是把数据流和数据存储定义到元素级。为了达到这个目标，通常从数据流图的输出端着手分析，这是因为系统的基本功能是产生这些输出，输出数据决定了系统必须具有的最基本的组成元素。

输出数据是由哪些元素组成的呢？通过调查访问不难搞清这个问题，那么，每个输出数据元素又是从哪里来的呢？既然它们是系统的输出，显然它们或者是从外面输入到系统中来的，或者是通过计算由系统中产生出来的，沿数据流图从输出端向输入端回溯，应该能够确定每个数据元素的来源，与此同时也就初步定义了有关的算法。但是，可行性研究阶段产生的是高层数据流图，许多具体的细节没有包括在里面，因此沿数据流图回溯时常常遇到下述问题：为了得到某个数据元素需要用到数据流图中目前还没有的数据元素，或者得出这个数据元素需要用的算法尚不完全清楚。为了解决这些问题，往往需要向用户和其他有关的人员请教，他们的回答使系统分析员对目标系统的认识更深入更具体了，系统中更多的数据元素被划分出来，更多的算法被搞清楚了。通常把分析过程中得到的有关数据元素的信息记录在数据字典中，把算法的简明描述记录在 IPO 图中。通过分析而补充的数据流图、数据存储和处理，应该添加到数据流图的适当位置上。

必须请用户对上述分析过程中得出的结果进行仔细分析，数据流图是帮助分析的极好工具。从输入端开始，系统分析员借助数据流图和数据字典向用户解释输入数据是怎样一步一步地转变成输出数据的。这些解释集中反映了通过前面的分析工作系统分析员所获得的对目标系统的认识。这些认识正确吗？有没有遗漏？用户应该注意倾听系统分析员的报告，并及时纠正和补充系统分析员的认识。分析过程验证了已知的元素，补充了未知的元素，填补了文档中的空白。

反复进行上述分析过程，系统分析员越来越深入地定义了系统中的数据和系统应该完成的功能。为了追踪更详细的数据流，系统分析员应该把数据流图扩展到更低层次。通过功能分解可能完成数据流图的细化。

对数据流图细化之后得到一组新的数据流图，不同的系统元素之间的关系变得更清楚了。对这组新数据流图的分析追踪可能产生的新的问题，这些问题的答案可能又在数据字典中增加一些新条目，并且可能导致新的或精细化的算法描述。随着分析过程的进展，经过问题和解答的反复循环，系统分析员越来越深入具体地定义了目标系统，最终得到对系统数据和功能要求的满意了解。

6.3 需求分析工具——数据流图

当数据在信息系统中移动时，它将被一系列“变换”所修改。数据流图是一种图形化技术，它描绘信息流和数据从输入移动到输出的过程中所经受的变换。在数据流图中没有任何具体的物理部件，它只是描绘数据在系统中流动和被处理的逻辑过程，数据流图是系统逻辑功能的图形化表示，即使不是专业的计算机技术人员也容易理解它，因此它是系统分析员与用户之间极好的通信工具。此外，设计数据流图时只需考虑系统必须完成的基本逻辑功能，完全不需要考虑如何具体地实现这些功能，因此它也是今后进行软件设计的很好的出发点。

6.3.1 数据流图的符号

数据流图有四种基本符号：正方形（或立方体）表示数据的源点或终点，圆角矩形（或圆形）表示变换数据的处理；开口矩形（或两条平行横线）表示数据存储；箭头表示数据流，即特定数据的流动方向。注意，数据流与程序流程图中用箭头表示的控制流有本质不同，千万不要混淆。熟悉程序流程图的初学者在画数据流图时，往往试图在数据流图中表示分支条件或循环，殊不知这样做将造成混乱，导致画不出正确的数据流图。在数据流图中应该描绘所有可能的数据流向，而不应该描绘出现某个数据流的条件。数据流图的符号如图 6-1 所示。

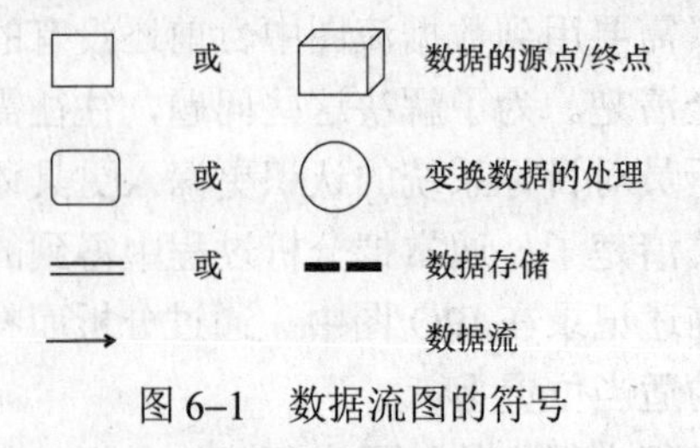

图 6-1 数据流图的符号

处理并不一定是一个程序。一个处理框可以代表一系列程序、单个程序或者程序的一个模块；它甚至可以代表用穿孔机穿孔或目视检查数据正确性等人工处理过程。一个数据存储也并不等同于一个文件，它可以表示一个文件、文件的一部分、数据库的元素或记录的一部分等；数据可以存储在磁盘、磁带、磁鼓、主存、微缩胶片、穿孔片及其任何介质上（包括人脑）。

数据存储和数据流都是数据，区别仅仅是所处的状态不同。数据存储是处于静止状态的数据，数据流是处于运动中的数据。

通常在数据流图中忽略出错处理，也不包括诸如打开或关闭文件之类的内务处理。数据流图的基本要点是描绘“做什么”而不考虑“怎样做”。

有时数据的源点和终点相同，如果只用一个符号代表数据的源点和终点，则至少将有两个箭头和这个符号相连（一个进一个出），可能其中一条箭头线相当长，这将降低数据流图的清晰度。另一种表示方法是再重复画一个同样的符号（正方形或立方体）表示数据的终点。有时数据存储也需要重复，以增加数据流图的清晰程度。为了避免可能引起的误解，如果代表同一个事物的同样符号在图中出现在 n 个地方，则在这个符号的一个角上画（$n-1$）条短斜线做标记。

除了上述 4 种基本符号之外，有时也使用几种附加符号。星号（※）表示数据流之间是“与”关系（同时存在）；加号（+）表示是“或”关系；⊕号表示只能从中选一个（互斥的关系）。

6.3.2　数据流图设计步骤

下面通过一个简单例子具体说明数据流图设计步骤。

假设一家工厂的采购部每天需要一张订货报表，报表按零件编号排序，表中列出所有需要再次订货的零件。对于每个需要再次订货的零件应该列出下述数据：零件编号，零件名称，订货数量，目前价格，主要供应者，次要供应者。零件入库或出库称为事务，通过放在仓库中的 CRT 终端把事务报告给订货系统。当某种零件的库存数量少于库存量临界值时就应该再次订货。

怎样画出上述订货系统的数据流图呢？数据流图有四种成分：源点或终点，处理，数据存储和数据流。因此，第一步可以从问题描述中提取数据流图的四种成分；首先考虑数据的源点和终点，从上面对系统的描述可以知道“采购部每天需要一张订货报表”“通过放在仓库中的 CRA 终端把事务报告给订货系统”，所以采购员是数据终点，而仓库管理员是数据源点。接下来考虑处理，再一次阅读问题描述，“采购部需要报表”，显然它们还没有这种报表，因此必须有一个用于产生报表的处理。事务的后果是改变零件库存量，然而任何改变数据的操作都是处理，因此对事务进行的加工是另一个处理。注意，在问题描述中并没有明显提到需要对事务进行处理，但是通过分析可以看出这种需要。最后，考虑数据流和数据存储：系统把订货报表送给采购部，因此订货报表是一个数据流；事务需要从仓库送到系统中，显然事务是另一个数据流。产生报表和处理事务这两个处理在时间上明显不匹配——每当有一个事务发生时立即处理它，然而每天只产生一次订货报表。因此，用来产生订货报表的数据必须存放一段时间，也就是应该有一个数据存储。

注意，并不是所有数据存储和数据流都能直接从问题描述中提取出来。例如，“当某种零件的库存数量少于库存量临界值时就应该再次订货”这个事实意味着必须在每个地方有零件库存量和库存量临界值这样的数据。因为这些数据元素的存在时间看来应该比单个事务的存在时间长，所以认为有一个数据存储保存库存清单数据是合理的。

表 6–1 中总结了上面分析的结果，其中加星号标记的是在问题描述中隐含的成分。

表 6–1 提取组成数据流图的元素

源点/终点	处理
采购员 仓库管理员	产生报表 处理事务
数据流	数据存储
订货报表 零件编号 零件名称 订货数量 目前架构 主要供应者 次要供应者 事务 零件编号* 事务类型 数量*	订货信息 （见订货报表） 库存清单 零件编号* 库存量 库存量临界值

当把数据流图的四种成分都分离出来以后，就可以着手画数据流图了，但是，怎样开始画呢？注意，数据流图是系统的逻辑模型，然而任何计算机系统本质上都是把输入数据变换成输出数据。因此，任何系统的基本模型都由若干个数据源点/终点以及一个处理组成，这个处理就代表了系统对数据加工变换的基本功能。对于上述订货系统可以画出基本系统模型，如图 6–2 所示。

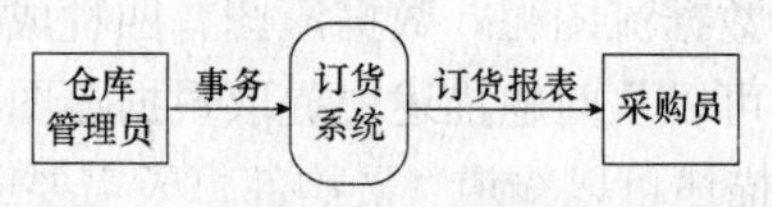

图 6–2 订货系统的基本系统模型

从基本系统模型这样非常高的层次开始画数据流图是一个好办法。在这个高层次的数据流图上是否列出了所有给定的数据源点/终点是一目了然的，因此它是很有价值的通信工具。

然而，图 6–2 毕竟太抽象了，从这张图上对订货系统所能了解的信息非常有限。下一步应该把基本系统模型细化，描绘系统的主要功能。从表 6–1 中可知，“产生报表”和“处理事务”是系统必须完成的两个主要功能，它们将代替图中的“订货系统”。此外，细化后的数据流图中还增加了两个数据存储：处理事务需要“库存清单”数据；产生报表和处理事务在不同的时间进行，因此需要存储“订货信息”。除了表中列出的两个数据流之外还有另外两个数据流，它们与数据存储相同，也就是说，数据存储和数据流只不过是同样数据的两种不同形式。在图 6–3 中给处理和数据存储都加了编号，这样做的目的是便于引用和追踪。

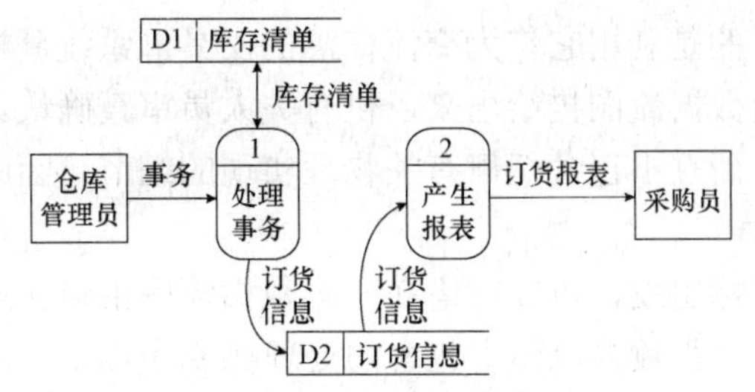

图 6–3　订货系统功能级数据流图

接下来应该对功能级数据流图中描绘的系统主要功能进一步细化。考虑通过系统的逻辑数据流：当发生一个事务时必须首先接收它；随后按照事务的内容修改库存清单；最后当更新后的库存量少于库存量临界值时，应该再次订货，也就是需要处理订货信息。因此，把“处理事务”这个功能分解为“接收事务”“更新库存清单”“处理事务”三个步骤，这在逻辑上是合理的。如图 6–4 所示。

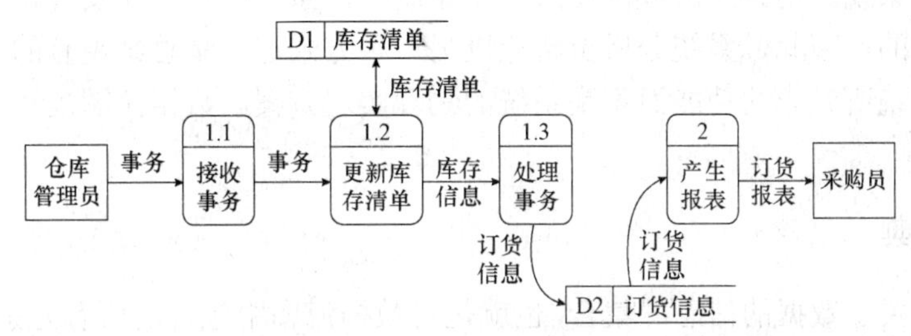

图 6–4　功能进一步分解后的数据流图

为什么不进一步分解“产生报表”这个功能呢？订货报表中需要的数据在存储的订货信息中全都有，产生报表只不过是按一定顺序排列这些信息，再按一定格式打印出来。然而这些考虑纯属具体实现的细节，不应该在数据流图中表现。同样道理，对“接收事务”或“更新库存清单”等功能也没必要进一步细化。总之，当进一步分解将涉及如何具体地实现一个功能时就不应该再分解了。

当对数据流图分层细化时必须保持信息的连续性，也就是说，当把一个处理分解为一系列处理时，分解前和分解后的输入输出数据流必须相同。例如，图 6–3 和图 6–4 的输入输出数据流都是“事务”“订货报表”；图 6–4 中“处理事务”这个处理框的输入输出数据流是“事务”“库存清单”“订货信息”，分解成“接收事务”“更新库存清单”“处理事务”三个处理之后，它们的输入输出数据流仍然是“事务”“库存清单”“订货信息”。

此外，还应该注意，在图 6–4 中对处理进行编号的方法。处理 1.1、1.2 和 1.3 是更高层次的数据流图中处理 1 的组成元素。如果处理 2 被进一步分解，它组成元素的编号为 2.1，2.2；如果把处理 1.1 进一步分解，则将得到编号为 1.1.1、1.1.2、…的处理。

通过上面例子，可以总结数据流图设计的基本步骤：

（1）确定系统的边界；

（2）提取数据流图的四种成分；

（3）画出基本系统模型；

（4）细化基本系统模型，分解功能，逐步求精。

画数据流图的基本目的是利用它作为交流信息的工具。系统分析员把他对现有系统的认识或对目标系统的设想用数据流图描绘出来，供有关人员审查确认。由于在数据流图中通常仅仅使用四种基本符号，而且不包含任何有关物理实现的细节，因此，绝大多数用户都可以理解和评价它。

从数据流图的基本目标出发，可以考虑在一张数据流图中包含多少个元素合适的问题。一些调查研究表明，如果一张数据流图中包含的处理在 9 个以上，人们就难以领会它的含义了。因此数据流图应该分层，并且在把功能级数据流图细化后得到的处理超过 9 个时，应该采用画分图的方法，也就是把每个主要功能都细化为一张数据流分图，而原有的功能级数据流图用来描绘系统的整体逻辑概貌。

数据流图的另一个主要用途是作为分析和设计的工具。系统分析员在研究现有的系统时常用系统流程图表达它对这个系统的认识，这种描绘方法形象具体，比较容易验证它的准确性；但是，开发工程的目标往往不是完全复制现有的系统，而是创造一个能够完成相同的或类似的功能的新系统。用系统流程图描绘一个系统时，系统的功能和实现每个功能的具体方案是混会在一起的。因此，系统分析员希望以另一种方式进一步总结现有的系统，这种方式应该着重描绘系统所完成的功能而不是系统的物理实现方案。数据流图是实现这个目标的极好手段。

6.3.3 数据字典

数据字典是关于数据的信息的集合，也就是对数据流图中包含的所有元素的定义的集合。任何字典最主要的用途都是供人查阅对不了解的条目的解释，数据字典的作用也正是在软件分析和设计的过程中给人提供关于数据的描述信息。

数据流图和数据字典共同构成系统的逻辑模型，没有数据字典数据流图就不严格，然而没有数据流图数据字典也难以发挥作用。只有数据流图和对数据流图中每个元素的精确定义放在一起，才能共同构成系统的规格说明。

6.3.3.1 数据字典的内容

一般来说，数据字典应该由对下列 4 类元素的定义组成：① 数据流；② 数据流分量（即数据元素）；③ 数据存储；④ 处理。

除了数据定义之外，数据字典中还应该包含关于数据的一些其他信息。典型的情况是，在数据字典中记录数据元素的下列信息：一般信息（名字，别名，描述等），定义（数据类型，长度、结构等），使用特点（值的范围，使用频率，使用方式——输入、输出，本地，条件值等），控制信息（来源，用户，使用它的程序，改变权，使用权等）和分组信息（父结构，从属结构，物理位置——记录、文件和数据库等）。

数据元素的别名就是该元素的其他等价的名字，出现别名主要有下述 3 个原因。

（1）对于同样的数据，不同的用户使用了不同的名字。

（2）一个系统分析员在不同时期对同一个数据使用了不同的名字。

（3）两个系统分析员分别分析同一个数据流时，使用了不同的名字。

虽然应该尽量减少出现别名，但是不可能完全消除别名。

6.3.3.2 定义数据的方法

定义绝大多数复杂事物的方法，都是用被定义的事物的成分的某种组合表示这个事物，这些组成成分又由更低层的成分的组合来定义。从这个意义上说，定义就是自顶向下的分解，所以数据字典中的定义就是对数据自顶向下的分解。那么，应该把数据分解到什么程度呢？一般来说，当分解到不需要进一步定义，每个和工程有关的人也都清楚其含义的元素时，这种分解过程就完成了。

由数据元素组成数据的方式只有下述三种基本类型。

（1）顺序，即以确定次序连接两个或多个分量。

（2）选择，即从两个或多个可能的元素中选取一个。

（3）重复，即把指定的分量重复零次或多次。

因此，可以使用上述三种关系算符定义数据字典中的任何条目。为了说明重复次数，重复算符通常和重复次数的上下限同时使用（当上下限相同时表示重复次数固定）。当重复的上下限分别为 1 和 0 时，可以用重复算符表示某个分量是可选的（可有可无的）。“可选”是由数据元素组成数据时一种常见的方式，把它单独列为一种算符可以使数据字典更清晰一些。因此，增加了下述的第 4 种关系算符。

（4）可选，即一个分量是可有可无的（重复零次或一次）。

虽然可以使用自然语言描述由数据元素组成数据的关系，但是为了更加清晰简洁，建议采用下列符号：

= 意思是等价于（或定义为）；

+ 意思是和（即，连接两个分量）；

[ ] 意思是或（即，从方括号内列出的若干个分量中选择一个），通常用“ | ”号隔开供选择的分量；

{ } 意思是重复（即，重复花括号内的分量）；

( ) 意思是可选（即，圆括号里的分量可有可无）。

常常使用上限和下限进一步注释表示重复的花括号。一种注释方法是在开括号的左边用上角标和下角标分别表明重复的上限和下限；另一种注释方法是在开括号左侧标明重复的下限，在闭括号的右侧标明重复的上限。例如

${}_{1}^{5}\{A\}$和 1{A}5 含义相同。

下面举例说明上述定义数据的符号的使用方法：某程序设计语言规定，用户说明的标识符是长度不超过 8 个字符的字符串，其中第一个字符必须是字母字符，随后的字符既可以是字母字符也可以是数字字符。使用上面讲过的符号，可以像下面那样定义标识符：

标识符 = 字母字符 + 字母数字串

字母数字串 ={字母或数字}7

字母或数字 =[字母字符 | 数字字符]

由于和项目有关的人都知道字母字符和数字字符的含义，因此，关于标识符的定义分解到这种程度就可以结束了。

6.3.3.3 数据字典的用途

数据字典最重要的用途是作为分析阶段的工具。在数据字典中建立的一组严密一致的定义很有助于改进系统分析员和用户之间的通信，因此将消除许多可能的误解。对数据的这一系列严密一致的定义也有助于改进在不同的开发人员或不同的开发小组之间的通信。如果要

求所有开发人员都根据公共的数据字典描述数据和设计模块，则能避免许多麻烦的接口问题。

数据字典中包含的每个数据元素的控制信息是很有价值的。因为列出了使用一个给定的数据元素的所有程序（或模块），所以很容易估计改变一个数据将产生的影响，并且能对所有受影响的程序或模块做出相应的改变。

6.3.3.4 数据字典的实现

目前，数据字典几乎总是作为 CASE“结构化分析与设计工具”的一部分实现的。在开发大型软件系统的过程中，数据字典的规模和复杂程度迅速增加，人工维护数据字典几乎是不可能的。

如果在开发小型软件系统时暂时没有数据字典处理程序，建议采用卡片形式书写数据字典，每张卡片上保存描述一个数据的信息。这样做更新和修改起来比较方便，而且能单独处理描述每个数据的信息。每张卡片上主要应该包含下述这样一些信息：名字、别名、描述、定义、位置。

当开发过程进展到能够知道数据元素的控制信息和使用特点时，再把这些信息记录在卡片的背面。下面给出表 6-1 中几个数据元素的数据字典卡片，以具体说明数据字典卡片中上述几项内容的含义。

名字：订货报表
别名：订货信息
描述：每天一次送给采购员的需要订货的零件表
定义：订货报表=零件编号+零件名称+订货数量+目前价格+主要供应者+次要供应者
位置：输出到打印机

名字：零件编号
别名：零件编码
描述：唯一地标识库存清单中一个特定零件的关键域
定义：零件编号=8{字符}8
位置：订货报表
订货信息
库存清单
事务

6.4 用户视图分析技术

数据需求分析是数据资源规划中最重要、工作量最大且较为复杂的分析工作，要求对企业管理所需要的信息进行深入的调查研究。信息工程的数据需求分析与软件工程的数据需求分析区别在于：信息工程的数据需求分析强调对全企业或企业的大部分或企业的主要部分进行分析，就像业务分析一样，要有全面的观点，要建立全局的数据标准进行数据集成的奠基工作；而软件工程的数据需求分析并不这样要求，它是根据具体的应用开发项目的范围进行调查，因此，它无须建立全局的数据标准，不必去抓数据集成的基础工作。

信息工程的数据需求分析体现了面向数据的思想方法，从用户视图的调查研究入手，要求两类人员密切合作，认真分析企业各管理层次业务工作的信息需求，同时进行正规的信息资源管理工作，建立起各种基础标准，为企业信息化建设打下坚实的基础。

6.4.1 用户视图概念

用户视图是一些数据的集合，它反映了最终用户对数据实体的看法，基于用户视图的信息需求分析，可大大简化传统的实体-关系（E-R）分析方法，有利于发挥业务分析员的知识经验，建立起稳定的数据模型。

用户视图的定义与规范化表述包括：

用户视图标识；

用户视图名称；

用户视图组成和主码。

6.4.1.1　用户视图分类与登记

用户视图作为企业里各管理层次最终用户的数据实体，是一个非常庞杂的对象集合。在手工管理方式下，各种各样的单证、报表、账册，不仅是数据的载体，而且还是数据传输的介质，甚至还是数据处理的工具（往往在报表的空格中计算填写）。上级管理人员经常不经严格分析就（设计）出结构不科学的表格要求下级填报，尽管大家整天在“表格的海洋”里忙碌，还是做不到及时、准确、完整地提供有用信息，更谈不上实时信息的处理。进行数据需求分析的目的是要从根本上结束这种局面，为此必须较彻底地清理一下长期以来一直被忽视的那堆“乱表”，做好这项调查研究工作，首先要用一套科学的方法对所有用户视图进行分类。

用户视图分为三大类：输入大类、存储大类和输出大类。

每大类下分为四小类：单证/片卡小类、账册小类、报表小类和其他小类{格式化电话记录、屏幕数据显示格式等}。

进行用户视图登记时，应注意做好以下几点。

（1）用户视图标识是指它的一种编码，这对全企业的用户视图的整理和分析是非常必要的。

用户视图标识的编码规则如下：

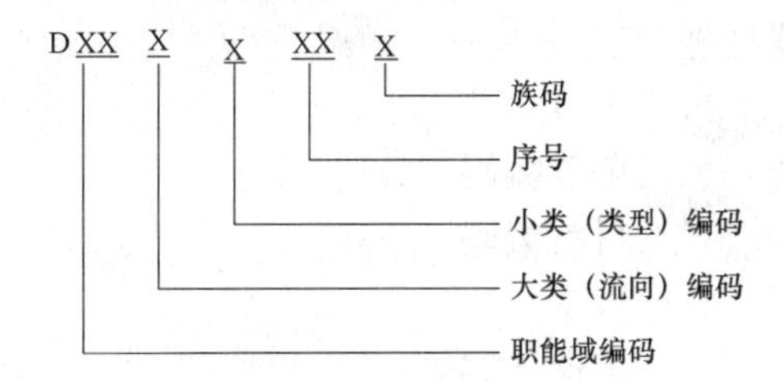

其中：

大类（流向）编码取值：1=输入，2=存储，3=输出

小类（类型）编码取值：1=单证，2=账册，3=报表，4=其他

序号：01～99

族码取值：空，A～Z

（2）用户视图名称是指用一短语表示用户视图的意义和用途。

例如：

用户视图标识：D041309

用户视图名称：材料申报表

这里用户视图标识编码的具体意义是：“04”代表第四职能域“物资”，“1”表示“输入”，“3”表示“报表”（这种“申报表”实际是下级单位送上来的报表），“09”表示在同一大类同一小类中的第9个。

应该注意，用户视图的命名是说明其“意义和用途”的短语，这是一种抽象，因此有可能与原来的表名不完全一样。

例如，这里的“材料表”是原先的名称，在作整理登记时可改为“材料申报表”。

用户视图登记除了标识和名称外，还要包括生存期和记录数两项内容。

（3）用户视图生存期是指用户视图在管理工作中从形成到失去作用的时间周期。同样采取编码方式进行分类：

1= 动态，　2= 日，　3= 周，　4= 旬，
5= 月，　6= 季，　7= 年，　8= 永久

例如，上例的用户视图生存期是“月”，编码是“5”。如果该申报表要保留一年，那么生存期就要改为“年”，编码是“7”。

（4）用户视图记录数是指把它看成一张表时的行数。在填写这一数据时，必须注意到必要的计算。

例如，上例的申报表每月有 7 张（该企业有 7 个基层单位），每张表里平均按材料的品名、规格、型号有 20 行，那么，该视图的记录数应该是：$7 \times 20 = 140$。

为使信息量的估计有把握一些，可以取一上限（如 150）。

应用辅助工具进行用户视图登记时，用户视图标识或代码由系统自动生成；生存期编码由系统提示，经单击选定后自动编码记存。

6.4.1.2　用户视图的组成

对每一用户视图的数据项逐一进行登记，完成用户视图的组成。这是一种比较复杂的分析、综合和抽象的过程，要得出一个用户视图的数据结构并进行登记。

例如，“材料申报表”的组成是：

序号	数据项/元素名称	数据项/元素定义
01	NY	年月
02	DWBM	单位编码
03	CLBM	材料编码
04	SL	数量
05	YTDM	用途代码

需要注意的是，用户视图组成的数据项应该是“基本数据项”或“数据元素”，而不应该是复合数据项。数据元素是最小的不可再分的信息单元。例如，管理工作的某报表中的“试验起止时间”是一种复合数据项，应分成两个基本的数据项：“试验开始时间”和“试验结束时间”。

6.4.2　数据结构规范化

管理工作中经常有一些比较复杂的表格，有的甚至有“表中表”，在进行用户视图组成登记时不能简单地照抄，必须做一定的规范化工作。适当规范化的用户视图不仅适合计算机处理，有利于数据库的设计，而且也更适合业务人员的使用。

一个用户视图中的若干个数据元素之间存在一定的关系。

例如，“职工登记表”中，“职工号”与“姓名”之间存在一对一关系；“部门编码”与“工种”之间存在多对多关系。

对用户视图中的所有数据项用这些基本关系进行分析，就会发现它们之间存在结构上的问题，为解决这些问题对用户视图的数据项进行科学的重组，称为用户视图的规范化。

6.4.2.1　从单个用户视图导出第一范式

【**例 6–1**】某公司的"月工资表"结构如下。

工号	姓名	基本工资	奖金项目–金额	扣款项目–金额	实发金额

这里"奖金项目–金额"和"扣款项目–金额"都是复合数据项，这类项目是经常变动的。许多程序员采取横向列出奖金、扣款项目的办法建立数据库，如下所示。

工号	姓名	基本工资	奖金			扣款		实发金额
			出勤	优质	建 议	违 规	劣质	
0112	李小明	500	100	200	100			900
0113	张伟	600	100		100		200	600
0116	孙雅君	500		200	200	100	100	700
0210	刘辉	600	100		200	100		800
⋮	⋮	⋮	⋮	⋮	⋮	⋮	⋮	⋮

按这样的数据结构编写工资程序，每当奖金项目、扣款项目有增减变化时，都需要改变数据库设计，同时要改写工资程序。如果多留出一些奖金、扣款项目，会造成"横向冗余"，而且程序质量也不会有根本性的改变。问题就出在存在复合数据项。

为消除复合数据项而重新组织生成以下几个表（*表示该表的主码或主键字段）：

① 职工编号–姓名对照表。

*工号	姓名

② 收入代码–名称对照表。

*收入代码	收入名称

③ 扣除代码–名称对照表。

*扣除代码	扣除名称

④ 收入登记表。

*工号	*收入代码	收入金额

⑤ 扣除登记表。

*工号	*扣除代码	扣除金额

按这种新的数据结构组织起来的实际工资数据如下所示。

职工编号–姓名对照表

工号	姓名
0112	李小明
0113	张伟
0116	孙雅君
0210	刘辉
⋮	⋮

收入代码–名称对照表

收入代码	收入名称
01	基本工资
02	出满勤奖
03	优质奖
04	建议奖
⋮	⋮

扣除代码–名称对照表

扣除代码	扣除名称
01	违规扣
02	劣质扣
03	缺勤扣
⋮	⋮

收入登记表

工号	收入代码	收入金额
0112	01	500
0112	02	100
0112	03	200
0112	04	100
0113	01	600
0113	02	100
0113	04	100
⋮	⋮	⋮

扣除登记表

工号	扣除代码	扣除金额
0113	02	200
0116	01	100
0116	02	100
0210	01	100

上述五个表中的各行数据是怎样确定的呢?

表①通过“工号”的不同值，唯一确定每一行数据;

表②通过“收入代码”的不同值，唯一确定每一行数据;

表③通过“扣除代码”的不同值，唯一确定每一行数据;

表④通过“工号+收入代码”的不同值，唯一确定每一行数据;

表⑤通过“工号+扣除代码”的不同值，唯一确定每一行数据。

这里“+”号是指把两个字符串连接起来。

规范后的“收入登记表”包含基本工资项，这是通过收入项目编码实现的。

小结：不含有复合数据项的数据结构是第一范式（1NF）的数据结构。对于含有复合项的数据结构，应该将复合项移出来另行组织，即将原结构进行分解而导出第一范式。

注意:“收入登记表”和“扣除登记表”用于编辑记录本月的工资数据。当编辑结束后，要归入工资历史数据库时，收入登记表和扣除登记表的每条记录都要加上“年月”的实际值(如本月是2021年6月，就加上“202106”)作为第一个字段。这种工资历史数据库积累几年后，将是重要的信息资源，用它可以进行多种有关工资的统计分析工作。

表① 和表② 这两个参照表中的项目及其编码，只许增加，不许修改，不许删除。因为，如果参照表中的项目及其编码进行修改或删除，所建立的工资历史数据库会因项目代码含义的变化而失掉某些项目代码，使不同时期的工资项目数据发生混乱，无法进行相关的统计分析。

这是一种稳定的数据结构，基于这种数据结构编出的工资程序，无论各月的奖扣项目如何变化，都不必修改程序，用户只需自行增加奖扣项目参照表中的记录就可以了。因此可以说，只有建立在稳定的数据结构之上的应用程序，才能使开发人员从烦琐的维护工作中解脱出来。

6.4.2.2　从单个用户视图导出第二范式

【例6–2】某公司的“员工登记表”结构如下所示。

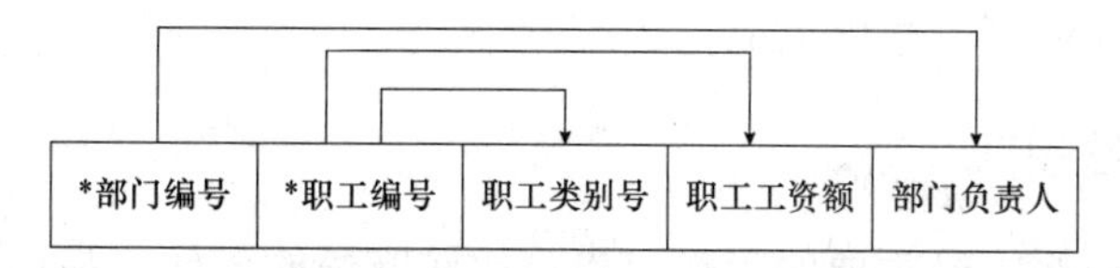

这个数据结构的问题是：把“部门编号+职工编号”作为主码，“职工类别号”和“职工工资额”这两个数据项仅依赖于“职工编号”即主码的一部分，而不是主码的全部;“部门负责人”仅依赖于“部门编号”，也是主码的一部分，而不是主码的全部。理论和实践都证明了

这种数据结构会有多种“异常”，会把数据存储搞乱。为消除所有的“不完全依赖”，重新组织成如下的三个表，就导出了第二范式（2NF）结构。

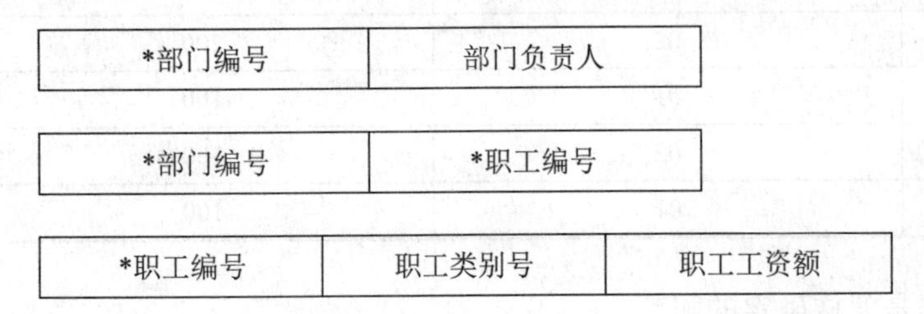

*部门编号	部门负责人

*部门编号	*职工编号

*职工编号	职工类别号	职工工资额

读者可以先做出原表的实例，即假想若干行数据，填成一张易于理解的“具体”的表，而不是抽象的表，然后再做出规范后的三个表的实例，比较研究优劣，以加深对规范化的理解。还要特别注意到第二个表，它的两个数据元素都是主码，不存在非主码元素，这样的表有什么意义？

小结：如果一个数据结构的全部非主码数据元素都完全依赖于整个主码，那么这个数据结构就是第二范式（2NF）的。对于含有“不完全依赖”的数据结构，应该加以消除另行组织，从而导出第二范式。

6.4.2.3　从单个用户视图导出第三范式

【例 6–3】某公司的“员工社会保险登记表”结构如下所示。

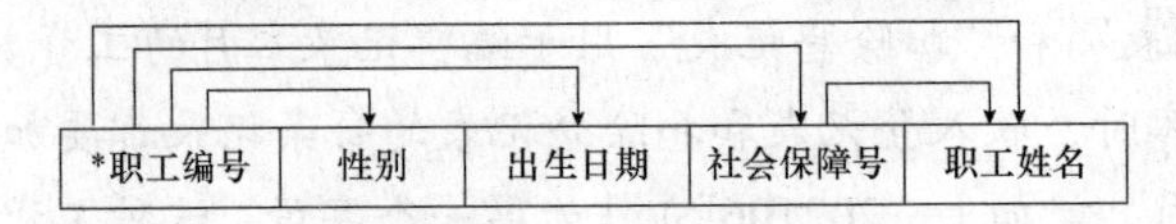

这个数据结构的问题是存在“传递依赖”，“社会保障号”依赖于“职工编号”，而“职工姓名”又依赖于“社会保障号”。这也是一种不好的数据结构。

消除“传递依赖”，重新组织成如下三个表，就导出了第三范式（3NF）。

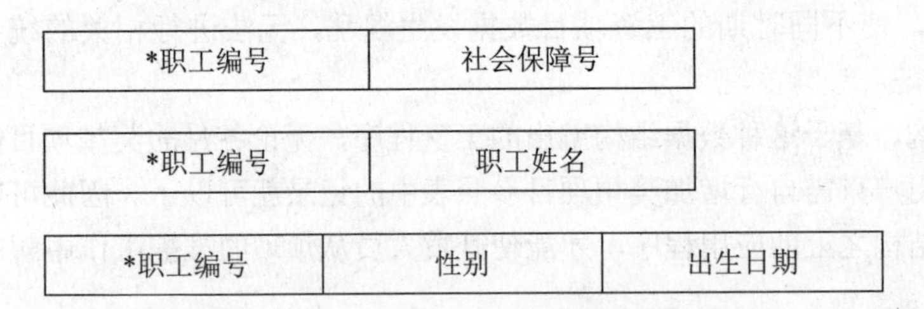

*职工编号	社会保障号

*职工编号	职工姓名

*职工编号	性别	出生日期

小结：如果一个数据结构的全部非主码数据元素都完全依赖于主码，而不依赖于其他的数据元素，那么这个数据结构就是第三范式（3NF）的。对于含有“传递依赖”的数据结构，加以消除另行组织后，就可以导出第三范式。

6.4.3　用户视图整理模式

对现有报表进行分析，最主要的工作，也是比较麻烦的工作，是抽象整理出其用户视图组成。为了能较顺利地进行报表类用户视图的组成整理工作，需要按报表的特点，分类掌握其组成整理的模式。

模式一：列名稳定，行名稳定，按列名整理用户视图组成。

例如：物资需求申请汇总表。

年月	基层单位	材料名称	材料数量	计量单位	用途
200107	一公司	钢材	20	吨	生产
200107	二公司	水泥	9	吨	基建
⋮	⋮	⋮	⋮	⋮	⋮

用视图组成：

01　Y　年月

02　JCDW　基层单位

03　CLMC　材料名称

04　CLSL　材料数量

05　JLDW　计量单位

06　YT　用途

模式二：列名不稳定，行名稳定，按列名代码化整理用户视图组成。

模式二的报表格式：

列名 1	列名 2	列名 3	……	列名 n

列名代码的报表组成：

01　LDM　列代码

02　LMC　列名称

报表组成：

01　M　行名

02　LDM　列代码

03　SZ　实例值

模式三：列名不稳定，行名也不稳定，按列名代码化和行名代码化整理用户视图组成。

模式三的报表格式：

列名 1	列名 2	列名 3	……	列名 n
行名 1				
行名 2				
⋮				
行名 n				

列名代码表组成：

01　LDM　列代码

02　LMC　列名称

行名代码表组成：

01　DHM　行代码

02　HMC　　行名称

报表组成：

01　HDM　　行代码

02　LDM　　列代码

03　SZ　　　实例值

整理用户视图登记的注意事项：

用户视图的收集、分析与整理，是保证信息需求分析和其后系统建模的基础，业务分析员和系统分析员必须认真工作，还要注意下列事项。

（1）凡可作“输入”或“存储”大类的，以及可作“输出”或“存储”大类的，一律归类为“存储”大类（码值“2”）。

（2）“存储”大类的用户视图应规范化到三范式，并定义其主码。

（3）“存储”大类的用户视图经规范化，有的原先的一个用户视图规范化为几个规范化的用户视图，称为“同族用户视图”，它们的标识仅仅是族码不同。

（4）加强各职能域用户视图的交叉复查，等价用户视图只需登记一次。

6.5　小　　结

数据资源规划的需求分析方法是本章学习的重点和难点。数据资源规划的需求分析和软件工程的需求分析最本质的区别即前者是用全局观的需求分析而后者则是局部观的需求分析。需求获取方法是需求分析的基础，四种需求获取方法各有优点和不足，在实际运用中应结合问题、环境、经费等具体情况灵活选择。数据流图是非常优秀的需求分析工具，通过数据流图不仅可以帮助你理解和细化需求，还能分别得到功能需求和数据需求，同时配合数据字典，帮助你掌握信息要素的细节。最后详细介绍用户视图的分析技术，要综合运用用户视图收集、数据结构规范化和用户视图模式整理等技术，得到高质量的用户视图数据。

习　　题

1. 试分析数据资源规划的需求分析与软件工程需求分析的差异性。
2. 梳理四种需求获取方法的特点和适用场景。
3. 详细阐述数据流图的绘制步骤。
4. 简要分析数据字典的种类和描述方法。
5. 根据需求绘制数据流图。

（1）计算扣除部分：由基本工资计算出应扣除（比如水电费、缺勤等）的部分。

（2）计算奖金部分：根据职工的出勤情况计算出奖金。

（3）计算工资总额部分：根据输入的扣除额及奖金计算出总额。

（4）计算税金部分：由工资总额中计算出应扣除的各种税金。

（5）生成工资表：根据计算总额部分和计算税金部分传递来的有关职工工资的详细信息生成工资表。

6. 下图是北京大唐发电股份有限公司陡河发电厂的生产月报表的部分信息，如何用用户视图规范化的理论和方法将其规范化？（单位：（kW·h）/吨汽，kW·h/吨煤）

锅炉运行指标													
炉号	负荷/t/h	汽压/MPa	汽温/℃	再热汽温/℃	排烟/℃	氧量/%	飞灰可燃物/%	冷风/℃	预热入口风温/℃	炉效率/%	启停油/t	助燃油/t	发电煤耗/g/(kW·h)
1													
2													
3													
4													
5													
6													
7													
8													

汽机运行指标													
机号	负荷/MW	汽压/MPa	汽温/℃	再热汽温/℃	来水/℃	出水/%	排汽/℃	端差/℃	真空度/℃	给水/℃	凝结水/℃	汽耗率/kg/(kW·h)	热耗/kJ/(kW·h)
1													
2													
3													
4													
5													
6													
7													
8													

单耗：(kW·h)/吨汽					单耗：(kW·h)/吨煤					
指标		给水泵	送风机	吸风机	磨煤机	排粉机	除灰	输煤	循环泵	其他
单耗	Ⅰ期									
	Ⅱ期									
	ⅢⅣ期									
单耗%	全长									
	ⅠⅡ期									
	ⅢⅣ期									

第 7 章　数据资源规划的模型构建

数据资源规划的模型构建是对数据实体及其关系进行规范化描述的重要技术手段，是将数据资源规划从面向用户转为面向设计人员和开发人员的重要一环。数据模型构建的质量直接影响数据资源管理和应用的效益，同时也是将数据资源的规划设计结果转化为具体数据表的重要步骤。本章首先介绍了六种数据模型构建的类型，使读者对数据模型构建技术有较全面的认识；然后分别介绍关系模型、维度模型、基于本体模型的构建原则、步骤和方法，帮助读者了解主流数据模型构建方法和应用场景。

7.1　数据模型构建的类型

7.1.1　层次模型和网状模型

层次模型是指用一棵“有向树”的数据结构来表示各类实体以及实体间的联系，树中每一个节点代表一个记录类型，树状结构表示实体型之间的联系。用树型（层次）结构表示实体类型及实体间联系的数据模型称为层次模型。在树中，每个节点表示一个记录类型，节点间的连线或边表示记录类型间的关系，每个记录类型可包含若干个字段，记录类型描述的是实体，字段描述实体的属性，各个记录类型及其字段都必须命名。如果要存取某一记录类型的记录，可以从根节点起，按照有向数层次向下查表。层次模型具有数据结构比较简单清晰、数据库的查询效率高等优点。然而在现实生活中很多联系是非层次性的，而层次数据库系统只能处理一对多的实体联系；并且，由于层次模型查询子女节点必须通过双亲节点，查询效率很低。

由于层次模型只能处理一对多的实体联系，对现实世界的描述比较有局限性，因此就诞生了网状模型。网状模型的主要特点是子女节点与双亲节点的联系可以不唯一，因此网状模型可以方便地表示各种类型的连接。网状模型具有更好的性能和较高的存取效率，但网状模型结构、数据定义语言和数据操作语言较为复杂，用户不太易于使用和掌握。

7.1.2　关系模型

用二维表结构表示数据以及数据之间的联系的模型称为关系模型。关系模型是目前最重要的一种数据模型。IBM 公司的 E. F. Codd 在 1970—1974 年间发表了一系列有关关系模型的论文，从而奠定了关系数据库的设计基础。

关系模型的特征如下。

（1）无论是实体还是实体之间的联系都被映射成一张二维表。

（2）可以建立多个关系模型，来表示实体之间多对多的关系。

（3）关系模型中的每个属性是不可分割的，具有原子性。

（4）关系模型是一些表格的框架，实体的属性是表格中列的条目，实体之间的关系也是通过表格的公共属性表示的。关系模型结构简单明了，便于用户操作和使用。

7.1.3　多维数据模型

随着电子商务、商业智能等应用的不断发展，关系数据库之父 E. F. Codd 于 1993 年提出了联机分析处理（OLAP）的概念。Codd 认为，联机事务处理（OLTP）已不能满足用户分析的需求，故提出了多维数据库和多维数据分析的概念。

多维数据模型是基于关系数据库的 OLAP 技术。多维数据模型以关系型结构进行多维数据的表示和存储。多维数据模型将多维数据库的多维结构划分为两类表：一类是事实表，用来存储数据和维关键字；另一类是维表，即对每个维度使用一个或多个表来存放层次、成员类别等维度的描述信息。多维数据模型主要包括星型模型和雪花模型。

7.1.4　DataVault 数据模型

DataVault 是 Dan Linstedt 发起创建的一种模型方法论，它是在 ER 关系模型上衍生的，同时设计的出发点也是实现数据的整合，并非为数据决策分析直接使用。它强调建立一个可审计的基础数据层，也就是强调数据的历史性、可追溯性和原子性，而不要求对数据进行过度的一致性处理和整合；同时也基于主题概念将企业数据进行结构化组织，并引入了更进一步的范式处理来优化模型应对源系统变更的扩展性。DataVault 数据模型主要由：Hub（关键核心业务实体）、Link（关系）、Satellite（实体属性）三部分组成。

7.1.5　Anchor 模型

Anchor 模型是由 Lars Rönnbäck 设计的，初衷是设计一个高度可扩展的模型，核心思想是所有的扩展只能添加而不能修改，因此它将模型规范到 6NF，基本变成了 Key−Value 结构模型。

7.1.6　基于本体的数据模型

在数据模型中引入本体理论，就是利用本体理论明确化、规范化和形式化等优点，通过构建本体实现对业务概念、领域术语及其相互关系的规范化描述，勾画出领域的基本知识体系和描述语言。基于本体的数据模型主要具有以下几个特点。

（1）保证知识理解的唯一性。在概念体系构建中，利用本体对概念模型进行统一的形式化定义后，保证了领域知识通过模型化后，在传递与共享过程中知识理解的唯一性和精确性。

（2）强化知识的横向联系。本体理论强调知识的结构，重视事物之间的横向联系，因此利用本体可以加强横向知识的表示。

（3）克服信息交流的障碍。本体是以机器可以理解的形式化语言来描述知识（信息），因而也解决了人与机器、机器与机器之间的知识（信息）交流障碍。

（4）明确隐含的知识。本体所具有的明确、清晰等优点，有助于对业务活动中的假定或设想等隐含知识进行清晰化表示。

将相对完善的本体技术应用到数据建模的实践中，利用本体的概念化、规范化的描述语法来形式化描述领域知识，分析具体的业务问题，可以完善和提高数据建模理论与方法，完善现有的业务模型，从而提高领域内数据建模的效率。

7.2 关系模型构建技术

7.2.1 关系模型的基本概念

7.2.1.1 概念

用二维表结构表示数据以及数据之间的联系的模型称为关系模型。关系模型有以下相关概念。

- 关系：一个关系对应一张表。
- 元组：表中的一行即为一个元组。
- 属性：表中的一列即为一个属性，给每一个属性起一个名称即属性名。
- 主码：也称码键。指表中的某个属性组，它可以唯一确定一个元组。
- 域：一组具有相同数据类型的值的集合即为域。属性的取值范围来自某个域。
- 分量：元组中的一个属性值即为分量。
- 关系模式：对关系的描述，表示为：关系名（属性 1，属性 2，…，属性 n）。

7.2.1.2 关系模型的完整性约束

为了确保关系模型的一致性、完整性，需要建立完整性的约束条件，一般关系模型的完整性约束有三个方面的内容。

1. 实体完整性

实体完整性是指实体的主属性不能取空值。实体完整性规则规定实体的所有主属性都不能为空。实体完整性是针对基本关系而言的，一个基本关系对应着现实世界中的一个主题，现实世界中的实体是可以区分的，它们具有某种唯一性标志，这种标志在关系模型中称为主码，主码的属性也就是主属性，不能为空。

2. 参照完整性

在关系数据库中主要是值的外键参照的完整性。若 A 关系中的某个或者某些属性参照关系 B 或其他几个关系中的属性，那么在关系 A 中该属性要么为空，要么必须出现在关系 B 或者其他的关系的对应属性中。

3. 用户定义完整性

用户定义完整性是针对某一个具体关系的约束条件。它反映的某一个具体应用所对应的数据必须满足一定的约束条件。例如，某些属性必须取唯一值，某些值的范围为 0～100 等。

7.2.2　关系模型的构建步骤

关系模型构建的目的是便于数据的组织管理，并确保数据维护过程的一致性和正确性。现在主流的数据库均为关系型数据库，关系模型与关系型数据库融合较好，因此关系模型的设计也是物理模型设计的重要基础。一般认为关系模型设计是属于逻辑模型设计的范畴，因此关系模型设计一般从需求分析阶段的概念模型转化而来，并进行规范化处理，形成逻辑严谨、格式规范、符合关系模型约束的数据模型。

关系模型的构建主要包含以下三个步骤。

1. 概念模型设计

概念模型设计一般采用 E-R 模型来描述，通常设计人员根据用户提供的用户视图，先进行局部数据模型设计，抽取出局部数据模型的实体对象、属性和关系，然后聚合局部数据模型形成全局数据模型，最后进行优化，得到最终的概念模型。

2. 导出初始关系模型

根据概念模型，参考概念模型转化为逻辑模型的方法，逐一将概念模型转化为关系模型，其中概念模型中的联系转化比较复杂，需要根据联系类型和数据表设计需要，分别进行转化。

3. 规范化处理

依据关系模型的规范化理论，对初始的关系模型进行检查，优化不符合规范化的数据模型，以满足规范化的要求。

7.2.2.1　概念模型设计

1. 设计局部 E-R 模型

设计局部 E-R 模型的步骤是：①找出独立的实体；②刻画实体的属性；③确定实体的关键字；④确定实体之间的联系，包括基数关系；⑤检查需求的覆盖。

2. 各局部 E-R 模型合并为全局 E-R 模型

各局部 E-R 模型在合并为全局 E-R 模型时，重点是围绕实体对象进行合并，首先合并实体，然后再合并同类实体的属性，然后保留实体之间的各种关系。但各个子系统的 E-R 图之间必定会存在许多不一致的地方，称之为模型冲突。子系统 E-R 图之间的模型冲突主要有三类：属性冲突、命名冲突、结构冲突。

（1）属性冲突，一般包含属性域冲突和属性取值单位冲突。属性域冲突即属性值的类型、取值范围或取值集合不同，例如，零件号，有的部门把它定义为整型数，有的部门把它定义为字符型数。属性取值单位冲突的示例如：零件的重量有的以千克为单位，有的以斤为单位，有的以克为单位。

（2）命名冲突，一般包含同名异义、异名同义。同名异义即不同意义的对象在不同的局部应用中具有相同的名字。异名同义，即同一意义的对象在不同的局部应用中具有不同的名字，如对科研项目，财务科称之为项目，科研处称之为课题，生产管理处称之为工程。

（3）结构冲突，如同一个对象在不同应用中具有不同的抽象，例如，职工在某一局部应用中被当作实体，而在另一局部应用中则被当作属性；同一实体在不同子系统的 E-R 图中所包含的属性个数和属性排列次序不完全相同。

需要认真梳理上述各种冲突，并给出消除冲突的方法，确保全局 E–R 模型的质量。

3. 对全局 E–R 模型进行优化

对全局 E–R 模型的优化主要遵循三个准则：①合并实体类型；②消除冗余属性；③消除冗余联系。

7.2.2.2 导出初始关系模型

1. 实体类型的转换

将每个实体类型转换成一个关系模式，实体的属性即为关系模式的属性，实体标识符即为关系模式的键。

2. 联系的转换

联系转换成为关系模式。联系转换成为关系模式时，要根据联系方式的不同采用不同的转换方式。

（1）1:1 联系的转换方法。将 1:1 联系转换为一个独立的关系，与该联系相连的各实体的码以及联系本身的属性均转换为关系的属性，且每个实体的码均是该关系的候选码。

将 1:1 联系与某一端实体集所对应的关系合并，则需要在被合并关系中增加属性，其新增的属性为联系本身的属性和与联系相关的另一个实体集的码。

（2）$1{:}n$ 联系的转换方法。一种方法是将联系转换为一个独立的关系，其关系的属性由与该联系相连的各实体集的码以及联系本身的属性组成，而该关系的码为 n 端实体集的码。

另一种方法是在端实体集中增加新属性，新属性由联系对应的一端实体集的码和联系自身的属性构成，新增属性后原关系的码不变。

（3）$m{:}n$ 联系的转换方法。在向关系模型转换时，一个 $m{:}n$ 联系转换为一个关系。转换方法为：与该联系相连的各实体集的码以及联系本身的属性均转换为关系的属性，新关系的码为两个相连实体码的组合（该码为多属性构成的组合码）。

（4）三元的转换关系。若实体间联系是 1:1:1，可以在转换成的三个关系模式中任意一个关系模式的属性中加入另外两个关系模式的键（作为外键）和联系类型的属性。

若实体间联系是 $1{:}1{:}n$，则在 n 端实体类型转换成的关系模式中加入两个一端实体类型的键（作为外键）和联系类型的属性。

若实体间联系是 $1{:}m{:}n$，则将联系关系也转化成关系模式，其属性为三端实体类型的键加上联系类型的属性，其键是 m 端和 n 端实体键的组合。

若实体间联系是 $m{:}n{:}p$，则将联系类型也转化为关系模式，其属性为三端实体类型的键加上联系类型的属性。其键是三端实体键的组合。

7.2.2.3 规范化处理

规范化处理主要是设计符合第三范式要求的数据模型，该部分的方法已在 6.4.2 节有阐述，这里不再重复。

7.3　维度模型构建技术

7.3.1　维度模型的基本概念

多维数据模型以关系型结构进行多维数据的表示和存储。多维数据模型将多维数据库的多维结构划分为两类表：一类是事实表，用来存储数据和维关键字；另一类是维表，即对每个维度使用一个或多个表来存放层次、成员类别等维度的描述信息。多维数据模型主要包括星型模型和雪花模型。

星型模型是数据仓库使用的最基本、最常用的数据模型，它能准确而简洁地描述实体之间的逻辑关系。一个典型的星型模型包括一个大型的事实表和一组逻辑上围绕这个事实表的维表。事实表是星型模型的核心，其中存放大量的数据，是同主题密切相关的、用户所需要的度量数据。维度是观察事实、分析主题的角度。维表的集合是构建数据仓库数据模式的关键。维表通过主键与事实表相连，用户依赖维表中的维度属性，从事实表中获取支持决策的数据。

雪花模型是对星型模型的扩展，它对星型模型的维表进一步进行层次化，原有的各维表可能被扩展为小的事实，这些被分解的表都连接到主维表而不是事实表。雪花模型便是通过这种方式来最大限度地减少数据存储量并且联合较小的维表来改善查询性能，消除数据冗余的。

7.3.2　维度模型构建的基本步骤

多维数据建模的目的首先是降低数据库结构的复杂性，使得终端用户易于理解以及很容易写出他们需要的查询。其次是提高查询的效率。这些目的主要是通过减少表的数目以及简化表间的联系来达到的。这降低了数据库结构的复杂性，也减少了用户查询中要求进行连接的表的数目。

多维数据建模是根据应用需求分析的要求，使用事实、维度、层次从多个度量角度对业务活动进行建模，建出的多维数据模型由事实表和维表组成，其中事实表中包含的是一些度量信息，维表中包含的是关于度量的描述性信息，它的结构非常简单，层次清晰，易于为用户所理解。

多维数据模型的构建主要包含以下四个步骤。

（1）确定业务需求。通过业务需求的梳理和研究，提出对主题数据对象的信息需求要素，并通过多次迭代最终确认业务信息需求，解决数据构建的定位问题。

（2）进行维表设计。通过分析主题数据对象的不同视角，建立有意义的分析维度，帮助用户全方位了解数据对象的特征，解决数据构建的应用问题。

（3）进行事实表设计。通过分析主题对象的事实要素，形成抽象意义的事件列表信息，并确定这些事实数据的来源和集成要求，解决数据构建的动态数据来源问题。

（4）数据规范定义。通过多维数据模型和各种规范化要求，形成具有较高质量的数据模型，并最终提高数据资源的整体质量，解决数据构建的质量问题。

7.3.2.1 业务需求分析

业务需求分析的重点是提炼核心实体对象，数据实体的模式设计和构建是领域数据资源建设的基础性工作，特别是在大数据环境下，业务实体的属性数据呈现跨领域的异构性和跨时间的不延续性，往往难以全面客观地分析实体的准确特征和发展趋势，需要采用需求分析的方法，全面获取用户需求，基本实现对业务领域核心数据对象的全覆盖。例如，面对复杂的军事领域，可以抽象出如下核心实体对象：人员、装备、物资、设施、组织等类型。该部分的需求分析方法与前面章节的需求分析方法一致，在此不再赘述。

7.3.2.2 维度设计

维度是维度建模的基础和灵魂。在维度建模中将度量称为“事实”，将环境描述为“维度”，维度是用于分析事实所需要的多样环境。维度所包含的表示维度的列，称为维度属性。维度属性是查询约束条件、分组和报表标签生成的基本来源，是数据易用性的关键。维度的设计过程就是确定维度属性的过程，如何生成维度属性，以及所生成的维度属性的优劣，决定了维度属性的方便性，也极大地影响了数据模型的可用性。

下面是维度设计详细步骤，主要包含四项内容。

（1）选择维度或新建维度。

（2）确定主维表。

（3）确定相关维表。

（4）确定维度属性。

关于维度属性的设计一般遵循以下原则。

①尽可能多生成丰富的维度属性，确保维度的完整性。

②对维度属性给出详尽的文字说明，确保对维度属性的一致性理解。

③区分数值型属性与事实，避免将维度数据与事实数据混淆。

④沉淀出通用的维度属性，可以形成多层维度。

7.3.2.3 事实表设计

1. 事实表特性

事实表作为数据仓库维度建模的核心，紧紧围绕着业务过程来设计，通过获取描述业务过程的度量来表达业务过程，包含了引用的维度和与业务过程有关的度量。事实表中一条记录所表达的业务细节程度被称为粒度。通常粒度可以通过两种方式来表述：一种是维度属性组合所表示的细节程度，另一种是所表示的具体业务含义。作为度量业务过程的事实，粒度一般为整型或浮点型的十进制数值，有可加性、半可加性和不可加性三种类型。可加性事实是指可以按照与事实表关联的任意维度进行汇总。半可加性事实只能按照特定维度汇总，不能对所有维度汇总，比如库存可以按照地点和商品进行汇总，而按时间维度把一年中每个月的库存累加起来则毫无意义。还有一种度量完全不具备可加性，比如比率型事实。对于不可加性事实可分解为可加的组件来实现聚集。相对维表来说，通常事实表要细长得多，行的增加速度也比维表快很多。

2. 事实表设计原则

（1）尽可能包含所有与业务过程相关的事实。

（2）只选择与业务过程相关的事实。

（3）在同一个事实表中不能有多种不同粒度的事实。

3. 事实表设计方法

（1）选择业务过程及确定事实表类型。在明确了业务需求以后，接下来需要进行详细的需求分析，对业务的整个生命周期进行分析，明确关键的业务步骤，从而选择与需求有关的业务过程。

（2）声明粒度。粒度的声明是事实表建模非常重要的一步，意味着精确定义事实表的每一行所表示的业务含义，粒度传递的是与事实表度量有关的细节层次。明确的粒度能确保对事实表中行的意思的理解不会产生混淆，保证所有的事实按照同样的细节层次记录。

（3）确定维度。完成粒度声明以后，也就意味着确定了主键，对应的维度组合以及相关的维度字段就可以确定了，应该选择能够描述清楚业务过程所处的环境的维度信息。

（4）确定事实。应该选择与业务过程有关的所有事实，且事实的粒度要与所声明的事实表的粒度一致。

7.3.2.4 数据规范定义

规范定义是指以维度建模作为理论基础，构建总线矩阵，划分和定义数据域、业务过程、维度、词根、限定词、时间周期、派生指标。

表命名规范基本原则如下。

（1）表名、字段名采用一个下划线分隔词根（如：clienttype->client_type）。

（2）每部分使用小写英文单词，属于通用字段的必须满足通用字段信息的定义。

（3）表名、字段名需以字母开头。

（4）表名、字段名最长不超过 64 个英文字符。

（5）优先使用词根中已有的关键字。

（6）在表名自定义部分禁止采用非标准的缩写。

7.4 基于本体的数据模型构建技术

目前，数据建模技术发展较快，出现了许多新的数据模型构建技术，如面向数据仓库的多维数据建模技术，强调数据交换的元数据建模技术，突出空间和时间数据特点的时空数据建模技术，面向非结构化数据的多媒体数据建模技术，以及面向知识库构建和跨领域数据融合的本体建模技术。下面围绕本体的基本概念、本体的构建原则与步骤、基于本体的数据模型构建等几个方面进行简要介绍。

7.4.1 本体的基本概念

本体论的概念最初起源于哲学领域。它在哲学中的定义为“对世界上客观存在物的系统的描述，即存在论”，是客观存在的一个系统的解释或说明，关心的是客观现实的抽象本质。

在人工智能领域，最著名并被引用得最为广泛的本体论的定义是由 Gruber 提出的，“本体是概念化的明确的规范说明”。该定义体现了本体的四层含义。

（1）概念化。客观世界的现象的抽象模型。

（2）明确。概念及它们之间的联系都被精确定义。

（3）形式化。精确的数学描述。

（4）共享。本体中反映的知识是其使用者共同认可的。

本体的基本元素包括概念、关系、函数、公理和实例等五部分。

• 概念 C。概念 C 是一类对象的集合的抽象描述。

• 关系 R。关系 R 描述 n 个概念所含对象之间的联系。

• 函数 F。函数 F 是一类特殊的关系，$F \equiv C_1 \times C_2 \times \cdots \times C_{n-1} \to C_n$ 表示前 $n-1$ 个元素可以唯一确定第 n 个元素。

• 公理 A。公理 A 是无须证明的永真断言；公理通常都是一阶谓词逻辑的表达式。公理是那种无须再进行证明的逻辑永真式（重言式）。例如，三角形内角之和等于180度。

• 实例 I。实例 I 表述元素，即概念对应的对象。

基于上述有关本体的定义和基本元素分析，本体的形式化定义通常为五元组结构：

$$O := \{C, R, F, A, I\}$$

其中，C，R，F，A，I 分别表示本体的概念、关系、函数、公理和实例。

7.4.2 本体的构建原则与步骤

本体作为通信、互操作和系统工程的基础，必须经过精心的设计。实际上，本体的创建过程是一个非常费时费力的过程，需要一套完善的工程化的系统方法来支持，特定的专用本体还需要专家参与。通用的大规模本体很少，大多本体只是针对某个具体领域或应用而创建的。在实际应用中，不同本体之间常常需要进行映射、扩充与合并处理，以及根据特定的需要由一个大的本体提取满足要求的小本体等操作。此外，当现实的知识体系发生变化时，先前创建的本体也必须做出相应的演化以保持本体与现实的一致性，这都是本体工程所需研究的问题。

7.4.2.1 构建原则

Gruber 提出了指导本体构建的五个准则。

1. 清晰

本体必须有效地说明所定义术语的意思，定义应该是客观的，与背景独立的。当定义可以用逻辑公理表达时，它应该是形式化的，定义应该尽可能地完整，所有定义应该用自然语言加以说明。

2. 一致

本体应该是一致的，也就是说，它应该支持与其定义相一致的推理，它所定义的公理以及用自然语言进行说明的文档都应该具有一致性。

3. 可扩展性

本体应该为可预料到的任务提供概念基础，它应该可以支持在已有的概念基础上定义新的术语，以满足特殊的需求，而无须修改已有的概念定义。

4. 编码偏好程度最小

概念的描述不应该依赖于某一种特殊的符号层表示方法，因为实际系统可能采用不同的知识表示方法。

5. 约定最小

本体约定应该最小，只要能够满足特定的知识共享需求即可，这可以通过定义约束最弱的公理以及只定义通信所需的词汇来保证。

7.4.2.2 构建步骤

至于本体的构建方法，一般借鉴软件工程的方法，通常的步骤如下。

（1）确定本体的目的和使用范围。对同一对象，应用的领域范围不同，所需定义的内容也不尽相同。

（2）已有本体的集成。尽可能重用和修改已有本体。如果在成熟的本体基础上进行一定的修改或改进就可以满足系统的需要，那么不仅可以节省精力，也可以减少错误等。

（3）本体捕获。即列举出本体涉及的重要术语，确定关键的概念和关系，并给出精确的定义。

（4）本体编码。即选择合适的语言表达概念和术语。

（5）验证与评估。利用相关的逻辑方法测试和检验本体的一致性和有效性；根据需求描述、能力询问等对本体进行评价，考察其是否准确地描述了真实世界。

实际的本体开发过程是一个反复迭代的过程，需要根据实际需求反复地讨论、修改、调试。

7.4.3 基于本体的数据模型构建

数据模型作为沟通领域专家与信息技术人员的桥梁，是信息系统开发过程的有机组成部分，构建数据模型是无法回避的一个开发步骤。但是由于不同的信息系统的开发时间各异、开发人员不同，致使不同数据模型的描述方法不尽相同。数据模型的共享与重用困难，造成了极大的资源浪费。目前，常用的数据模型描述方法包括：面向对象的模型描述、基于实体—联系的模型描述、基于UML的模型描述、基于概念图的模型描述以及基于XML的模型描述等。描述方法的不统一给数据模型的构建造成了极大的混乱，基于本体的数据模型构建，主要就是从规范其建模方法的角度来解决这一问题。

依据数据建模的一般过程，基于本体的数据建模的一般过程如图7–1所示，其基本步骤如下。

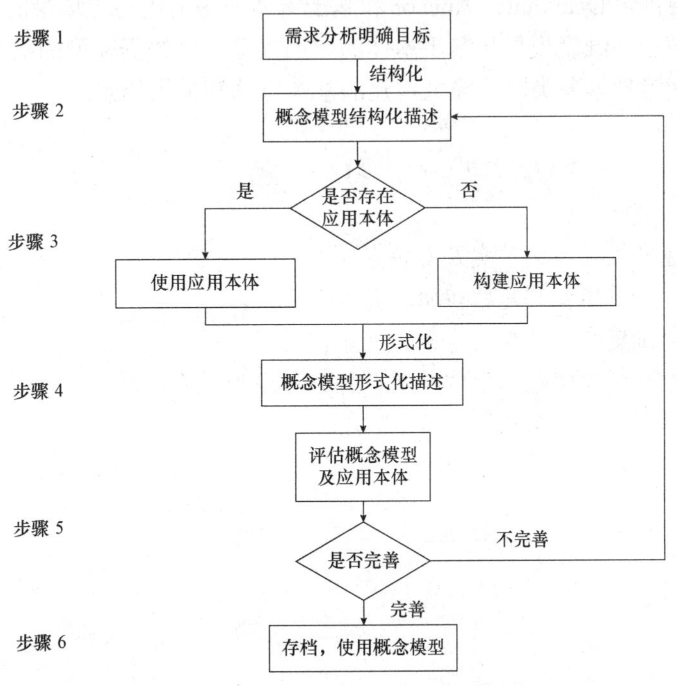

图7–1 基于本体的数据建模的基本步骤

（1）分析需求，明确目标。对系统进行需求分析，在此阶段获取系统相应领域文件或文档，与领域专家沟通，全面了解应用需求，以求得设计与需求的统一。

（2）在需求分析的基础上，进一步细化与规范系统需求，提取概念、元素等关键词汇，利用结构框架等理论，对概念模型进行结构化描述，并采用自然语言初步描述本体相关的概念和属性，为下一步构建本体、形式化描述概念模型提供坚实的基础。

（3）根据需求分析和结构化描述的结果，结合系统应用的相关领域知识，采用恰当的方法构建应用本体。但是由于应用本体的构建是复杂而耗时的过程，所以可以充分借鉴现有的应用本体，在此基础上进行评估和完善。

（4）在结构化描述和本体构建的基础之上，形式化描述概念模型，并对所建立的概念模型进行评价。采用本体描述语言对结构化的概念模型进行形式化描述，形成形式化文档存储。

（5）对在建模过程中遇到的问题及时进行评估，用以完善概念模型和应用本体。并且可以利用本体进化及推理的特性完善应用本体，使其适用于概念建模的应用。

（6）使用、存档以及发布经过评估的应用本体及形式化的概念模型，实现概念模型的重用和共享。

在此建模步骤中，从（2）到（5）是一个反复迭代的过程，需要多次反复才能逐渐完善。

7.5 小　结

本章重点介绍数据模型构建的类型、方法和基本步骤等相关内容。首先简要介绍了数据模型构建的七种类型，既包含传统的层次模型和网状模型，也包含目前主流的关系模型和多维数据模型，还包含 DataVault、Anchor 和基于本体的等适用特定场景的数据模型。然后，重点介绍了关系模型、维度模型和基于本体的数据模型三类数据模型的概念和构建的基本步骤和方法，帮助读者理解各类数据模型构建的基本方法和适用场景。

习　题

1. 简要阐述数据模型的种类及其特点。
2. 简要描述关系模型构建的步骤，并举例说明。
3. 简要描述维度模型构建的步骤，并举例说明。
4. 分析星型模型和雪花模型的异同，并分别举例说明。

第8章　数据资源规划实践和工具

本章首先以演训数据资源建设为例，采用基于稳定信息过程的数据资源规划方法进行案例实践设计，按数据资源规划步骤详细介绍设计过程和设计结果，帮助读者直观了解数据资源规划的方法和设计思路；然后分别介绍 IRP 2000 工具和数据资源规划工具，帮助大家学会使用相关工具进行数据资源规划的辅助设计。

8.1　数据资源规划实践案例

以演训数据资源建设为例，利用基于稳定信息过程的数据资源规划方法和步骤进行案例分析，加深对方法的理解和运用。

8.1.1　确定职能域

职能域是指一个组织中的一些主要的业务活动领域，职能域是对该领域中一些主要业务活动的抽象，而不是现有机构部门的照搬。通过分析，本书认为作战仿真数据资源规划的职能域有：作战指挥训练模拟、作战研究与作战分析、武器装备采办等。

8.1.2　职能域业务分析及其业务活动确定

在进行职能域业务分析时，要控制把握好规划职能域的数目，尽量面向全局，但又不是无所不包地定义大量的职能域。下面按照演习的各个阶段进行分析，确定其演习的业务过程，并进一步划分其业务活动。针对作战指挥训练模拟职能域，可以划分出两个业务过程：导控裁决过程和演习训练过程。因篇幅原因，对导控裁决过程不再展开（可参考《作战模拟系统概论》的第一章内容），下面针对演习训练过程进行分析。演习训练过程的业务可进一步划分为演习准备、演习实施中的作战准备、演习实施中的作战实施。

8.1.2.1　演习准备

为搞好模拟对抗演习，提高演练效果，受训者在演练开始前要熟悉与演练课题相关的作战理论及其首长、机关的作战指挥程序与方法，熟悉模拟系统的特点和功能，组织计算机模拟对抗训练的基本方法、对抗规则以及有关注意事项和必须遵守的规定等，熟练掌握系统操作。

8.1.2.2　演习实施中的作战准备

总导演发布演习开始指令后，即转入演习实施阶段。演习实施阶段，部队首先要按照作战条令条例的要求，进行作战准备。部队在作战准备阶段的主要工作如图 8–1 所示。

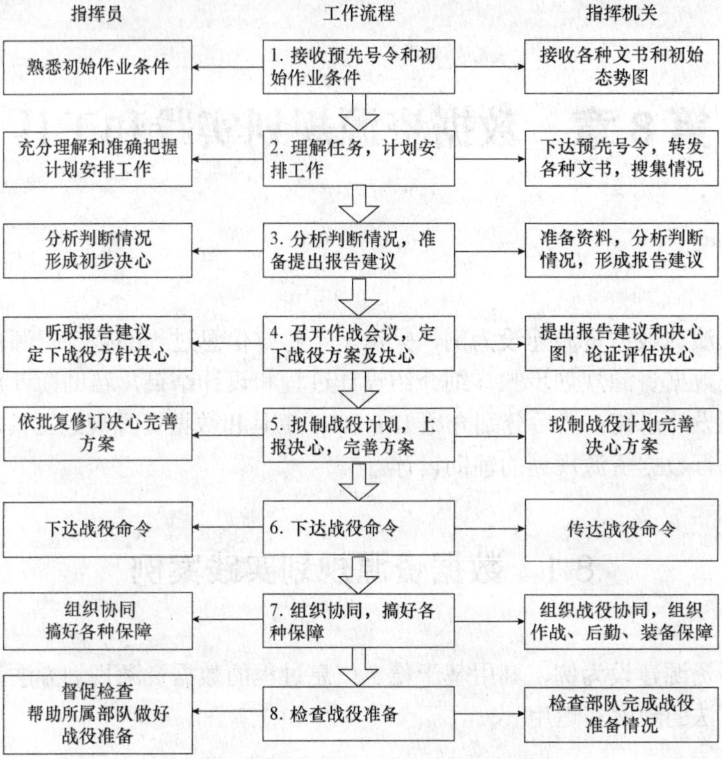

指挥员
工作流程
指挥机关
熟悉初始作业条件
1. 接收预先号令和初始作业条件
接收各种文书和初始态势图
充分理解和准确把握计划安排工作
2. 理解任务，计划安排工作
下达预先号令，转发各种文书，搜集情况
分析判断情况形成初步决心
3. 分析判断情况，准备提出报告建议
准备资料，分析判断情况，形成报告建议
听取报告建议定下战役方针决心
4. 召开作战会议，定下战役方案及决心
提出报告建议和决心图，论证评估决心
依批复修订决心完善方案
5. 拟制战役计划，上报决心，完善方案
拟制战役计划完善决心方案
下达战役命令
6. 下达战役命令
传达战役命令
组织协同搞好各种保障
7. 组织协同，搞好各种保障
组织战役协同，组织作战、后勤、装备保障
督促检查帮助所属部队做好战役准备
8. 检查战役准备
检查部队完成战役准备情况

图 8–1　参训部队作战准备阶段工作流程与内容

8.1.2.3　演习实施中的作战实施

部队准备完毕后，进入作战实施阶段。在该阶段，参训部队的工作流程和内容总结如图 8–2 所示。

工作流程
指挥员
接收战场初始态势
指挥机关
掌握判断战场情况
1. 分析判断情况
搜集、分析、报告战场情况，做出判断结论
根据情况定下决心
2. 定下决心
根据情况，提出报告建议
做出处置下达命令
3. 做出处置
拟制传达命令
指挥控制协调部队作战行动
4. 协调部队行动
下达协调指示，实时组织新的协同动作
5. 结束推演

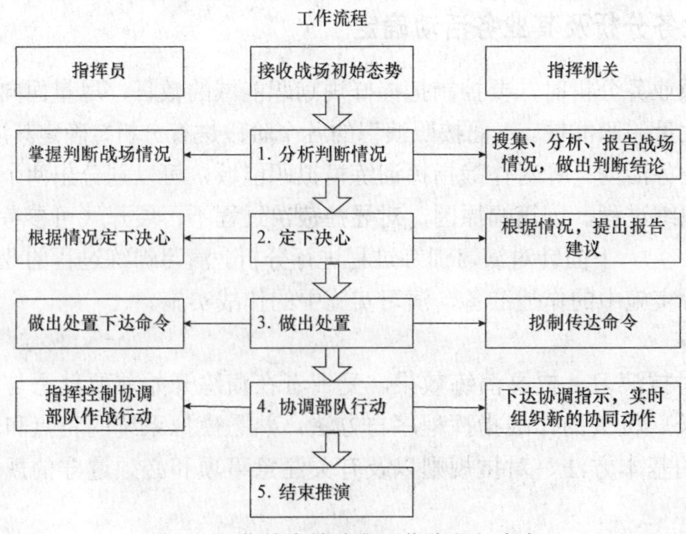

图 8–2　作战实施阶段工作流程与内容

建立职能域—业务过程—业务活动的汇总表，如表 8–1 所示，并对业务活动进行业务建模。

表 8–1　职能域—业务过程—业务活动的汇总表

职能域	业务过程		业务活动
作战指挥训练模拟	导控裁决	模拟演练准备	演练动员……
		模拟演练实施	监控战场态势……
		模拟演练讲评	回合裁决……
	演习训练	演习准备	熟悉作战理论、指挥程序和方法
			熟悉模拟系统的特点和功能
			熟悉计算机模拟对抗训练的方法
			掌握模拟系统的操作
		演习实施中的作战准备	接受预先号令和初始作业条件
			下达预先号令，安排工作
			分析判断情况，形成报告建议
			召开作战会议，论证评估决心
			拟制作战计划
			上报决心方案
			下达作战命令
			组织作战协同和各种保障
		演习实施中的作战实施	接收战场初始态势
			分析判断情况，做出判断结论
			提出报告建议，定下决心
			拟制传达命令
			协调部队行动

因业务活动较多，这里只简要分析演习实施中的作战准备阶段的两项业务活动，并建立其基本的业务模型。

1. 接受预先号令和初始作业条件

接受预先号令和初始作业业务模型如图 8–3 所示。

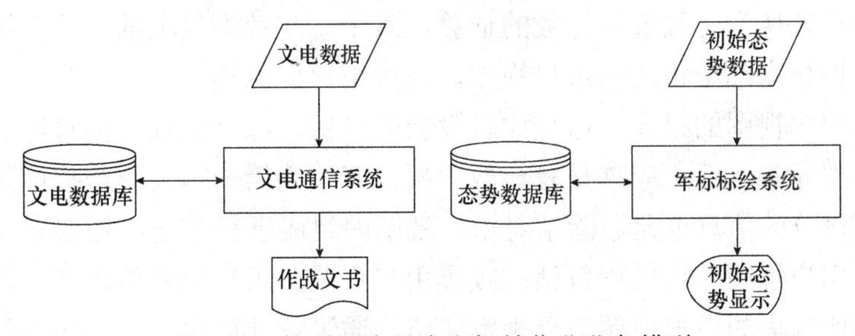

图 8–3　接受预先号令和初始作业业务模型

2. 分析判断情况，形成报告建议

分析判断情况，形成初步决心方案业务模型，如图 8–4 所示。

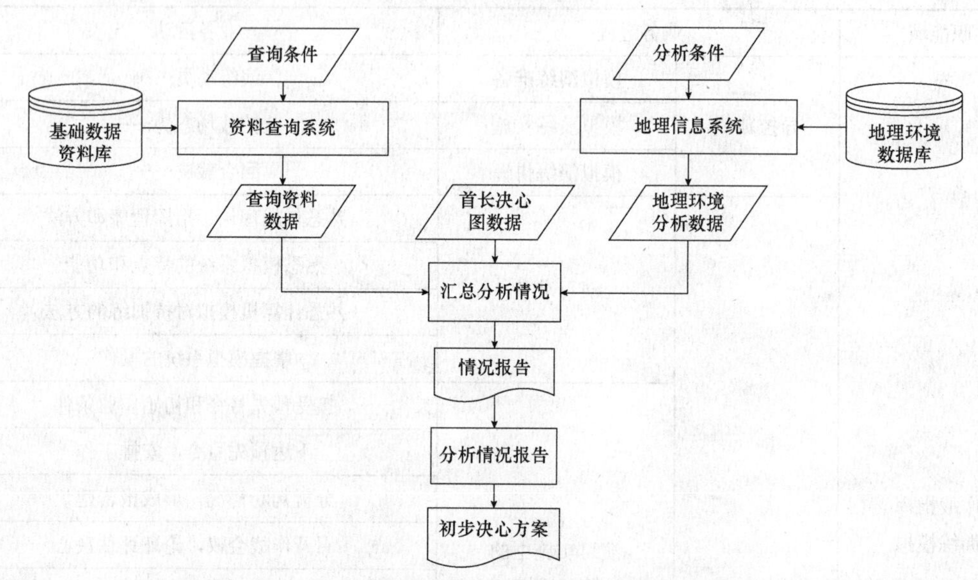

图 8–4　分析判断情况，形成初步决心方案业务模型

8.1.3　职能域数据分析

需求分析的另一部分主要工作是对业务数据的分析调研，这一部分是数据资源规划需求分析最重要也是最繁杂的工作。主要分析对象包括用户视图和职能域的数据流图分析，其实数据流图已包含用户视图的内容，这里将用户视图单独作为分析对象主要出于两方面的考虑：一是用户视图非常重要，它反映了最终用户对数据实体的看法，即用户眼中的数据表现形式，通过分析用户视图，可以使系统分析员聚焦数据资源规划的核心部分，同时可以支撑和简化传统的数据流图分析，为将来建立稳定的数据模型打下基础；二是数据流图中的数据流和数据存储要素并不能直观反映用户的数据需求，因此有必要对用户视图进行单独分析。

为了帮助各部门梳理、规范数据，从根本上改变以报表为主体的混乱数据环境、改变随意设计报表而造成信息系统跟不上数据表面的变化，需要对用户视图进行登记、分析、规范和简化。用户视图一般有编码、名称、流向、类型、生存期、记录数等属性。用户视图的名称用短语来表示其意义和用途。生存期指用户视图在业务中从形成到失去作用的时间跨度。记录数是指数据集转换为一张表时行数的估算。对于一些较为复杂的用户视图，如果表中还有小表，可以再拆分为几个相关的用户视图，形成用户视图簇。对于用户视图的数据项逐一进行登记，得到用户视图的组成，这是比较复杂的分析、综合和抽象的过程。数据项应该是基本数据项或数据元素，而不应该是复合数据项，即达到第一范式的数据库规范，数据元素则是最小的不可再分的信息单元。除了对用户视图的组成进行登记，还要定义主键。

总体而言，用户视图分析过程包括：收集用户视图、用户视图整理和用户视图分析。一般地，为了确保所收集的用户视图信息规范完整，通过设计用户视图采集模板进行信息的收集。如表 8–2 和表 8–3 所示。

表 8–2　用户视图采集模板表

序号	名称	编码	大类	小类	簇编码	生存期	记录数	频率
01	部队实力统计表	011101	1	1		月	500	10

表 8–3　用户视图属性采集模板表

<table>
<tr><th>序号</th><th colspan="2">名称</th><th>含义</th><th>数据类型</th><th>约束</th></tr>
<tr><td>01</td><td colspan="2">部队编号</td><td>唯一标识部队的字符代号</td><td>字符型</td><td>参见部队编码生成规则</td></tr>
<tr><td>02</td><td colspan="2">部队名称</td><td>部队实体的名称</td><td>字符型</td><td></td></tr>
<tr><td>03</td><td colspan="2">部队级别</td><td>部队实体的级别层次</td><td>字符型</td><td>参见部队级别字典</td></tr>
<tr><td>04</td><td colspan="2">部队类型</td><td>按主要武器装备和作战任务不同，对部队实体划分的类型</td><td>字符型</td><td>参见部队类型字典</td></tr>
<tr><td>05</td><td colspan="2">人员数量</td><td>部队实体包含的各类人员的总数</td><td>数字型</td><td>大于 0，小余 10 万的整数</td></tr>
<tr><td rowspan="2">06</td><td rowspan="2">装备配备</td><td>装备名称</td><td>部队实体配备的装备型号名称</td><td>字符型</td><td>参见装备型号字典</td></tr>
<tr><td>装备数量</td><td>部队实体配备的该型号装备的数量</td><td>数字型</td><td>大于 0，小余 10 万的整数</td></tr>
<tr><td>⋮</td><td>⋮</td><td>⋮</td><td>⋮</td><td>⋮</td><td>⋮</td></tr>
</table>

在该表中，就存在表中表的情况，可以将其拆分为两张用户视图表，为了反映用户需求的原貌，这样的用户视图仍然保留。进行用户视图分析时，还是需要以满足第一范式的用户子视图为分析对象，同时借助业务需求分析阶段绘制的数据流图来进一步梳理用户视图，并对用户视图进行登记，确保用户视图没有遗漏。

登记了用户视图的各种属性和组成，还需分析各用户视图的关系，从而确保用户视图的整体性。图 8–5 和图 8–6 通过 E–R 图来描述用户视图之间的联系。具体 E–R 图的绘制方法在“数据模型”一章有详细描述，这里就不再阐述。

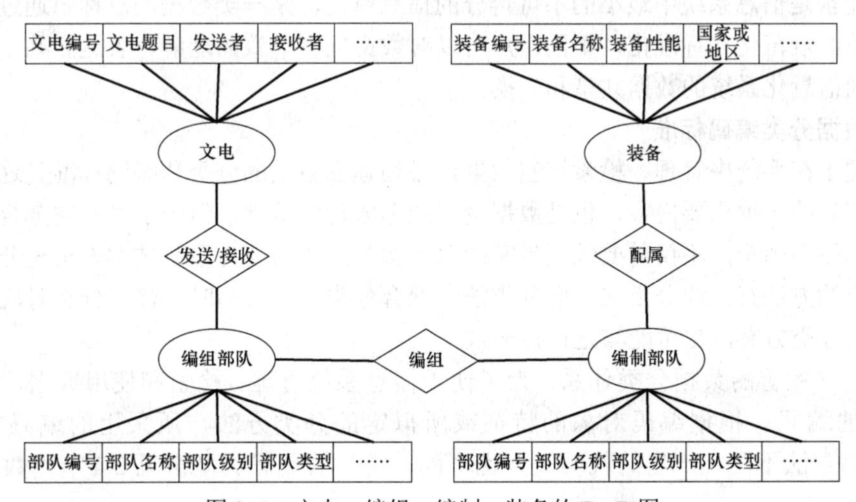

图 8–5　文电、编组、编制、装备的 E–R 图

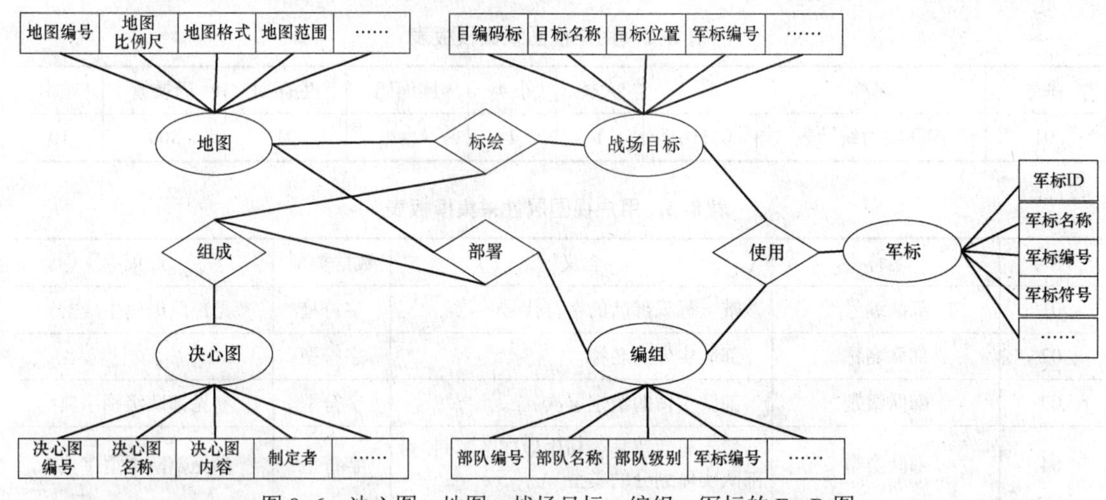

图 8-6　决心图、地图、战场目标、编组、军标的 E－R 图

8.1.4　建立领域的数据资源管理基础标准

数据资源规划关注的是领域数据环境建设，实际上包括两个方面的数据集成问题：部门内的数据集成，以保证各单位的数据共享，从而使数据资源管理问题集中在共享数据库的标准化、规范化设计上；部门与外单位的数据自动交换，特别是远程异地的数据自动交换，使数据资源管理问题集中在数据交换的标准化、规范化的协调和设计上。这两个方面的共同关键问题是数据资源管理的基础标准问题。

本书认为应该在数据资源规划过程中逐步建立起数据资源管理的基础标准，这些标准是决定信息系统质量的根本所在，实际上也是数据资源规划标准库的核心构成要素。这些标准包括：数据元素标准、数据分类编码标准、用户视图标准、数据库标准等。

8.1.4.1　数据元素标准

数据元素是信息系统中最小的不可再分的信息单位，是一类数据的总称。通过对数据元素及其属性的规范化和标准化，不同用户可以对数据拥有一致的理解、表达和共识，可以有效实现不同信息化系统的数据共享和交换。

8.1.4.2　数据分类编码标准

为了便于在系统中管理、检索这些数据，必须建立数据的分类和编码标准。这项工作是数据资源规划的一项重要内容，也是数据资源规划成功的基础，但由于设计完全合理和不变的分类和编码很困难，不仅需要领域专家的深入参与，还需要与系统技术人员充分沟通。一般建立分类的方法有：线分类法、面分类法、混合分类法等。同时，建立分类时应参考同类权威机构的分类方案，尽可能与之保持一致。

除了建立完善的数据分类体系，为了便于信息系统管理、检索和使用数据，常常需要进行数据的编码。根据编码对象的特征或所拟定的分类方法，所采用的编码方法不尽相同。编码方法不同，产生的代码类型也不同。常见的代码类型参见 2.4 节“数据分类与编码”。

8.1.4.3　用户视图标准

用户视图是一些数据元素的集合，它反映了最终用户对数据实体的看法。为此，应该建立用户视图标准，确定有哪些用户视图及它们的标识、命名规则和组成结构。

8.1.4.4　数据库标准

在数据资源规划阶段，强调概念层、逻辑层的数据库模型的建立，而不直接把数据库建立在物理层，逻辑层的数据库标准用以指导物理数据库建设。数据库建设标准规范对各种业务信息（传统的纸质文字、报告、图表等），利用先进的信息技术进行数字化，为信息系统的成功实施提供规范、有效的数据库建库标准，具体包括概念数据库和逻辑数据库标准。

8.1.4.5　建立信息系统功能模型

数据资源规划的系统建模是在规范化需求分析的基础上建模，系统建模是数据资源规划的核心和关键工作。系统建模的目的，是使部门领导、管理人员和信息技术人员对所规划的信息系统有统一、概括和完整的认识，从而能科学地制定各类方案，保证成功进行集成化的领域信息系统建设。其中功能模型是规划模型之一，是对所规划的系统功能结构的概括性表示。采用“子系统—功能模块—程序单元”三个层次描述，功能模型是在业务功能分析的基础上形成的，大致对应关系如图 8–7 所示。

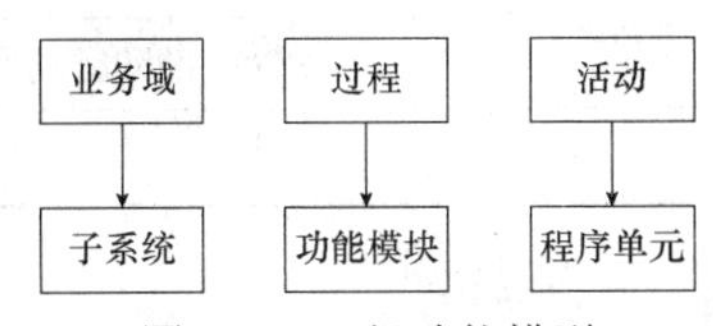

图 8–7　三级功能模型

业务模型与功能模型绝不是简单的对应，功能模型是经过计算机人员对业务模型进行计算机化的可行性分析和提升，可行性分析的基本原则是区分和识别哪些业务过程、活动可以由计算机自动进行处理，哪些由人–机交互进行处理，哪些仍需人工处理。在此基础上，对某些业务过程、活动进行合并、分解或调整以适应计算机化的实现。总之，从子系统的界定，到功能模块、程序单元的划分是一个相当复杂的认知和再造过程，不是对业务模型简单的复制，是从系统目标、系统扩展的边界、信息处理加工的深度以及主要功能等方面综合来界定子系统。

表 8–4 描述了作战指挥训练模拟中部分功能模型，可以看出，与前面的业务模型有密切联系，但又不完全一致。有些业务活动虽然不同，但从功能上可以抽象合并，如作战方案、行动方案或情况报告等，都可以通过文书拟制功能来实现，只是拟制文书的内容不同而已；还有的业务活动不便于计算机化实现，在功能模型中就不考虑了，如分析判断情况，主要靠指挥员的经验和知识来完成，在系统功能中就不再出现了。

表 8–4　功能模型的示例表

子系统	功能模型		程序单元
作战指挥训练模拟系统	导控裁决系统	作业准备	编制数据准备、装备数据准备、队标数据准备、导调数据准备……
		态势调理	情况设置、导调干预、态势显示、简令生成、简报生成……
		裁决评估	评估设置、数据汇总、结果评估、结果分析……

续表

子系统	功能模型		程序单元
作战指挥训练模拟系统	指挥控制系统	演习准备	场地器材情况管理
			训练理论知识管理
			专业训练操作系统管理
			要素演练或指挥演练系统管理
		作战准备	文书传输与管理
			态势信息管理和显示
			文书拟制
			作战计划生成
		作战实施	文书传输与管理
			态势信息管理和显示
			文书拟制
			命令指令传输
			部队行动数据采集
	……	……	……

8.1.4.6 建立信息系统数据模型

数据模型是对用户信息需求的科学反映，是规划系统的信息组织框架结构。数据资源规划的数据模型按跨越范围分为：全域数据模型和子域数据模型，前者属于整个系统，后者属于某个子系统。从规划阶段性和细致程度可分为：概念层数据模型、逻辑层数据模型、物理实现模型，其中概念层数据建模已在职能域数据分析阶段完成。

由业务领导参与并复查用户视图和数据流分析资料，与规划分析人员取得共识，根据业务人员的管理经验和系统分析员进行用户视图分组，提出逻辑的主题数据库，再经过讨论和各子系统小组协调，对实体对象进行识别，并进行 E－R 分析，将每一个概念主题数据库规范化到满足第三范式的一组基表，这个过程中还允许选取已有应用系统中有用的基表结构和借鉴同类系统的有关基表结构。经过反复讨论、规范和修订，最终形成逻辑的主题数据库。实际上就是简化的结构 E－R 图。

逻辑模型由逻辑数据库组成，它是对概念数据库的进一步分解和细化。由概念数据库演化为逻辑数据库，主要是采用数据结构规范化原理与方法，将每个概念数据库分解、规范化成第三范式的一组基表，而基表是所需要的基础数据所组成的表，其他数据则是在这些数据的基础之上衍生出来的，它们组成的表是非基表。基表可以代表一个实体，也可以代表一个关系，基表中的数据项就是实体或关系的属性。基表应该具有以下一些基本特性。

（1）原子性，表中的数据项是数据元素。

（2）演绎性，可由表中的数据生成系统绝大部分输出数据。

（3）稳定性，表的结构不变，表中的数据原则上一处一次输入，多处多次使用。

（4）规范性，表中的数据关系满足第三范式。

（5）客观性，表中数据是客观存在的，是管理工作需要的数据，而非主观臆造。

为适应软件工具的支持和产生计算机化文档，逻辑模型的表达采用“实体框表达法”实现，这是对 E–R 图，主要是对结构化 E–R 图的进一步简化。一个主题数据库包括一组基表（一个方框代表一个基表，个别的主题数据库可以只含有一个基表），向左探出的方框代表一级基表，存储主题数据库基本的、静态的、概要性的信息；缩进去的方框代表二级基表，存储主题数据库详细的、动态的、进一步展开性的信息；属性表是指基表的内容按数据元素的顺序列表；主键是指属性表中能唯一标识一条记录的数据元素。

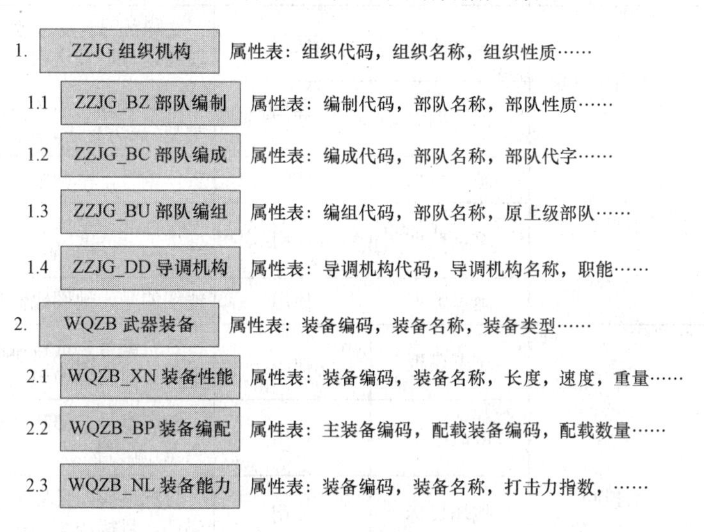

可以说，逻辑模型是系统建模难度最大的部分，逻辑模型的质量，决定将来数据环境的建设质量。逻辑模型除了需要构建主题数据库和基本表外，还需要建立数据元目录，数据元目录构建的模板如表 8–5 所示。

表 8–5 数据元目录模板

中文名称	英文名称	同义名称	内部标识号	数据格式	值域	计量单位	提交机构	适用范围	状态	定义
部队编号	Army code	部队编码	020201	字符	参见部队编码生成规则		数据中心	组织机构	试用	唯一标识部队的字符代号
部队名称	Army name	部队番号	020202	字符			数据中心	组织机构	试用	部队实体的名称
部队级别	Army level	级别	020203	字符	参见级别字典		数据中心	组织机构	试用	部队实体的级别层次
部队类型	Army type	部队种类	020204	字符	参见部队类型字典		数据中心	组织机构	试用	按主要武器装备和作战任务，对部队实体划分的类型
人员数量	Soldier sum	人员总数	020205	数字	1 万～10 万	个	数据中心	组织机构	试用	部队实体包含的各类人员的总数
……										

信息关联模型是指系统信息模型和功能模型的关联结构，信息关联模型的建立，是决定共享数据库的创建与使用责任、进行数据分析和制定系统实施进度的科学依据。早期的方法中一般采用 C-U 矩阵来表示，如果数据资源规划的规模不大，常常对其进行简化，建立功能与数据实体的关联关系表。如表 8–6 所示。

表 8–6　功能与数据实体关联关系表

功能	程序单元	数据实体	关联属性	数据属性
作战准备	文书传输与管理	文电数据	使用	文电编号，发送者，接收者，发送时间，发送题目，发送内容，发送状态……
		部队编组	使用	部队编号，部队名称，部队级别，部队类型，属方标志，人员配属、装备配属……
	态势信息管理和显示	态势数据	使用	实体编号，军标编号，经度，维度……
		军标数据	使用	军标 id，军标名称，军标编号，军标符号……
		地理数据	使用	地图编号，地图比例尺，地图格式……
	文书拟制	文书模板	使用	资料编号，资料名称，资料类型，关键字，资料内容……
		部队编组	使用	部队编号，部队名称，部队级别，部队类型，属方标志，人员配属、装备配属……
		战场目标	使用	目标编码，目标名称，目标位置，目标属性，目标类型……
		地理数据	使用	地图编号，地图比例尺，地图格式……
		作战文书	创建	文书名称，文书类型、文书创建时间、文书拟制者……
	作战计划生成	作战文书	使用	文书名称，文书类型、文书创建时间、文书拟制者……
		部队编组	使用	部队编号，部队名称，部队级别，部队类型，属方标志，人员配属、装备配属……
		装备性能	使用	装备编号，装备名称，装备种类，装备性能……
		战场目标	使用	目标编码，目标名称，目标位置，目标属性，目标类型……
		地理数据	使用	地图编号，地图比例尺，地图格式……
		作战计划	产生	作战计划编号，作战计划名称，作战计划内容，制订者，制订时间……

8.1.4.7　分析信息关联模型，形成数据资源规划方案

认真分析上面的功能模块和数据模块，可以发现有的数据在多个功能模块或信息系统中被使用，有的则是相对独立，只在某一个功能模块中使用，还有的数据既是某业务活动的输出数据，同时又是下一个业务活动的输入数据。将这些数据实体的特点和数据属性在表中罗列重组，并通过适当的形式描述出来，就形成数据资源规划的初步方案。数据资源规划方案

的表现形式主要有三种：文字描述方式、表格方式、图形方式，有时会将这三种方式综合起来使用。无论使用哪一种表现形式，数据资源规划方案都必须回答下面几个问题。

（1）在规划期内需要建设哪些数据实体，以及这些实体的哪些属性？

（2）这些数据实体之间的关系是什么，有先后关系、继承关系或包含关系吗？

（3）每一类数据实体的数据来源是什么，应用于哪一个或几个功能模块？

（4）数据资源建设过程中可能存在哪些困难，如何解决？

表 8–7 是数据资源规划方案表的节选示例，只反映规划的部分要素，由于篇幅的原因，完整的数据资源规划模板的内容就不展开了。

表 8–7　数据资源规划方案表

序号	数据实体	是否专用	是否静态	建议规划方案
1	文电数据	是	否	参考文电传输系统的文电数据结构进行数据库设计
2	编组数据	否	否	统一规划，形成编组主题数据库
3	编制数据	是	是	因编制数据是部队编组数据的来源，建议统一规划，其中的级别、部队性质等属性要建立相应的字典表
4	装备数据	否	是	统一规划，形成装备主题数据库
5	作战理论	是	是	参考资料，查询系统的作战理论结构，进行数据库设计
6	地理数据	否	是	统一规划，形成地理数据主题数据库
7	战场目标	是	否	独立设计，但如果在目标毁伤计算等业务活动中使用战场目标数据，则需要统一进行数据库设计
8	作战计划数据	是	否	独立设计，应涵盖地图、战场目标、编组部署、部队任务等信息
9	军标数据	否	是	统一规划，建立军标字典表，规范军标使用

基于稳定信息过程的数据资源规划方法比较符合用户的思维习惯，并且其规划的方法应用时间较长，有较多的成功案例，但对现行业务的过分依赖性，致使在现行业务具有某些缺陷并在将来发生这样或那样的变化时，现在所得到的组织业务模型与信息关系模型就必须进行修改以适应这种变化。

8.2　数据资源规划工具 IRP 2000

目前，国内数据资源规划自动化工具较少，最具有代表性的工具是 IRP 2000，该工具是国内开发研制的，能够全面支持企业数据资源规划的需求分析与系统建模两个阶段的工作。通过该软件，可以完成以下工作。

（1）业务梳理。支持业务模型的建立，用“职能域—业务过程—业务活动”三层列表描述业务功能结构。

（2）数据分析。支持用户视图分析（如登记及组成）、数据项/元素的聚类分析和各职能域输入/输出数据流的量化分析。

（3）系统功能建模。支持功能模型的建立，用“子系统—功能模块—程序模块”三层结构来表示系统的逻辑功能模型。

（4）系统数据建模。从概念主题数据库的定义开始，支持用户视图分组与基本表定义，落实逻辑主题数据库的所有基本表结构，建立全域和各子系统数据模型。

（5）系统体系结构建模。识别定义子系统数据模型和功能模型的关联结构，自动生成子系统和全域 C–U 矩阵。每个阶段的功能界面如图 8–8 到图 8–12 所示。

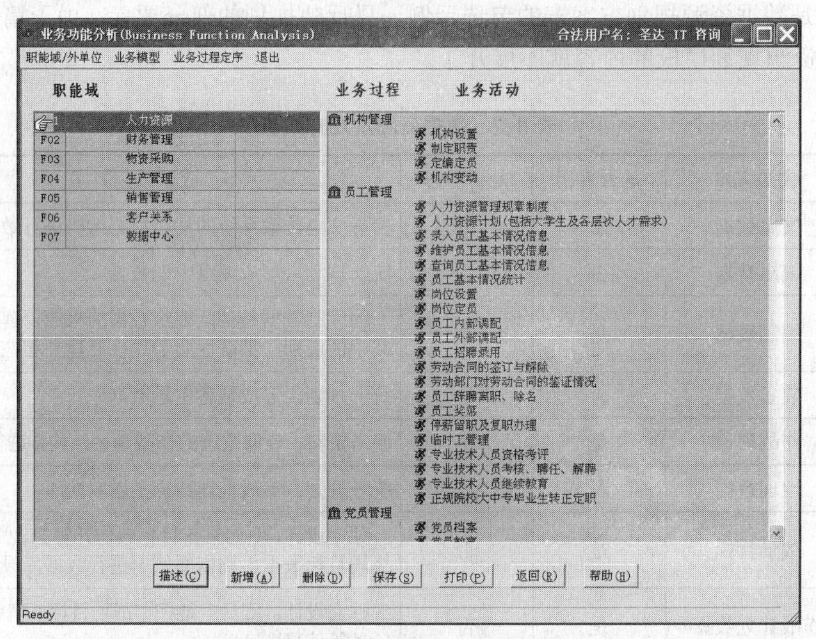

图 8–8　业务功能分析软件界面

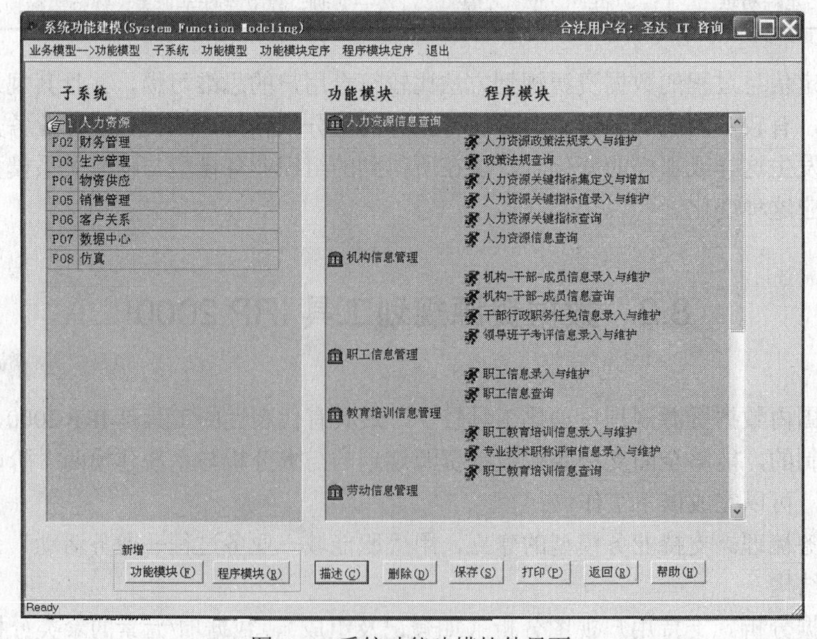

图 8–9　系统功能建模软件界面

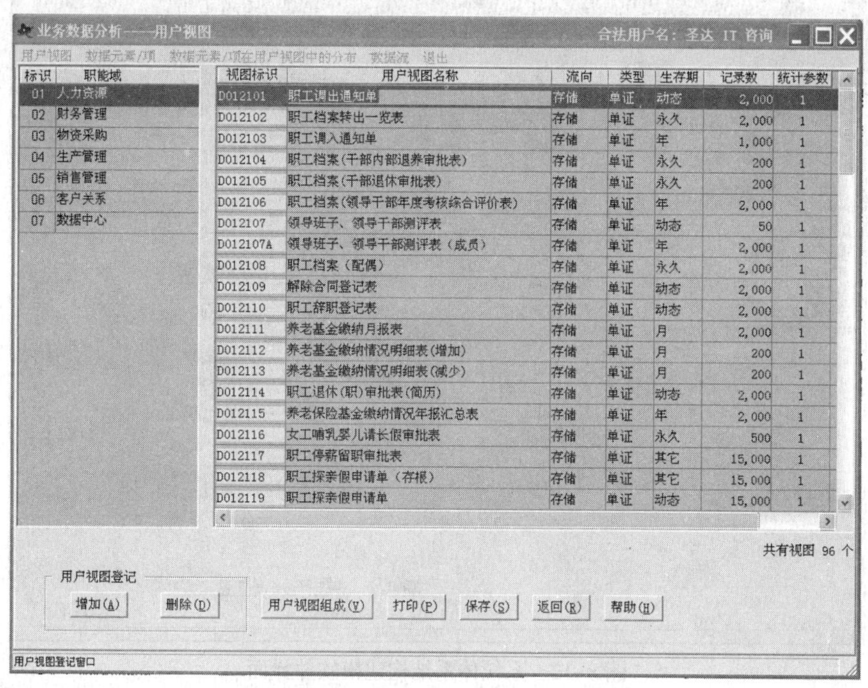

图 8–10　业务数据分析软件界面

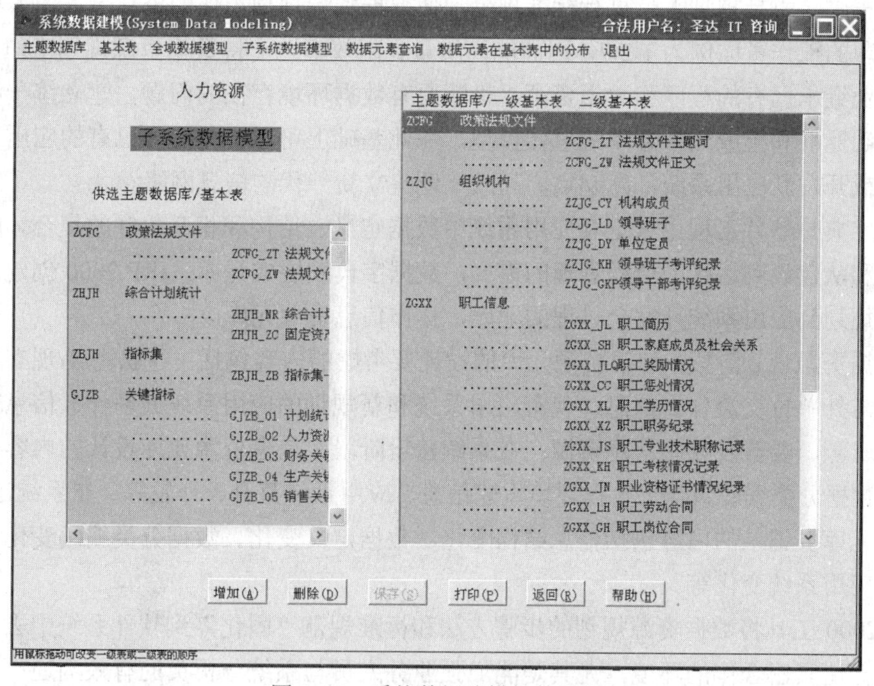

图 8–11　系统数据建模软件界面

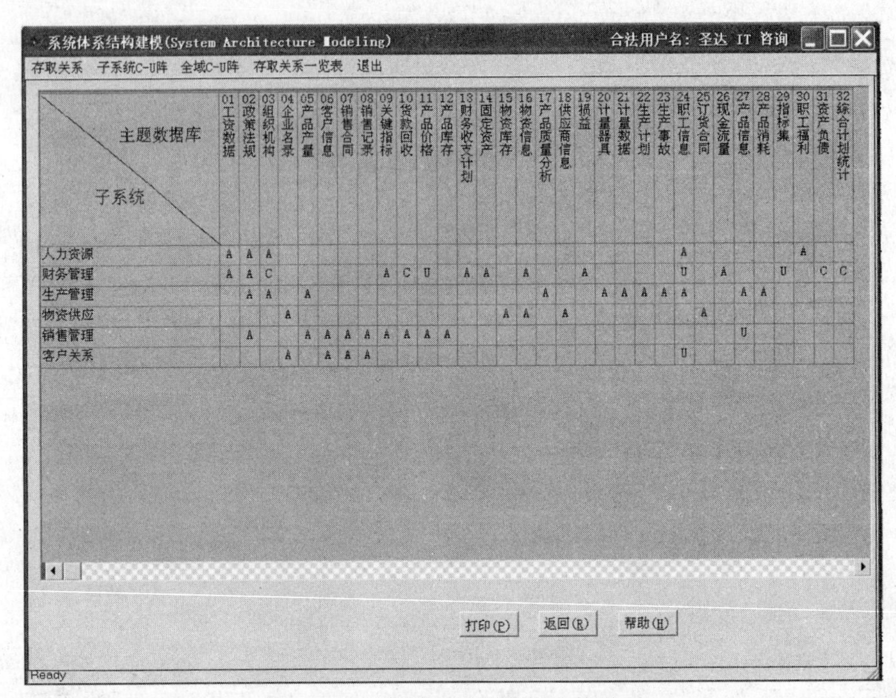

子系统 \ 主题数据库	01工资数据	02政策法规	03组织机构	04企业名录	05产品产量	06客户信息	07销售合同	08销售记录	09关键指标	10货款回收	11产品价格	12产品库存	13财务收支计划	14固定资产	15物资库存	16物资信息
人力资源	A	A	A													
财务管理	A	A	C						A	C	U		A	A		A
生产管理		A	A		A											
物资供应				A											A	A
销售管理		A			A	A	A	A	A	A	A	A				
客户关系				A		A	A	A								

子系统 \ 主题数据库	17产品质量分析	18供应商信息	19损益	20计量器具	21计量数据	22生产计划	23生产事故	24职工信息	25订货合同	26现金流量	27产品信息	28产品消耗	29指标集	30职工福利	31资产负债	32综合计划统计
人力资源								A						A		
财务管理			A					U		A			U		C	C
生产管理	A			A	A	A	A	A			A	A				
物资供应		A							A							
销售管理											U					
客户关系								U								

图 8–12　系统体系结构建模软件界面

IRP 2000 将数据资源规划的有关标准规范和方法步骤都编写到软件工具中，使用可视化、易操作的程序，引导规划人员执行标准规范，使数据资源规划工作的资料录入、人机交互和自动化处理的工作量比例为 1:2:7，因而能高质量、高效率地支持数据资源规划工作。该工具能帮助企业继承已有的程序和数据资源，诊断原有数据环境存在的问题，建立统一的信息资源管理基础标准和集成化信息系统总体模型，在此基础上可以优化提升已有的应用系统，引进、定制或开发新应用系统，高起点、高效率地建立新一代的信息网络。

数据字典是软件工程用来记存应用系统中数据定义、结构和相互关联的集合。随着系统的复杂化和从建设到运行的全程管理的需要，数据字典发展成元库。IRP 2000 创建的、贯穿数据资源规划到应用系统开发全过程的元库，称作信息资源元库。

在数据资源规划阶段，信息资源元库的设计要考虑的内容包括：各职能域/现有应用系统之间以及与外单位交流什么信息，现有应用系统和新规划的应用系统处理什么信息，即已有哪些信息资源、要开发哪些信息资源；在系统建设阶段，信息资源元库设计的内容包括数据库设计、数据分类编码设计、数据环境重建信息、应用系统整合、开发等；在系统运行阶段，信息资源元库要记录的内容包括信息结构变化、数据定义变化、数据分类编码变化、信息处理变化、应用系统变化等。

IRP 2000 工具将数据资源规划的步骤方法和标准规范“固化”到软件系统中去，为规划分析人员营造紧密合作的环境，尤其是能加强业务人员与系统分析员的有效沟通。在进行数据资源规划的过程中，从职能域的定义划分开始，到业务流和数据流的调研分析，再到系统功能建模和数据建模，都需要经历复查修改，由粗到精，不断完善，这就需要动态的、活化的技术文档。这种技术文档就是“数据资源元库”，它在数据资源规划过程中创建，并用于信息化建设的全程。总之，数据资源元库是一个组织信息化建设的核心资源，必须认真加以管理。

8.3　新版数据资源规划工具

新版数据资源规划工具在 IRP 2000 工具的基础之上，重点强化了界面的设计和可视化的操作方式，同时集成了数据模型构建的支撑，可以将数据资源规划结果直接转化为数据模型和对应的数据表生成脚本，避免了数据资源规划与数据库设计脱节的问题。

新版数据资源规划工具在方法上仍然采用基于稳定信息过程的规划方法，规划内容主要包括信息系统开发的高层规划设计工作和总体数据资源规划。在规划过程中，需要分析现行业务，建立业务模型，分析业务数据，规范用户视图，分析数据流，保证数据元素的标准化和一致性，建立功能模型和数据模型，构造系统结构模型，最终产生完整、统一的元库。为后期的数据资源管理、维护以及信息系统建设奠定基础。如图 8–13 至图 8–18 所示。

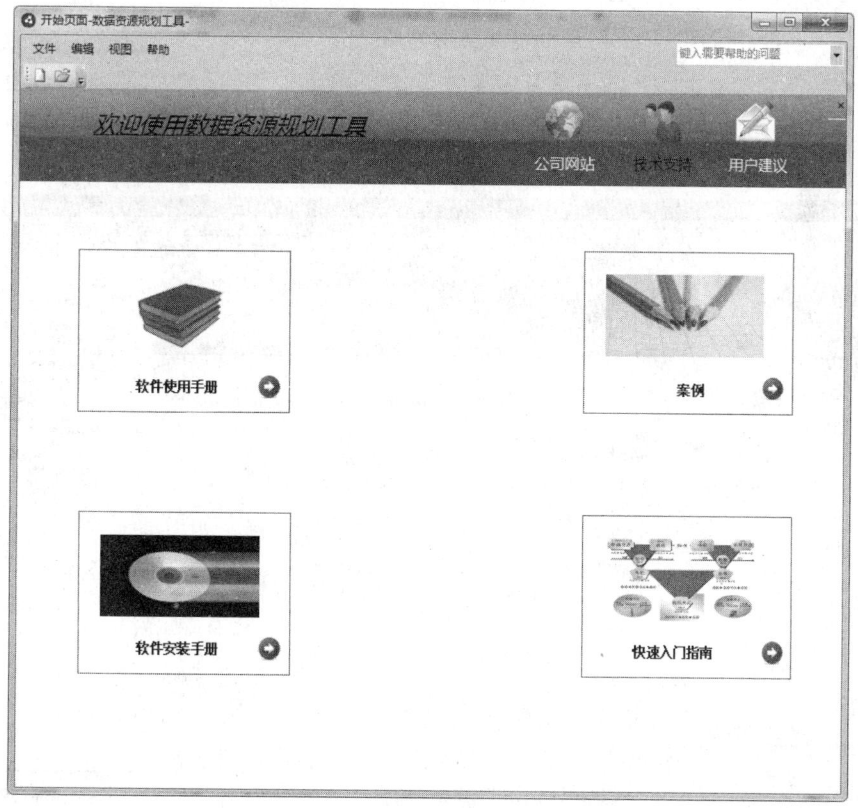

图 8–13　数据资源规划工具首页

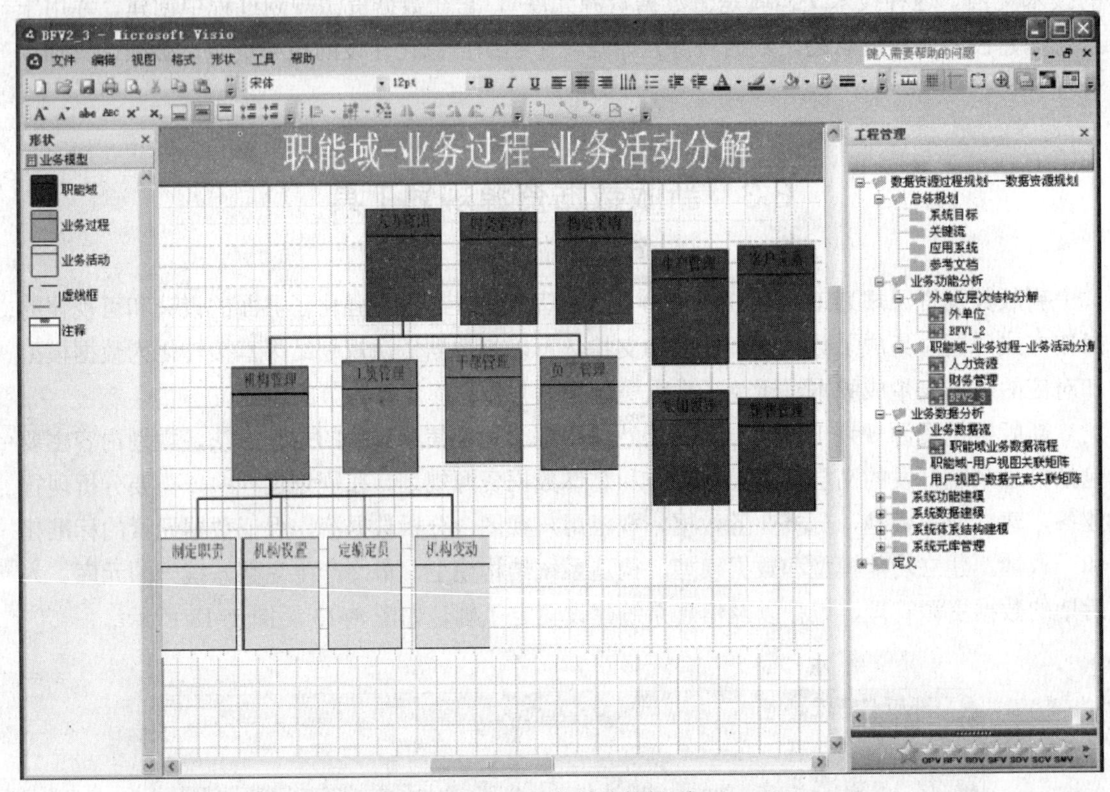

图 8-14　职能域分解界面

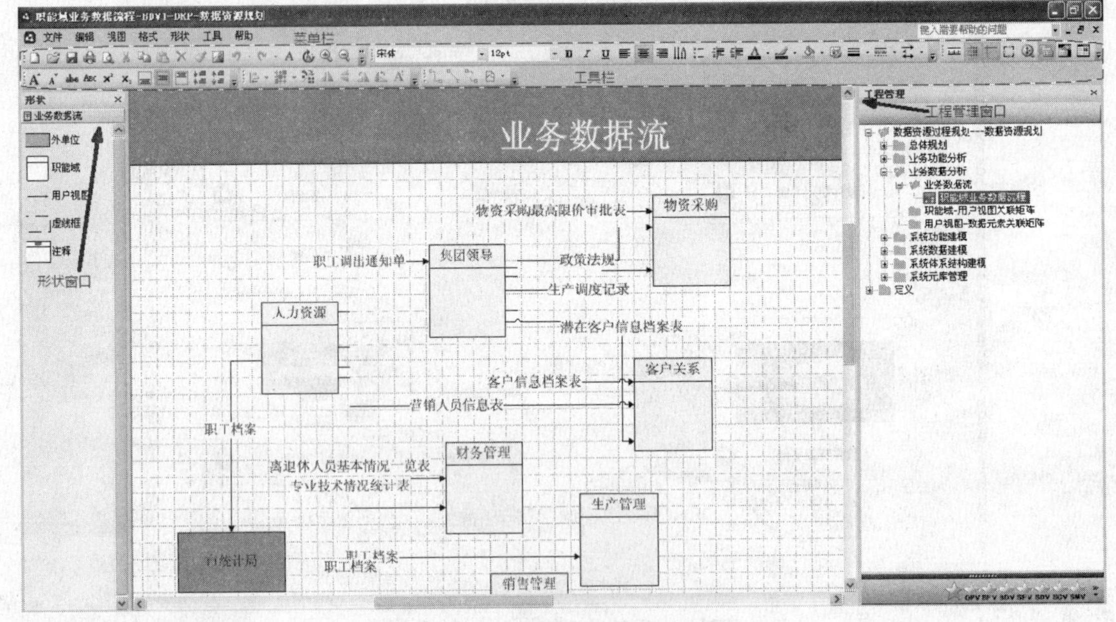

图 8-15　业务数据流分析界面

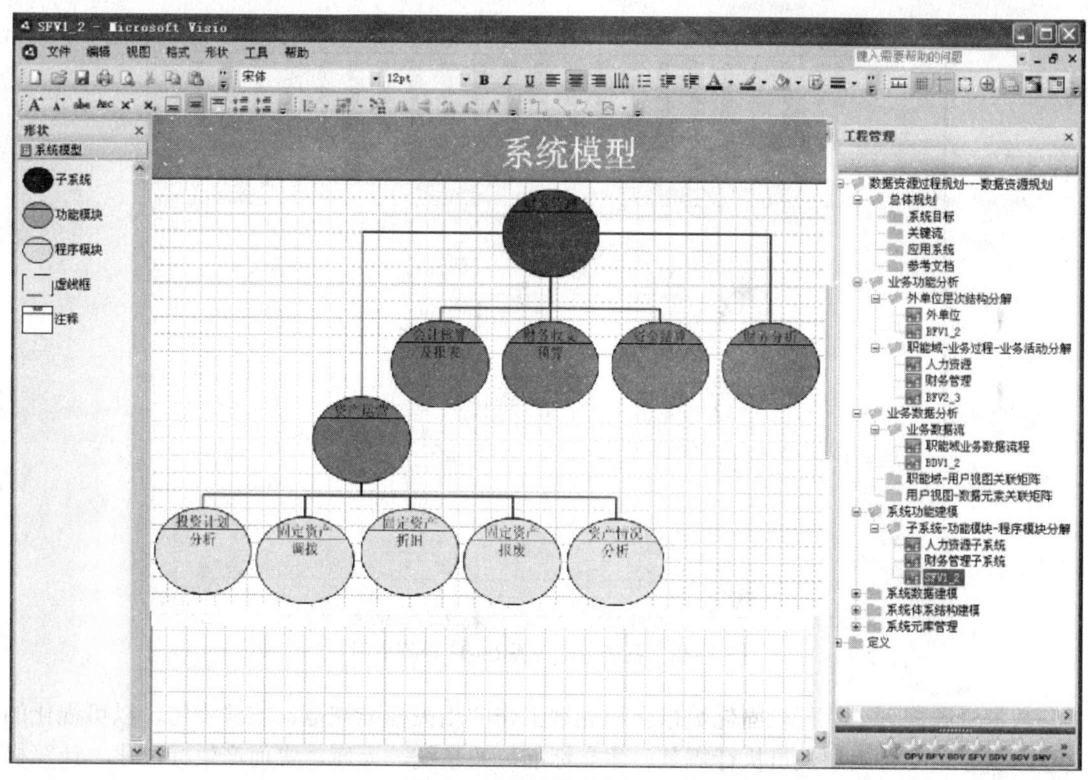

图 8–16　系统模型分析界面

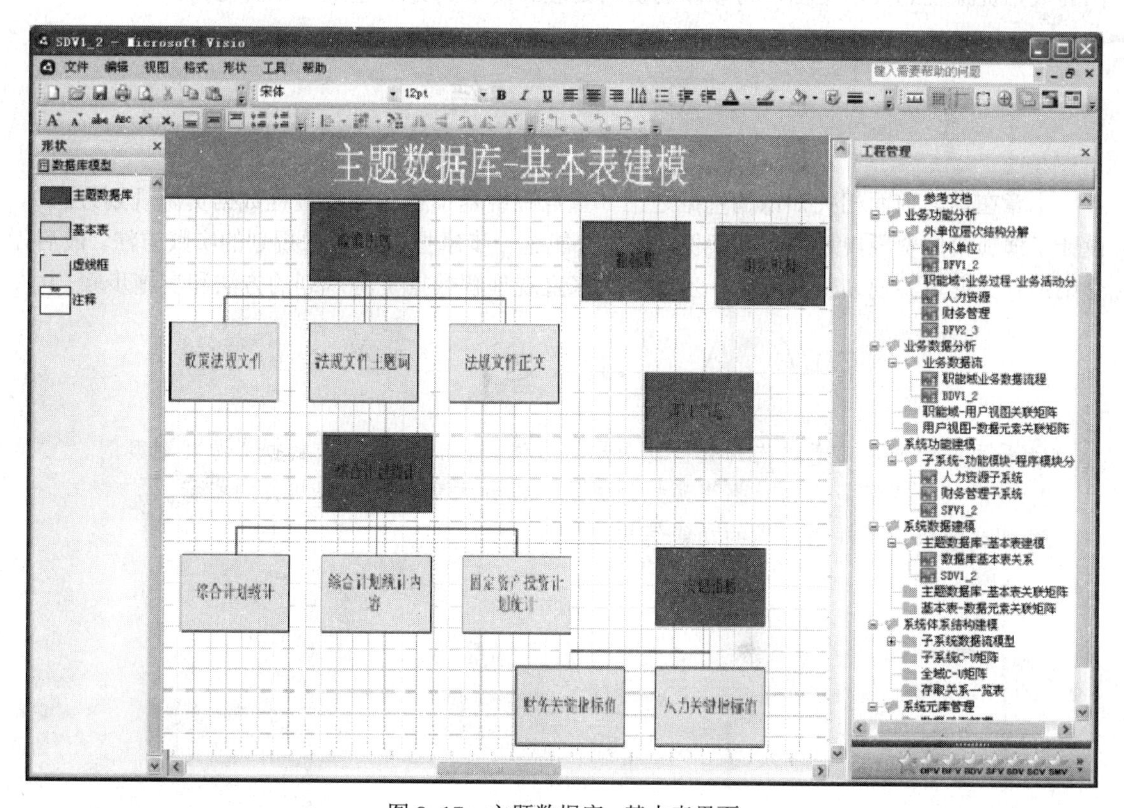

图 8–17　主题数据库–基本表界面

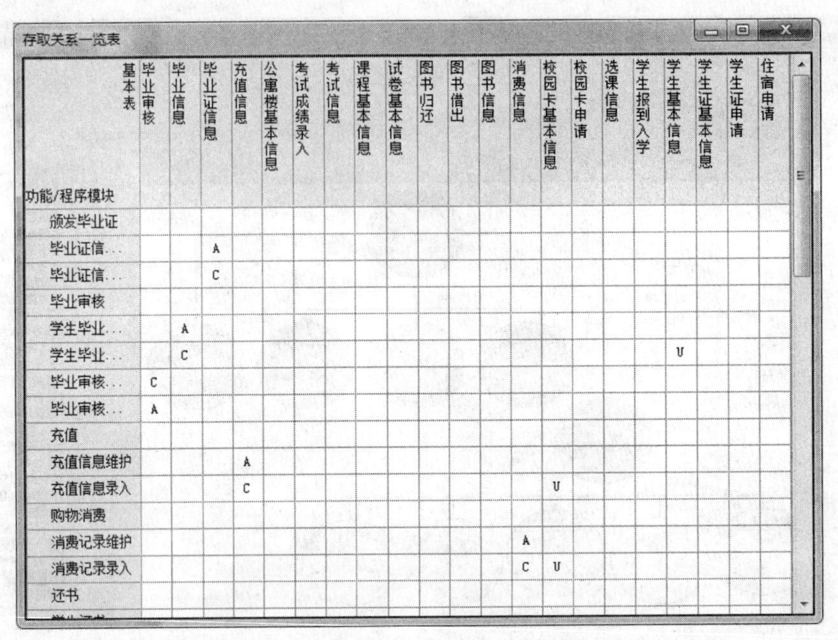
存取关系一览表

功能/程序模块 \ 基本表	毕业审核	毕业信息	毕业证信息	充值信息	公寓楼基本信息	考试成绩录入	考试信息	课程基本信息	试卷基本信息	图书归还	图书借出	图书信息	消费信息	校园卡基本信息	校园卡申请	选课信息	学生报到入学	学生基本信息	学生证基本信息	学生证申请	住宿申请
颁发毕业证																					
毕业证信...			A																		
毕业证信...			C																		
毕业审核																					
学生毕业...		A																			
学生毕业...		C																U			
毕业审核...	C																				
毕业审核...	A																				
充值																					
充值信息维护				A																	
充值信息录入				C										U							
购物消费																					
消费记录维护													A								
消费记录录入													C	U							
还书																					

图 8-18　系统存取关系 C-U 矩阵界面

数据资源规划工具可以固化数据资源规划工作的相关标准规范、方法步骤，以可视化的交互，引导、支持规划人员执行规范、建立标准，共享统一元库，进而产生标准化、计算机化的数据资源规划技术文档，将烦琐的资料处理和复杂的分析建模工作简化。

8.4　小　　结

本章在学习前面相关知识的基础之上，重点围绕基于稳定信息过程数据资源规划方法，设计了演训数据资源规划的实践案例，使大家能进一步掌握数据资源规划的实践方法。最后，介绍两种数据资源规划工具，进一步帮助大家直观理解数据资源规划的方法和实施步骤。

习　　题

1. 采用基于稳定信息结构的数据资源规划方法，设计本章演训数据资源规划案例。
2. 采用基于指标能力的数据资源规划方法，设计本章演训数据相关的指标。
3. 阐述数据资源规划工具的功能结构。

第3篇

数据资源管理

第9章　数据治理

随着数据资源的价值提升，以往数据资源建设中存在的缺乏规划、标准不一、质量不高、集成困难等问题，严重制约了数据资源效益的发挥，也为数据资源管理带来挑战，而数据治理是解决以上问题的有效手段。建立完善的数据治理架构，实现数据治理机制的有效运转是从根本上解决数据建设运用问题的“金钥匙”。本章首先介绍数据治理的基本概念，并对比辨析了数据管理、IT 治理等概念，然后详细介绍数据治理的 14 个步骤及其实施方法，最后结合大数据环境特点，介绍大数据治理的概念和框架，帮助读者建立完整的数据治理知识体系。

9.1　数据治理概述

随着全社会信息化发展，数据蕴含的价值日益得到重视，数据资源逐渐成为国家的战略资产，为国家经济的科学发展和高效管理提供重要支撑。而有效的数据治理，是高价值数据资产形成的必要条件，是数据发挥价值的重要基础。

9.1.1　数据治理的基本概念

数据治理不是一个新概念，但由于视角和侧重点不同，业界给出的数据治理定义达几十种之多，到目前为止尚未取得公认的一致定义。为了帮助读者比较全面地理解数据治理概念，下面给出几个相对权威的定义供读者参考。

9.1.1.1　数据治理的定义

当前，数据治理的概念阐述比较多，本书主要引用 DMBOK（data management body of knowledge，数据管理知识体系）、DGI（data governance institute，数据治理研究所）、IBM 数据治理委员会给出的定义。

1. DMBOK 给出的数据治理定义

数据治理是指对数据资产管理行使的计划、监督和执行活动的集合。数据治理着重于交付可信、安全的信息，为制定明智的业务决策、有效的业务流程并优化利益相关方交互提供支持。

2. DGI 给出的数据治理定义

数据治理是指针对信息相关过程的决策权和职责体系，这些过程遵循“在什么时间和情况下用什么方式由谁对哪些数据采取哪些行动”的原则来执行。

3. IBM 数据治理委员会给出的数据治理定义

数据治理是针对数据资源管理的质量控制规范，它将严密性和纪律性植入企业的数据资源管理、利用、优化和保护过程中。

9.1.1.2 数据治理的基本内涵

数据治理定义比较抽象，为便于理解，通常从四个方面来理解数据治理的概念内涵。

1. 明确数据治理的目标

目标就是在管理数据资产的过程中，确保数据的相关决策始终正确、及时、有前瞻性，确保数据资源管理活动始终处于规范、有序和可控的状态，确保数据资产得到正确有效的管理，并最终实现数据资产价值最大化。

2. 理解数据治理的职能

从两个角度来理解：一是从决策的角度，数据治理的职能是"决定如何做决定"，这意味着数据治理必须回答数据相关事务的决策过程中所遇到的问题，即为什么、什么时间、在哪些领域、由谁做决策，以及应该做哪些决策；二是从具体活动的角度，数据治理的职能是"评估、指导和监督"，即评估数据利益相关者的需求、条件和选择，以达成一致的数据资源获取和管理的目标，通过优先排序和决策机制来设定数据资源管理职能的发展方向，然后根据方向和目标来监督数据资源的绩效与规范性。

3. 把握数据治理的核心

虽然数据治理涉及方方面面的内容，既有管理层面的制度机制，又有技术层面的方法手段，但其核心应该是解决数据质量的问题，以及确定有效且合理的数据质量评价标准，以实现数据资产价值最大化。提升数据质量需要投入资源，而数据质量提升后也会带来显著的效益，需要充分考虑投入产出比，以此确定数据质量应满足的要求，围绕数据质量提升这一核心内容，开展一系列技术方法和制度机制建设。

4. 数据治理必须遵循过程和遵守规范

"过程和规范"在上面的定义中多次出现，说明它们对数据治理来说非常重要。过程主要用于描述治理的方法和步骤，它应该是正式、书面、可重复和可循环的。数据治理应该遵循标准的、成熟的、获得广泛认可的过程，并且严格遵守相关规范。在数据治理的生命周期里，过程和规范相伴而行，缺一不可，只有这样数据治理才会具有较强的约束性和纪律性，才会拥有源源不断的动力，并始终保持正确的方向。

综上所述，数据治理本质上就是：对数据资源管理和利用进行评估、指导和监督，通过提供有效的数据质量提升手段，为企业创造价值。

9.1.2 相关概念辨析

9.1.2.1 数据治理与数据管理

数据管理（data management，DM）是指通过策划与实施相关的方针、活动和项目，以获取、控制、保护、交付数据资产，提高数据资产利用价值。其含义如下。

- 数据管理包含一系列职能，包括方针、活动和项目的策划和实施。
- 数据管理包含一套严格的管理规范和过程，用于确保职能得到有效履行。
- 数据管理包含业务领导和技术专家组成的管理团队，负责落实管理规范和过程。

- 数据治理与数据管理的关系是建立在治理与管理的关系基础之上的。治理和管理是完全不同的活动，治理负责对管理活动进行评估、指导和监督，而管理根据治理所作的决策来具体计划、建设和运营。因此，数据治理对数据管理具有领导职能，即指导如何正确履行数据管理职能。

数据治理负责评估需求以达成一致的数据管理目标，设定数据管理职能的发展方向，并根据方向和目标来监督数据资源的绩效与合规；数据管理则负责计划、建设、运营和监控相关方针、活动和项目，并与数据治理设定的目标和方向保持一致。

数据治理专注于通过什么机制才能确保做出正确的决策。换句话说，它负责回答决策过程中所遇到的问题，即为什么、什么时间、在哪些领域、由谁做决策，以及做哪些决策，但是不涉及具体的管理活动。因此，数据治理需要明确组织架构、控制、政策和过程，并制定相关规则和规范。数据管理则负责采取恰当的行动来实现这些决策，并向数据治理提供相应的反馈。

数据治理和数据管理拥有不同的领导团队。数据治理团队通常由高级管理人员组成，数据治理应该明确指定由哪些决策者来做出数据相关的决策。数据管理团队通常由业务领导和技术专家组成，并按照数据治理的相关决策来领导数据管理工作。例如，创建数据模型、管理数据库、监控数据质量等具体的数据管理活动。

9.1.2.2 数据治理与IT治理

首先，要明确数据与IT的关系，因为它们是数据治理与IT治理的治理对象。如果用供水系统做比喻，IT就像供水系统中的管道、水泵和水箱，而数据就像管道中流动的水。其次，要明确数据治理和IT治理在概念内涵上的区别。IT治理是指导和控制一个组织当前和将来IT利用的体系。

显然，IT治理的概念内涵与数据治理并不相同。IT治理是评估、指导和监督企业IT资源利用的体系，并为企业的战略目标提供支持。IT治理主要在IT战略、政策、投资、应用和项目等方面进行决策。数据治理聚焦数据相关事务的决策过程，评估数据利益相关者的需求、条件和选择，以达成一致的数据管理目标，通过优先排序和决策机制来设定数据管理职能的发展方向，然后根据方向和目标来监督数据资源的绩效与合规。对于两者的关系，主要有以下两种观点。

观点1：数据治理是IT治理的一个组成部分。IT治理框架提出了一个建立数据治理过程、规则和规范的方法论；数据治理计划是IT治理框架应用于数据治理的一个产物，是IT治理计划的一个应用；IT治理委员会有权为数据治理设置职能范围。

观点2：数据治理独立于IT治理。为了便于理解，回到前面供水系统的比喻，假设管道中水被污染了，你应该打电话给水质检测员，而不是修理管道的水管工。因为数据治理与IT治理有不同的治理对象、需求和目标，所以它们也应该有相互独立的框架、模型、组织架构、过程和规则。

上述两种观点都是客观存在的，在组织的治理实践中，IT治理和数据治理都应该进行全方位融合、整体规划、整体实施，因为IT和数据对组织而言是不可分离的，就像管道和水一样，同时IT和数据相关决策也应该与组织的总体战略和目标相一致。

9.1.3 数据治理要素

针对不同领域或行业，数据治理设计的要素有较显著区别。IBM 数据治理委员会结合数据的特性，提出了在业界认可度较高的数据治理模型。该模型定义了整个组织中需要参与业务治理数据人员的范围。该模型基于 11 个数据治理成熟度类别来度量数据治理能力，如图 9–1 所示。

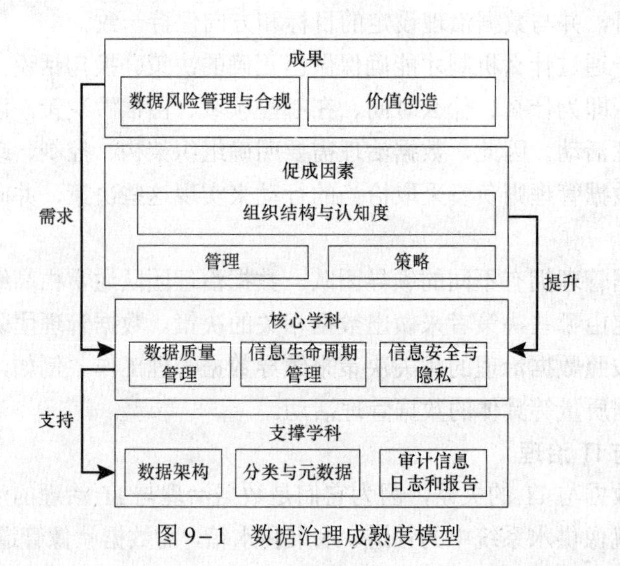

图 9–1 数据治理成熟度模型

（1）数据风险管理与合规是一种方法，可以识别、定性、量化、避免、接受、减轻或转移风险。

（2）价值创造是一个流程，通过定性和量化数据资产以使业务最大化数据资产所创造的价值。

（3）组织结构与认知度指业务和 IT 之间的相互责任水平，识别受托责任以在不同的管理级别治理数据。

（4）管理是一门质量控制学科，旨在确保为资产管理、风险减轻和组织控制而对数据进行照管。

（5）策略是想要的组织行为的书面表达。

（6）数据质量管理指度量、改进和验证生产、测试和归档数据质量和完整性的方法。

（7）信息生命周期管理是一种系统的、基于策略的信息收集、使用、保留和删除的方法。

（8）信息安全与隐私指组织用于减轻风险和保护数据资产的策略、实践和控制。

（9）数据架构是结构化和非结构化数据系统和应用程序的架构设计，实现数据针对合适用户的可用性和分配。

（10）分类与元数据指用于创建业务和 IT 词汇、数据模型和数据库的通用语义定义的方法和工具。

（11）审计信息日志和报告指监控和度量数据价值、风险和数据治理有效性的组织流程。

这 11 个数据治理类别可分为 4 个相互关联的组。

（1）成果是数据治理计划的预期结果，这些结果可能专注于减少风险和提高价值，而后者是由减少成本和提高收入所推动的。

（2）促成因素包括组织结构与认知度、管理和策略。

（3）核心学科包括数据质量管理、信息生命周期管理、信息安全与隐私。

（4）支撑学科包括数据架构、分类与元数据、审计信息日志和报告。

9.2　数据治理实施方法

从事数据治理实践的机构和企业提出了大量的实施方法，特别是 DGI、COBIT、IBM 数据治理委员会等分别在数据治理实施方面提出了一系列卓有成效的方法。比如 DGI 的路线图法结合项目计划可能涉及的多个领域，将每一个领域的考虑都按照路线图法划分为七个步骤：建立项目的价值目标、制订执行路线图、规划和资金提供、确定设计方案、部署方案、实施治理、监督检测报告。COBIT 实施生命周期法同样将梳理治理划分为七个阶段。

而 IBM 数据治理委员会在现有流程的基础上，提出了数据治理实施统一流程，如图 9–2 所示。这个实施流程包括 14 个主要步骤（10 个必需步骤和 4 个可选步骤）：定义业务问题、获取高层支持、评估成熟度、创建路线图、建立组织蓝图、创建数据字典、理解数据、创建元数据仓库、定义度量标准、主数据治理、治理分析、安全与隐私管理、信息生命周期管理、测量结果。

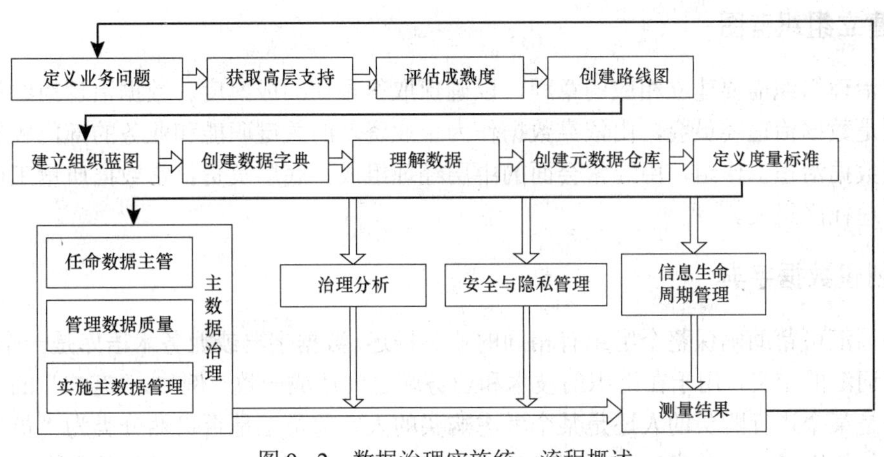

图 9–2　数据治理实施统一流程概述

9.2.1　定义业务问题

数据治理计划失败的主要原因是无法识别实际的业务问题。组织急需围绕一个特定的业务问题（比如失败的审计、数据破坏或出于风险管理用途对改进的数据质量的需要）定义数据治理计划的初始范围。一旦数据治理计划开始解决已识别的问题，业务职能部门将支持它把范围扩展至更多区域。

9.2.2 获取高层支持

得到关键 IT 和业务高层对数据治理计划的支持很重要。与任何重要的计划一样，组织需要任命数据治理的整体负责人。组织在过去将首席信息安全官视为数据治理的负责人。但当前数据治理的责任常常由 CIO 办公室履行。越来越多的企业正在以全职形式安排数据治理角色，使用“数据资源管理人”（表明将数据视为企业资产的重要性）等头衔。无论头衔是什么，分配给此角色的职责必须获得管理高层的充分认可，以确保数据治理计划能得到有效执行。

9.2.3 评估成熟度

每个组织需要对其数据治理成熟度每年安排一次评估。IBM 数据治理委员会基于 11 个数据治理成熟度类别（比如“数据风险管理与合规性”“价值创建”“管理”）开发了一种成熟度模型。数据治理组织需要评估组织当前的成熟度水平（当前状态）和想要达到的未来成熟度水平（未来状态），这通常在 12～18 个月后。

9.2.4 创建路线图

数据治理组织需要为 11 个数据治理成熟度类别的当前状态与未来状态之间开发一个路线图。例如，数据治理组织可以检查“管理”的成熟度空白，确定企业需要任命数据资源管理者专门负责目标主题区域，比如客户、供应商和产品。数据治理计划也需要包含“快捷区域”——预期近期内可取得业务价值的区域。

9.2.5 建立组织蓝图

数据治理组织需要建立相应的章程，以确保取得预期的成熟度。数据治理组织最好设三层。顶层是数据治理委员会，由依靠数据作为企业资产的关键职能和业务的部门领导组成。中间层是数据治理工作组，由经常会面的中层经理组成。底层负责日常数据质量工作，由数据资源管理社区组成。

9.2.6 创建数据字典

业务词汇可帮助确保整个组织有相同的业务描述。数据字典或业务术语库是一个存储库，包含关键词汇的定义，用于在组织的技术和业务端之间达成一致。例如，“客户”的定义是什么？客户是某个进行购买的人还是某个考虑购买的人？前员工是否仍然分类为“员工”？词汇“合作伙伴”和“经销商”是否同义？这些问题可通过创建一个通用的数据字典来回答。数据字典可应用到整个组织，确保业务词汇通过元数据与技术词汇相关联，而且组织拥有唯一、共同的理解。

9.2.7 理解数据

有人曾经说过，“你无法控制尚未理解的事情。”如今很少有应用程序是独立存在的。它们由系统和“系统之系统”组成，包含散落在企业各个角落但已整合或相互关联的应用程序和数据库。数据治理团队需要发现并充分理解整个企业中各类数据之间存在的简单或复杂的关系。

9.2.8　创建元数据仓库

元数据是关于数据特征的信息。在查询阶段，数据治理计划将从数据字典生成大量业务元数据和大量技术元数据。此元数据需要存储在一个存储库中，所以它可以在多个项目之间共享和利用。

9.2.9　定义度量标准

数据治理需要拥有可靠的度量指标来度量和跟踪进度。数据治理团队必须认识到只有有效度量，性能才会持续改进。因此，数据治理组织必须挑选一些关键性能指标（KPI）来度量计划的持续性。

9.2.10　主数据治理

企业内最有价值的信息（与客户、产品、材料、供应商和账户相关的关键业务数据）统称为主数据。主数据十分重要，但它通常重复且分散在整个企业的各种业务流程、系统和应用程序之中。治理主数据是一种持续的实践，企业要有明确的准则、策略、流程、业务规则和度量指标来管理主数据质量。

9.2.11　治理分析

企业通常会投入大量资金来建立数据仓库以取得竞争优势。但是，这些投资不一定会取得预期效果，导致企业开始越来越多地反思这类投资。为此，企业需要分析如何通过有效的治理来更好服务客户和降低企业运营成本。数据治理组织需要询问以下问题：

- 数据在每个业务区域有多少用户？
- 在每个业务区域创建了多少份报告？
- 这些报告对用户是否有价值？
- 每月执行了多少报告？
- 生成一份新报告需要多长时间？
- 生成一份新报告有哪些成本？
- 能否培训用户来生成他们自己的报告？

许多组织将希望设立一个商业智能能力中心（BICC）来培训用户，传播商业智能，以及开发报告。

9.2.12　安全与隐私管理

数据治理须围绕数据安全和隐私问题进行。一些常见的数据安全和隐私挑战包括：

- 敏感数据在哪里？
- 组织是否已在非生产环境（测试和培训环境）中屏蔽敏感数据以符合隐私制度？
- 是否已有数据库审计控件来阻止特定用户访问隐私数据？

9.2.13 信息生命周期管理

信息的生命周期始于数据创建，终于其从生产环境中删除。数据治理组织必须处理以下与信息生命周期相关的问题：

- 纸质文档数字化的策略是什么？
- 针对纸质文档、电子文档和电子邮件的记录管理策略是什么？（换句话说，将哪些文档保留为记录？保留多长时间？）
- 如何归档结构化数据以减少存储成本和改善性能？
- 如何将结构化和非结构化数据资源管理统筹于一个通用的策略和管理框架之下？

9.2.14 测量结果

数据治理组织必须通过不断监测与度量指标来确保持续改进。在第 9 步中，数据治理团队定义度量标准。在此步骤中，数据治理团队依据这些度量指标向来自 IT 和业务部门的高层利益相关者报告进度。14 个步骤中，前 9 个步骤和最后一个步骤是必选的，而其他 4 个可选步骤（主数据治理、治理分析、安全与隐私管理，以及信息生命周期管理）则至少选择一个。

一个组织需要确保业务问题（比如客户中心性）得到了明确定义，并取得业务和 IT 部门高层领导的支持。然后执行一个简要的数据治理成熟度评估并制定路线图。需要有一定级别的数据治理部门来组织协调，以确保取得效益。需明确定义业务词汇。数据治理部门需要理解当前的数据源及关键的数据元素。业务元数据和技术元数据需要存储在一个存储库中。最后，数据治理组织需要建立关键性能指标（KPI），以确保主数据治理计划的连续性。整个数据治理统一流程需要以循环迭代的形式进行。度量结果须不断反馈至高层支持者，以取得其对数据治理计划的持续支持。

9.3 大数据治理概述

9.3.1 大数据治理的基本概念

9.3.1.1 大数据治理的定义

大数据是近年来才兴起的一门新学科，作为它的一个分支，大数据治理更是一个崭新的研究领域。目前，业界比较权威的“大数据治理”定义是由数据治理领域专家桑尼尔·索雷斯在 2012 年 10 月出版的专著 *Big Data Governance：An Emerging Imperative* 中提出的。

桑尼尔·索雷斯给出的大数据治理定义是广义信息治理计划的一部分，它通过协调多个职能部门的目标来制定与大数据优化、隐私和货币化相关的策略。

该定义可以从以下六个方面做进一步的解读。

（1）大数据治理应该被纳入现有的信息治理框架内。

（2）大数据治理的工作就是制定策略。

（3）大数据必须被优化。

（4）大数据的隐私保护很重要。

（5）大数据必须被货币化，即创造商业价值。

（6）大数据治理必须协调好多个职能部门的目标和利益。

桑尼尔·索雷斯给出的定义非常清晰、简洁，抓住了大数据治理的主要特征，但也有一些不足，主要体现在以下两点：一是认为大数据治理工作就是制定策略，这一提法显然不够全面；二是没有将大数据治理提升到体系框架的高度。因此，张绍华在《大数据治理与服务》一书中在桑尼尔·索雷斯定义的基础上，给出了大数据治理更为全面的定义。

9.3.1.2 大数据治理与数据治理

大数据本质上也是数据，是数据存在和发展的一个新阶段。以此类推，大数据治理本质上也是数据治理，是数据治理发展的一个新阶段和新趋势。大数据时代的到来为各行各业带来的不仅是大数据技术和设施的需求，更重要的是基于数据资产进行业务创新、管理创新和服务创新的契机。在大数据环境与传统 IT 环境相互融合的大趋势下，数据治理的体系、方法和标准都将发生深刻的变化，大数据治理已经成为数据治理未来发展的新趋势、新方向和新阶段。

（1）“数据即服务（data as a service，DaaS）”的理念在大数据治理的研究和实践过程中将得到进一步强化和深化。今后越来越多的企业将通过传递有价值的数据为他人提供服务，数据作为一种服务而存在。

（2）作为一个新兴领域，大数据治理拥有广阔的应用前景。大数据治理通过协调多个职能部门的目标来制定与大数据优化、隐私和货币化相关的政策。货币化是将数据资产（如大数据）出售给第三方或使用它来开发新服务从而产生经济效益的过程。除非从外部购买，否则传统的会计准则不允许企业将数据作为一种金融资产列入资产负债表。然而，目前越来越多的企业正摒弃这种保守的会计处理方式，把大数据视为有财务价值的宝贵资产，把大数据治理视为推动大数据服务创新和价值创造的新动力。

（3）数据治理是大数据治理的基础，大数据治理是数据治理发展的一个新阶段。大数据本质上也是数据，是数据存在和发展的一个新阶段，所以大数据治理本质上也是数据治理，数据治理是大数据治理的基础。但是，数据治理和大数据治理的关注点不同。前者提供数据管理和应用框架、策略和方法，目的是保证数据的准确性、一致性和可访问性。后者强调发挥数据的应用价值，通过优化和提升数据的架构、质量和安全，推动数据的服务创新和价值创造。

（4）大数据治理已经引起业界的广泛关注。虽然各机构在数据治理研究上有不同的侧重点，观点和理论也不尽相同，但大家一致认为大数据治理非常重要，是数据治理发展的必然趋势。

既然如此，数据治理的方法论（如治理的原则、过程、框架和成熟度模型等）大部分也适用于大数据治理。当然，考虑到大数据的特殊性，在某些方面做适当调整是必要的。

9.3.1.3 大数据治理方法论

大数据治理应该新增哪些内容？哪些方面需要做出调整？

1. 服务创新

大数据的核心价值就是持续不断地开发出创新的大数据服务，进而为企业、机构、政府和国家创造商业和社会价值，而大数据治理能够通过提升大数据的架构、质量和安全等要素来显著促进大数据的服务创新，所以服务创新是大数据治理与数据治理最显著的区别。

2. 隐私

由于大数据规模巨大、类型多样、生成和处理速度极快，所以与数据治理相比，隐私保护在大数据治理中变得更加富有挑战性，并且发挥着越来越重要的作用。在大数据治理中隐私保护应该重点关注以下几个点。

（1）制定有关敏感数据的可接受的使用政策，同时开发适用于不同大数据类型、产业和国家的规则。

（2）制定政策来监控特权用户对敏感大数据的访问，并建立有效机制确保政策的落实。

（3）识别敏感的大数据。

（4）标记业务词库和元数据库中的敏感大数据。

（5）以恰当的方式对元数据库中的敏感大数据进行分类。

3. 组织

数据治理组织需要将大数据纳入总体框架的开发与设计当中，从而实现组织架构的改进与升级，这主要涉及以下几个方面。

（1）当现有角色不足以承担大数据责任时，就应该设立新的大数据角色。

（2）明确新的大数据角色的岗位职责，并与现有角色的岗位职责形成互补。

（3）将具有大数据独特视角的新成员（如大数据专家）纳入组织中，并赋予适合的角色和岗位。

（4）重点考虑大数据存储、质量、安全和服务给组织和角色带来的影响。

4. 大数据质量

由于大数据的特殊性，大数据的质量管理与传统数据治理计划中的质量管理有很大区别。大数据治理计划主要采用以下方法来解决大数据质量问题：

（1）建立大数据质量度量维度。

（2）建立大数据质量管理框架。

（3）任命大数据质量管理负责人。

（4）开发质量需求矩阵（包括关键数据元素、数据质量问题和业务规则等），建立和测量大数据质量的置信区间。

（5）利用半结构化和非结构化数据，提高稀疏结构化数据的质量。

5. 大数据生命周期

由于大数据的规模巨大，大数据治理需要制定特殊的规则来管理大数据的生命周期，以降低法律风险和 IT 开销。在遵守法律法规的前提下，大数据的生命周期管理应该重点关注以下几个方面。

（1）明确大数据采集的范围、策略和规范。

（2）扩展保存期限表，将大数据纳入其中。

（3）针对不同热度的大数据，采用不同的存储和备份策略。

（4）大数据归档应更关注数据选择性恢复的功能。

（5）压缩大数据并归档。

（6）管理实时流数据的生命周期。

6. 元数据

大数据与现有元数据库的集成是大数据治理成败的关键因素之一。为了解决集成的问题，在大数据治理过程中应该采用以下方法。

（1）扩展现有的元数据角色，将大数据纳入其中。

（2）建立一个包括大数据术语的业务词库，并将其集成到元数据库中。

（3）将 Hadoop 数据流和数据仓库中的技术元数据纳入元数据库中。

9.3.2　大数据治理的技术框架

9.3.2.1　大数据治理原则

大数据治理原则是指大数据治理所遵循的、首要的、基本的指导性法则。大数据治理原则对大数据治理实践起指导作用，只有将原则融入实践过程中，才能实现大数据治理的战略和目标。本节提出的四项基本原则（见图 9–3）借鉴了国家标准《信息技术服务治理第 1 部分：通用要求》，组织可结合自身特点在这些原则的基础上进行深化和细化。

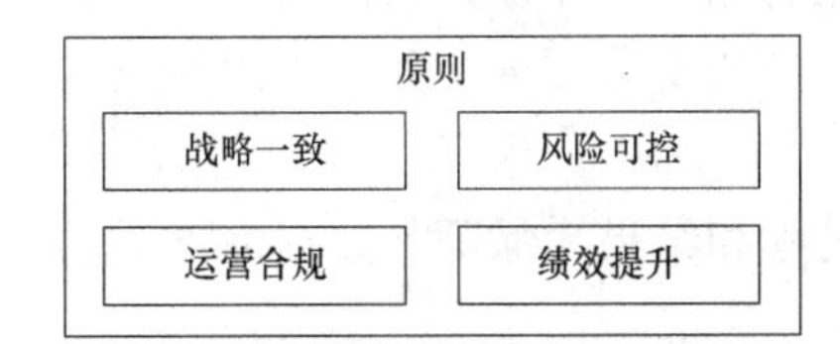

图 9–3　大数据治理的原则（框架图的顶面）

1. 战略一致

在大数据治理的过程中，大数据战略应与组织的整体战略保持一致，满足组织持续发展的需要。大数据治理可以使组织深刻理解大数据的重要价值，并根据业务需求持续改进大数据质量，提高大数据利用率，为业务创新和战略决策提供有力的支持，最终实现服务创新和创造价值。

为了保证大数据治理的战略一致性，组织领导者应：

（1）制定大数据治理的目标、策略和方针，使大数据治理不仅能应对大数据的机会和挑战，也能满足组织的战略目标；

（2）了解大数据治理的整个过程，确保大数据治理达到预期的目标；

（3）评估大数据治理过程，确保大数据治理目标在不断变化的环境下与组织的战略目标保持一致。

2. 风险可控

大数据既是组织的价值来源，也是风险来源。有效的大数据治理有助于避免决策失败和经济损失，有助于降低合规风险。在大数据治理过程中，组织应该有计划地开展风险评估工作，重点关注安全和隐私问题，防止不恰当地使用数据。

为实现风险可控，在大数据治理过程中组织应：

（1）制定风险相关的策略和政策，将风险控制在可承受范围内；

（2）监控和管理关键风险，降低其对组织的影响；

（3）通过风险管理制度和政策来审查应用大数据所产生的风险。

3. 运营合规

在大数据治理过程中，组织应符合国内外法律法规和行业相关规范。通过运营合规组织可有效提升自身信誉，增强在不同监管环境下的生存能力和竞争力。

为满足运营合规要求，在大数据治理过程中组织应：

（1）建立长效机制来了解大数据相关的监管要求，并制定沟通政策，将合规性要求传达到所有相关人员；

（2）通过评估、审计等方式，对大数据生命周期进行环境、隐私等内容的合规性监控；

（3）将合规性评估融入大数据治理过程中，以保证符合法律法规的要求。

4. 绩效提升

大数据治理需要有相应的资源来支持创建规则、解决冲突和大数据保护，从而为战略和业务提供高质量的大数据服务。组织要考虑合理运用有限的资源，满足当前和未来组织对大数据应用的要求。

为实现绩效提升，在大数据治理过程中组织应：

（1）按照业务优先级分配资源，以保证大数据满足组织战略的需要；

（2）实时了解大数据对业务的支持程度，并根据组织发展的要求及时调整资源分配，使大数据应用满足业务的需要；

（3）评估大数据治理的过程和结果，保证大数据治理活动实现组织的绩效目标。

9.3.2.2 大数据治理范围

大数据治理范围描述了大数据治理的重点关注领域（关键域或范围），即大数据治理决策层应该在哪些关键领域内做出决策。大数据治理范围共包括七个关键域：战略，组织，大数据质量，大数据安全、隐私与合规，大数据服务创新，大数据生命周期和大数据架构，如图 9-4 所示。

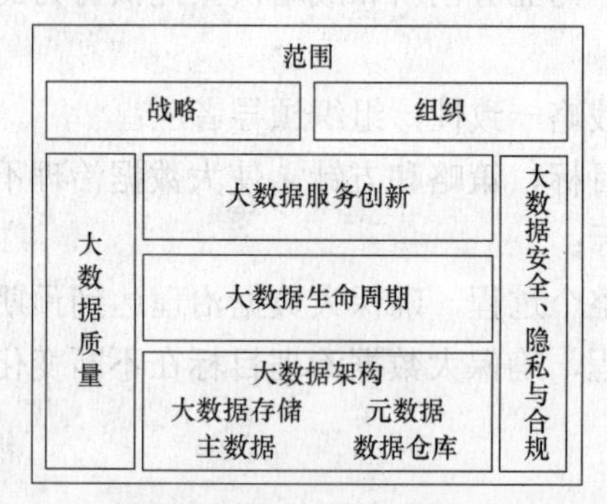

图 9-4　大数据治理的范围（框架图的正面）

大数据治理范围中的七个关键域既是大数据管理活动的实施领域，也是大数据治理的重点关注领域。大数据治理对这七个关键域内的管理活动进行评估、指导和监督，确保管理活动满足治理的要求，如图 9-5 所示。因此，大数据治理与大数据管理拥有相同的范围。

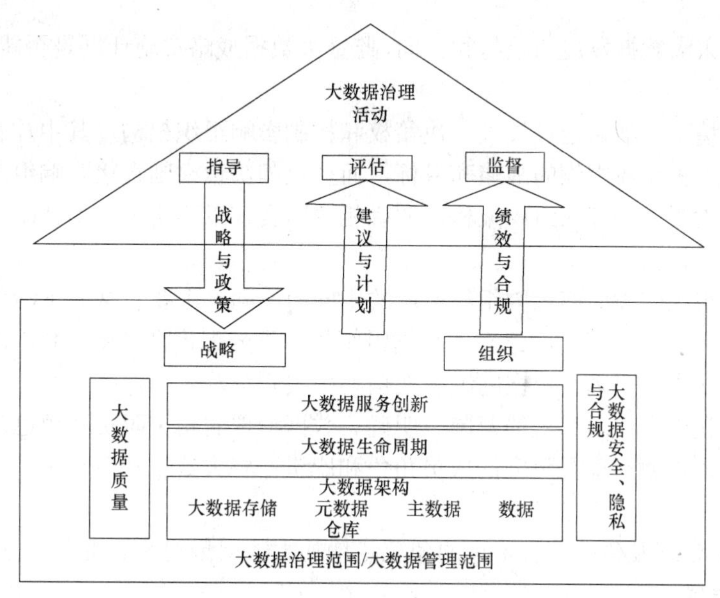

图 9-5 大数据治理活动与范围

从活动的角度看，大数据治理是对大数据管理进行评估、指导和监督的活动，大数据管理是按照大数据治理设定的方向和目标对大数据资源进行计划、建设、运营和监控的活动。大数据治理指导如何正确履行大数据管理职能，它在更高层次上执行大数据管理政策。大数据治理通过对大数据管理的评估、指导和监督实现两者的协同一致。

大数据治理是评估大数据利益相关者的需求，以达成一致的大数据管理目标，通过优先级排序和决策机制来设定大数据管理职能的发展方向，如根据组织的战略需求评估大数据战略；大数据治理通过指导大数据管理的具体计划，按照所分配的职责、资源、合规要求、标准等来推动大数据管理活动，如大数据治理领导层指导和审核大数据架构、标准和安全等；大数据治理根据治理的方向和目标监督大数据管理的绩效与合规，如监督大数据的资产变现能力和使用效率，监督其是否符合法律法规要求。

1. 战略

在大数据时代，大数据战略在组织战略规划中的比重和重要程度日益增加，大数据为组织战略转型带来机遇的同时也面临很多挑战。在制定大数据战略时，组织必须以大数据的服务创新和价值创造为最终目标，根据业务模式、组织架构、文化、信息化程度等因素进行战略规划。

大数据环境下，大数据战略的定义和规划与传统的数据战略存在着一定的差异。大数据战略的治理活动主要包括以下方面。

（1）培养大数据的战略思维和价值驱动文化。

（2）评估大数据治理能力，包括业务战略是否考虑了大数据当前和未来的能力要求，从资源、技术支持等方面评估是否能够支撑组织成功实现大数据战略转型；评估大数据专家和团队的能力和价值。

（3）指导组织制定大数据战略，确保与组织的整体战略和总体目标相一致。

（4）监督大数据资源管理层和执行层落实大数据战略。大数据治理管理层应监督大数据战略的执行情况，确保配置合适的资源来完成既定的目标和计划，同时监督业务战略中是否考虑了当前和未来大数据发展的趋势和方向，监督大数据战略实施计划是否能满足业务需求。

2. 组织

在大数据环境下，战略通过授权、决策权和控制影响组织架构，其中控制是通过组织架构设计来督促员工去完成组织的战略和目标，而授权和决策权则直接影响组织架构的形式。组织应建立明确大数据治理的组织架构，明确相关职责，以落实大数据战略，提高组织的协同性。

大数据治理组织的设立应该因组织情况的不同而不同，主要包括如下治理活动。

（1）根据组织的业务情况，建立大数据组织的职责分配模型（RACI），即谁负责、谁批准、咨询谁和通知谁，明确大数据的组织架构、相关职责及角色。

（2）扩展传统数据治理章程的范围，明确大数据治理的相关职责和角色。

（3）扩展传统数据治理委员会的成员角色和职责，将大数据利益相关者和大数据专家纳入进来。

（4）扩展 IT 治理及传统数据治理的角色，增加大数据治理的职责和角色。

3. 大数据质量

大数据质量管理是组织变革管理中的一项关键支撑流程。大数据时代，在业务重点发生变化、整体战略进行调整的同时，也对大数据质量的治理能力提出了更高要求。

大数据质量管理是一个持续的动态过程，它为满足业务需求的大数据质量标准制定规格参数，并确保大数据质量能够遵守这些标准。大数据质量管理与传统数据质量管理不同，传统的数据质量管理重在风险控制，主要是根据已定义的数据质量标准进行数据标准化、数据清洗和数据整合，由于数据来源、处理频率、数据多样性、置信度、分析位置、数据清洗时间上存在着诸多差异，所以大数据质量管理更加注重数据清洗后的整合、分析和价值利用。

大数据质量管理包括大数据质量分析、问题跟踪和合规性监控。大数据质量问题跟踪主要是通过自动化与人工相结合的手段，通过业务需求和业务规则识别数据异常，排除无效数据。而大数据质量合规管理，主要针对已定义的大数据质量规则进行合规性检查和监控，如针对大数据质量服务水平协议的合规性检查和监控。

大数据环境下，组织的大数据质量治理活动主要包括以下内容。

（1）指导和评估大数据质量管理的策略，明确大数据质量管理的范围和所需资源，确定大数据质量分析的维度、规则和关键绩效度量指标，为大数据质量分析提供标准和依据。

（2）评估大数据质量服务等级和水平，将大数据质量管理服务纳入业务流程管理中。

（3）评估大数据质量测量指标，包括大数据质量测量分析维度和规则等，对选定的数据进行检查。

（4）监控大数据质量，根据监控结果进行差距分析，找出存在的问题和发生问题的主要原因，提出大数据质量改进方案。

（5）监控大数据质量管理操作流程的合规性和绩效情况。

4. 大数据生命周期

大数据生命周期是指大数据从产生、获取到销毁的全过程。大数据生命周期管理是指组织在明确大数据战略的基础上，定义大数据范围，确定大数据采集、存储、整合、呈现与使用、分析与应用、归档与销毁的流程，并根据数据和应用的状况，对该流程进行持续优化。

传统数据的生命周期管理以节省存储成本为出发点，注重的是数据的存储、备份、归档和销毁，重点放在节省成本和保存管理上。在大数据时代，云计算技术的发展显著降低了数据的存储成本，使数据生命周期管理的目标发生了变化。大数据生命周期管理重点关注如何在成本可控的情况下，有效地管理使用大数据，从而创造更多的价值。

针对大数据生命周期的治理活动主要有以下内容。

（1）指导和评估大数据范围的定义，即根据业务需求、使用规则、类型特征等对大数据范围进行明确定义。

（2）指导和评估大数据生命周期管理，包括大数据生命周期管理的定义、范围、组织架构、职责、权限和角色等。

（3）指导和评估大数据采集的范围、规范和要求，如大数据采集的策略、规范、时效，以及采集过程中的信息安全、隐私与合规要求。

（4）指导和评估大数据的存储、备份、归档和销毁策略，以及大数据聚合与处理的方法。

（5）指导和评估大数据建模、分析、挖掘的策略和规范。

（6）指导和评估大数据的可视化规范，明确可视化的权限、数据展示与发布流程管理以及数据资产的展示与发布。

（7）监督大数据生命周期管理的合规性和绩效情况。

5. 大数据安全、隐私与合规

大数据具有的大规模、高速性和多样性特征，将传统数据的安全、隐私与合规问题显著放大，导致前所未有的安全、隐私与合规性挑战。大数据安全、隐私与合规管理是指通过规划、制定和执行大数据安全规范和策略，确保大数据资产在使用过程中具有适当的认证、授权、访问和审计等控制措施。

建立有效的大数据安全策略和流程，确保合适的人员以合适的方式使用和更新数据，限制所有不合规的访问和更新，以满足大数据利益相关者的隐私与合规要求。大数据是否被安全可靠地使用，将直接影响客户、供应商、监管机构等相关各方对组织的信任程度，大数据时代，当数据量不断增长的同时，组织正面临着数据被窃取、滥用或擅自披露的严峻挑战。因此，组织需要采取控制措施防止客户的个人信息在未经授权的情况下被随意使用，同时还要满足相关合规要求。

（1）建立大数据安全风险分析范围。

（2）进行大数据安全威胁建模。

（3）进行大数据安全风险分析。

（4）确定大数据风险防护措施。

（5）评估现有安全控制措施的有效性。

（6）发布对大数据生命周期进行分级分类的数据保护政策。

（7）通过风险评估建立控制措施，降低未经授权的访问或机密数据的误用风险。

在采取上述基础管理措施之外，组织应该进行下述治理活动。

① 指导和评估大数据安全、隐私与合规要求，即根据业务需求、大数据技术基础、合规要求等明确大数据的安全、隐私与合规的流程和规范。

② 根据大数据的安全、隐私与合规要求，指导和评估大数据安全策略、标准和技术规范。

③ 指导和评估大数据安全、隐私与合规管理，包括定义、范围、组织机构、职责、权限和角色等。

④ 监督大数据用户的认证、授权、访问和审计管理活动，特别是要监控特权用户对机密数据的访问和使用。

⑤ 审计大数据认证、授权和访问的合规性，尤其是涉及隐私保护和监管的要求。

9.3.2.3 大数据治理实施与评估

大数据治理的实施与评估描述了大数据治理实施和评估过程中需要重点关注的关键内容，涉及大数据治理所需的实施环境、实施步骤和实施效果评价，主要包括促成因素、实施过程、成熟度评估、审计四个方面。大数据治理的实施与评估如图 9–6 所示。

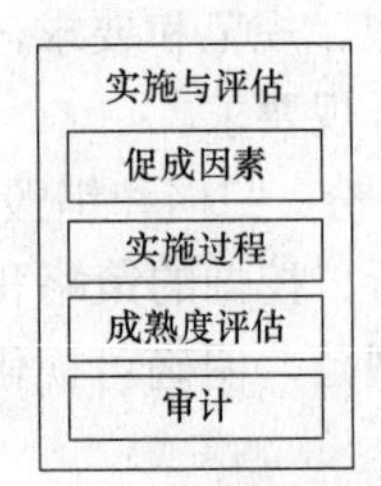

图 9–6 大数据治理的实施与评估

1. 促成因素

大数据治理促成因素是指对大数据治理的成功实施起到关键促进作用的因素，主要包括三个方面：环境与文化、技术与工具、流程与活动。

（1）环境与文化。在大数据治理过程中，组织要通过对环境的适应，逐步形成自身的大数据治理文化。首先，适应内外部环境是组织实现大数据治理的客观条件；其次，大数据治理的文化体现在组织的各个层面是否具备大数据治理的意识，是大数据治理实施是否成熟和成功的重要衡量标准。组织的环境分为内部和外部环境。

① 外部环境。外部环境与合规、利益相关者的需求等因素密切相关。为了满足合规要求，组织需要识别并遵守法律法规和行业规范。大数据治理要满足管理合规的要求，合规是大数据治理的驱动力。外部环境主要包括：技术环境、大数据环境、技能和知识、组织和文化环境，以及战略环境。

② 内部环境。内部环境的最重要因素是文化，通过文化可以促进组织的大数据治理实践。文化是行为、信仰、态度和思考方式的模式。组织需要定义清晰的大数据治理愿景，并且利用相关资源和工具持续改进大数据治理文化。内部环境主要包括：持续改进的文化、透明和参与的文化、解决问题的文化、重视信息安全的策略和原则、建立与利益相关者的沟通渠道、满足合规要求。

（2）技术与工具。大数据治理的技术与工具为大数据治理的实施与评估提供了有力支撑和保障，同时也提高了大数据治理的效率，降低了大数据治理的成本。大数据治理的技术和工具需要关注以下内容。

① 安全基础设施。应用安全技术架构来保证大数据的机密性，如防止终端、存储装置、

操作系统、软件应用和网络被恶意软件和黑客入侵；应用预防和检查控制来保障 IT 基础设施的安全，如防病毒技术、软件升级等；通过采用安全服务和产品来构建从应用到基础架构的全方位安全措施。

② 识别和访问控制。技术识别和访问控制技术可防止个人信息被非法访问，包括设计授权机制来校验访问信息，通过访问控制技术来识别访问用户的合法性。

③ 大数据保护技术。在组织中共享的机密大数据需要有严密的防护措施，防止被未授权的第三方窃听或拦截。组织需要在大数据的整个生命周期中对数据仓库、文档管理系统等相关系统进行分级的安全配置管理。

④ 审计和报告工具。为了遵守治理规范和满足用户需求，组织应该使用审计和报告工具来自动进行合规控制的监控。通过审计和报告工具可监控大数据访问控制的状态，发现可疑活动，减轻系统管理负担，提高问题处理效率。

（3）流程与活动。流程描述了组织完成战略目标并产生期望结果的实践和活动。流程会影响组织的实践活动，优化业务流程可以提高用户和大数据之间的沟通效率。治理流程关注治理目标，促进风险管控、服务创新和价值创造。

组织可参照通用的流程模型（见图 9-7）来设计大数据治理流程，其中的概念含义具体描述如下。

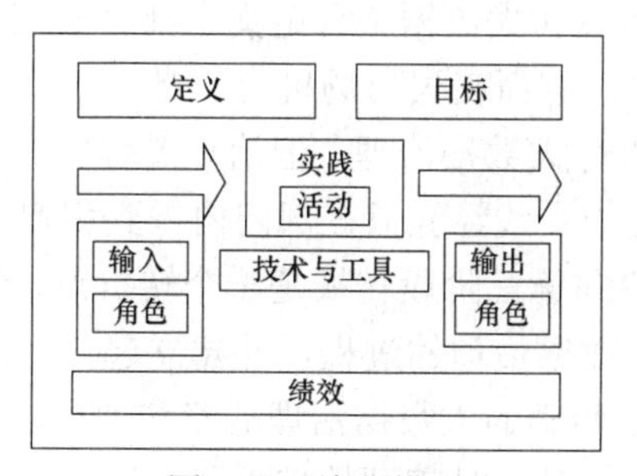

图 9-7 流程模型

① 定义用来概述流程的作用。

② 目标用来描述流程的目的。

③ 实践包含大数据治理的相关元素。

④ 活动是实践的组件（多个活动组成一个实践），可分为四类，即计划活动、开发活动、控制活动和运营活动。

⑤ 输入与输出包括角色、责任、RACI 映射表等因素。

⑥ 技术与工具为实践和活动能够正常执行提供支持。

⑦ 绩效监控通过指标来监测流程是否按照设计正常运行。

2. 实施过程

实施大数据治理的目标是为组织创造价值，具体表现为获取收益、管控风险和优化资源。但是，要想成功地实施大数据治理必须解决一系列问题，其中有三个问题最为重要：一是大数据治理实施需要解决的关键问题，二是解决每个问题需要的阶段和步骤，三是每个阶段重点关注的要素。

针对上述三个关键问题，组织需要建构一个大数据治理实施的总体框架，包括大数据治理实施的生命周期、各阶段主要解决的问题和关注要素，为大数据治理工作提供提纲挈领的说明，为大数据治理实施人员提供一份全面、概括而系统的思考蓝图。

① 大数据治理实施通常是由问题驱动的，每个阶段都要解决特定的问题。因此，实施框架需要明确定义每个阶段需要解决什么问题，这也是衡量每个阶段是否成功的标志之一。

② 实施框架需要描述大数据治理实施的生命周期，让参与者认识到大数据治理实施是一个闭环的、不断优化的过程。

③ 实施框架需要明确大数据治理实施中各个阶段的工作重点，从而把大数据治理的工作由上层的抽象理念转化为可以落地的具体工作。

大数据治理实施就是围绕以上三个关键问题，建立起统一的知识框架，把大数据治理工作由抽象的问题落实到具体可执行的行动。

3. 成熟度评估

通过成熟度评估可以了解组织大数据治理的当前状态和差距，为大数据治理领导层提供决策依据。

（1）评估模型。成熟度模型帮助组织了解大数据治理的现状和水平，识别大数据治理的改进路径。组织沿着指定的改进路径可以促进大数据治理向高成熟度转变，改进路径包括以下五个阶段。

① 初始阶段。为大数据质量和大数据整合定义了部分规则和策略，但仍存在大量冗余和劣质数据，容易造成决策错误，进而丧失市场机会。

② 提升阶段。组织开始进行大数据治理，但治理过程中存在很多不一致的、错误的、不可信的数据，而且大数据治理的实践经验只在部门内得到积累。

③ 优化阶段。从第二阶段向第三阶段转换是一个转折点，组织开始认识和理解大数据治理的价值，从全局角度推进大数据治理的进程，并建立起自己的大数据治理文化。

④ 成熟阶段。组织建立了明确的大数据治理战略和架构，制定了统一的大数据标准。大数据治理意识和文化得到显著提升，员工开始接受“大数据是组织重要资产”的观点。在这个阶段，识别和理解当前的运营状态是重要的开始，组织开始系统地推进大数据治理相关工作，并运用大数据治理成熟度模型来帮助提高大数据治理的成熟度。

⑤ 改进阶段。通过推行统一的大数据标准，将组织内的流程、职责、技术和文化逐步融合在一起，建立起自适应的改进过程，利用大数据治理的驱动因素，改进大数据治理的运行机制。

（2）评估内容。大数据治理成熟度的评估内容主要集中在以下几个方面。

① 大数据隐私。大数据包含大量的各种类型的隐私信息，它为组织带来机遇的同时，也正在侵犯个人或社区的隐私权，所以必须对组织的大数据隐私保护状况进行评估，并提出全面系统的改进方案。

② 大数据的准确性。大数据是由不同系统生成或整合而来的，所以必须制定并遵守大数据质量标准。因某一特殊目的而采集的大数据很可能与其他大数据集不兼容，这可能会导致误差及一系列的错误结论。

③ 大数据的可获取性。组织需要建立获取大数据的技术手段和管理流程，从而最大限度地获取有价值的数据，为组织的战略决策提供依据。

④ 大数据的归档和保存。组织需要为大数据建立归档流程，提供物理储空间，并制定相关的管理制度来约束访问权限。

⑤ 大数据监管。未经授权披露数据会为组织带来极大的影响，所以组织需要监督大数据的整个生命周期。

⑥ 可持续的大数据战略。大数据治理不是一蹴而就的，需要经过长期的实践积累。因此，组织需要建立长期、可持续的大数据治理战略，从组织和战略层面保障大数据治理的连贯性。

⑦ 大数据标准的建立。组织在使用大数据的过程中需要建立统一的元数据标准。大数据的采集、整合、存储和发布都必须采用标准化的数据格式，只有这样才能实现大数据的共享和再利用。

⑧ 大数据共享机制。由于数据在不同系统和部门之间实时传递，所以需要建立大数据共享和互操作框架。通过协作分析技术，对大数据采集和汇报系统进行无缝隙整合。

（3）评估方法。

① 定义评估范围。在评估启动前，需要定义评估的范围。组织可从某一特定业务部门来启动大数据治理的成熟度评估。

② 定义时间范围。制定合理的时间表是成熟度评估前的重要任务，时间太短不能达成预期的目标，太长又会因为没有具体的成果而失去目标。

③ 定义评估类别。根据组织的大数据治理偏好，可以从大数据治理成熟度模型分类的子集开始，这样可降低评估的难度。例如，可以首先关注某一个部门，这样安全和隐私能力就不在评估范围内（因为这两项能力需要在组织范围内考虑）；也可以只关注结构化数据，其他非结构化的内容就不用关注了。

④ 建立评估工作组并引入业务和 IT 部门的参与者。业务和 IT 部门的配合是进行大数据治理成熟度评估的前提条件。合适的参与者可以确保同时满足多方的需求，最大化大数据治理的成果。IT 参与者应该包括数据资源管理团队、商业智能和数据仓库领导、大数据专家、文档管理团队、安全和隐私专家等。业务参与者应该包括销售、财务、市场、风险和其他依赖大数据的职能部门。评估工作组的主要工作是建立策略、执行分析、产生报告、开发模型和设计业务流程。

⑤ 定义指标。建立关键绩效指标来测量和监控大数据治理的绩效。在建立指标的过程中需要考虑组织的人员、流程和大数据等相关内容。在监控过程中要定期对监控结果进行测量，然后向大数据治理委员会和管理层汇报。每三个月要对业务驱动的关键绩效指标进行测量，每年要对大数据治理成熟度进行评估。具体过程包括：从业务角度理解关键绩效指标、为大数据治理定义业务驱动的关键绩效指标、定义大数据治理技术关键绩效指标、建立大数据治理成熟度评估仪表盘、组织大数据治理成熟度研讨会。

与利益相关者沟通评估结果，在完成大数据治理成熟度评估后，需要将结果汇报给 IT 和业务的利益相关者，这样可以在组织内对关键问题建立共识，进而与管理者讨论后期计划。

总结大数据治理成熟度成果，完成评估后，应该对每个评估类别进行状态分析，形成最终的评估总结，包括当前状态的评估、期望状态的评估、当前与期望状态的差距评估。

4. 审计

审计是组织成功实施大数据治理的一个重要角色，通过特殊的视角对大数据治理进行监督、风险分析和评价，并给出审计意见，有助于对大数据治理的流程和相关工作进行改进。

大数据治理审计是指由独立于审计对象的审计人员，以第三方的客观立场对大数据治理过程进行综合检查与评价，向审计对象的最高领导层提出问题与建议的一连串活动。

大数据治理审计的目的是通过开展大数据治理审计工作，了解组织大数据治理活动的总体状况，对组织是否实现大数据治理目标进行审查和评价，充分识别与评估相关治理风险，提出评价意见及改进建议，促进组织实现大数据治理目标。

大数据治理审计的对象也称为审计客体，一般是指参与审计活动并享有审计权力和承担审计义务的主体所作用的对象。大数据治理审计的对象涉及大数据治理的整个生命周期，不仅强调对大数据生命周期的审计，还应涵盖大数据治理整个活动和中间产物，并包括大数据治理实施相关的治理环境。

大数据治理审计的内容主要包括九个方面，即战略一致性审计，风险可控审计，运营合规审计，绩效提升审计，大数据组织审计，大数据架构审计，大数据安全、隐私与合规管理审计，大数据质量管理审计及大数据生命周期管理审计。

总之，大数据治理审计工作意义重大，它能够全面评价组织的大数据治理情况，客观评价大数据治理生命周期管理水平，从而提高组织大数据治理风险控制能力，满足社会和行业监管的需要。大数据治理审计的实施具有重要的社会价值和经济意义，符合审计工作未来的发展趋势。

9.4 小　结

本章首先介绍了数据治理的基本概念，并对数据治理、数据管理、信息管理与 IT 治理等相似概念进行了辨析。然后介绍了数据治理的基础理论，分别阐述了 COBIT 数据治理的基本原则和 DGI 治理框架，并结合 IBM 数据治理要素模型和 COBIT 流程能力模型介绍了基于度量数据治理能力的方法。接着结合 IBM 数据治理委员会的数据治理实施统一流程法介绍了实施数据治理的方法与流程。最后简要介绍了大数据治理的概念、原则、范围及实施评估方法。

习　题

1. 数据治理和数据资源管理的关系是什么？
2. 大数据治理原则是什么？
3. 与数据治理相比，大数据治理需要特别考虑哪些方面的问题？
4. 大数据风险评估包含哪几个步骤？
5. 大数据治理的改进路径是什么？

第 10 章　数据质量管理

要充分发挥数据资源的利用价值，就必须有高质量的数据资源，由于长期存在只重视数据资源建设，忽视数据质量管理的现象，不仅数据价值难以发挥，甚至可能产生由于使用错误数据造成的各种严重后果，人们不断经受着低质量数据带来的困扰。本章从数据质量的概念、问题来源和类型，衡量数据质量的维度，提升数据质量的方法，以及主流的数据质量工具等几个方面，介绍数据质量管理的相关内容，帮助读者较全面地了解数据质量知识，提升数据质量管理的思想意识。

10.1　数据质量概述

10.1.1　数据质量定义

从宏观上说，数据质量的研究目标是“确保正当的利益相关者在正确的地点和时间，拥有正确格式的正确信息”。目前，数据质量的定义还没有一个统一的形式。有关文献从不同的角度和应用范围对数据质量进行了定义。其中的一些定义如下。

定义 1　数据质量是指信息系统满足模式和数据实例的一致性、正确性、完整性和最小性 4 个指标的程度。

定义 2　数据质量是数据适合使用的程度（fit for use）。

定义 3　数据质量是数据满足特定用户期望的程度。

10.1.2　数据质量问题来源

数据质量问题在模式层和实例层都可能出现。数据在其生命周期内，要经历人员交互、模型计算、网络传输、数据存储等操作步骤，每一环节都可能引入错误，产生数据异常，导致数据的质量问题。

10.1.2.1　数据输入/更新错误

当数据输入人员根据语音信息、书写材料输入数据时，由于对原数据的曲解或印刷问题，造成数据输入的错误；或者数据库系统应用缺少数据完整性约束的定义，对不小心输入的“脏数据”缺少完整性约束检测，如删除某条记录时，没有删除与其关联的记录，或又进行添加操作，由于不会产生异常的迹象，具有相当的隐蔽性，不易被发现处理。

10.1.2.2 测量错误

测量错误是指由于采取了不恰当的调研和采集策略，以及数据采集中测量工具的误用等原因导致的错误。

10.1.2.3 简化错误

许多情况下，源数据入库之前需要预处理和简化，例如为减少源数据复杂性或噪声，执行数据库管理员所不了解的域统计分析，或者为减少数据占用存储空间而执行的简化处理，这些操作可能会导致入库的数据存在数据质量问题。

10.1.2.4 数据集成错误

数据集成错误是指在多数据源的数据集成到一个数据库时，由于数据库间数据语义不一致、命名冲突、结构冲突等原因造成的数据质量问题。

在模式层主要是命名冲突和结构冲突，在实例层主要指因集成而产生的相似重复问题。其实，在没有事先约定的情况下，多数据源之间的冲突和不一致的存在是正常的，合并过程中解决这些不一致和冲突是数据集成过程中必要的也是正常的操作步骤。模式层的问题主要用数据ETL 工具来解决。问题是为解决多数据源之间的不一致和冲突时，在基于多数据源的数据集成过程中可能导致新的数据异常，如不一致和冲突的解决不彻底，冲突记录的误识别等。因此，数据集成是数据质量问题的一个来源，而数据集成本身应视为数据生产过程的正常操作。

10.1.3 数据质量问题分类

根据数据源为单数据源或多数据源，数据质量问题出现在模式层还是实例层，可将数据质量问题分为四类：单数据源模式层问题、单数据源实例层问题、多数据源模式层问题和多数据源实例层问题。图 10-1 列出这种分类，并且分别列出了每一类中典型的数据质量问题。

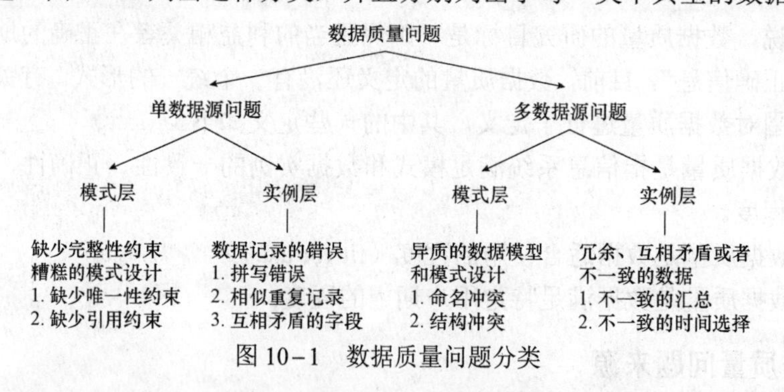

图 10-1 数据质量问题分类

单数据源数据质量问题可以分别从模式层和实例层两个方面来考虑。模式层问题主要由缺少完整性约束和低水平的模式设计所造成。有些单数据源没有数据模式，如文件、Web 数据。由于缺少统一模式的规范，使得错误和不一致问题更容易发生。对于数据库系统，尽管具有特定的数据模型约束和特定的完整性约束，但也会由于缺少完备的数据模型或特定的完整性约束引起数据质量问题。可以通过改进模式设计和模式转化，避免此类问题。实例层上的问题在模式层次上不可见，很难通过改进模式来避免此类问题。经常会由于人为失误造成拼写错误、相似重复记录等问题。

单数据源中出现的问题在多数据源的情况下会变得更加严重，在图 10-1 中的多数据源问题中没有重复列出单数据源中已经出现的问题，多数据源中的模式层问题除了低水平的模式设计以外，还存在命名冲突、结构冲突等问题。多数据源中，不同的对象可能使用同一名称命名，同一对象也可能使用不同的名称命名。同一对象在多数据源中的表示方式会不同，如字段类型不同、组织结构不同、完整性约束不同，会导致结构上的冲突。多数据源中模型、模式的不同，在数据集成中很容易带来质量问题。在实例层，单数据源中出现的问题在多数据源中都有可能发生。同时，还会出现矛盾的或数据不一致等问题。多数据源中的同一字段尽管表示同一内容，但由于表达方式的不同也会带来问题。如性别字段，有的数据源可能会用“0/1”表示，另一数据源可能会用“F/M”表示。或者相同字段的单位不同，比如对质量的描述，有的数据源用千克表示，有的数据源用吨表示。

10.1.4　数据质量衡量维度

数据质量维度是数据质量的特征，为度量和管理数据的质量提供了一种途径和标准。在一个具体的数据质量项目中，需要选择最适于业务需求的数据质量维度进行测量，以评价数据的质量。每一数据质量维度需要不同的度量工具、技术和流程。这导致完成评估所需时间、金钱和人力资源呈现出差异。关于数据质量维度的研究成果很多，其中以 DAMA（数据管理协会，是全球首个数据管理专业人士组织）提出的数据质量评估六个维度比较具有代表性和权威性，具体内容如下。

（1）完整性。按照数据规则要求，数据元素被赋予数值的程度；主要指数据信息是否存在缺失的情况，数据缺失的情况可能是整个数据记录缺失，也可能是数据中某个字段信息的记录缺失；不完整的数据所能借鉴的价值会大大降低，完整性是数据质量评估标准的基础。

（2）一致性。数据与其他特定上下文中使用的数据无矛盾的程度；主要指数据是否遵循了统一的规范，数据集合是否保持了统一的格式。

（3）唯一性。数据唯一不重复，主要指度量哪些数据是重复数据或者数据的哪些属性是重复的。

（4）有效性。数据符合规则，主要指数据符合数据标准、数据模型、业务规则、元数据或权威参考数据的程度。

（5）准确性。数据描述真实实体（实际对象）或要描述的事件的正确程度，主要指数据记录的信息是否存在异常或错误。

（6）时效性。数据在时间变化中的正确程度，主要指数据从产生到可以查看的时间间歇，也叫作数据的延时时长。

除了以上提到的指标外，还有其他指标被提出，比如，可访问性、易用性、安全性、可维护性等指标。通常在评估一个具体项目中数据质量的过程中，首先选取几个合适的数据质量维度，针对每个所选质量维度，制订评估方案，选择合适的评估手段进行测量，最后合并和分析所有质量评估结果。

10.2　数 据 清 洗

数据质量问题是由人员、流程或系统等问题所造成的，数据质量问题通常出现在数据的模式层和实例层。数据清洗是从数据的实例层考虑问题，其主要研究内容是检测并消除数据中的错误和不一致等质量问题，以提高数据的质量。在数据的集成过程中，主要从实例层来提高数据质量，解决由于数据采集规范的不完善、人员理解错误或操作失误以及数据整合等原因，可能造成的数据缺失、记录重复等问题。因此，本节主要来介绍对数据的清洗。

10.2.1 数据清洗定义

数据清洗又叫数据清理、数据擦洗。由于数据清洗所应用的领域不同，其定义也稍有差别。数据清洗主要应用在数据仓库、数据挖掘、综合数据质量管理三个领域。下面分别介绍这三个应用领域中数据清洗的定义。

10.2.1.1 数据仓库中的数据清洗

数据仓库是一个面向主题的、集成的、时变的和非易失的数据集合，支持管理部门的决策过程。数据仓库从多个数据源收集信息，存放在一个一致的模式下，并且通常驻留在单个站点。不同数据源中指代同一实体的记录，会造成在集成后的数据仓库中出现重复的记录。重复记录不但会造成数据冗余，占用大量空间，也会占用数据传输的带宽。数据清洗过程就是检测并消除冗余的重复记录，也就是所谓的合并/清洗问题。在数据仓库中，数据清洗定义为清除错误和不一致数据的过程，并需要解决记录重复问题。数据清洗是数据仓库构建的关键步骤，由于数据量大，不可能由人工完成，因此数据清洗的自动化受到该领域的广泛关注。

10.2.1.2 数据挖掘中的数据清洗

数据挖掘，又称数据库知识发现（KDD），是指从存放在数据库、数据仓库或其他信息库中的大量数据中发现知识的过程。数据清洗是数据挖掘过程中的第一步，实现对数据的预处理。在各种不同的数据库知识发现应用领域，数据清洗的目的是检测缺失的和不正确的数据，并纠正错误数据。

10.2.1.3 综合数据质量管理中的数据清洗

综合数据质量管理在学术界和商业界都得到普遍关注，它解决了整个信息业务过程中的数据质量和集成问题。在综合数据质量管理中，没有直接给出数据清洗的定义，大多从数据质量的角度考虑数据清洗，将数据清洗定义为评价数据质量并改善数据质量的过程。在数据生命周期过程中，数据的获取和使用周期包括评估、分析、调整和丢弃数据等一系列活动。将数据清洗结合到上述过程，该系列活动就从数据质量的角度定义了数据清洗过程。

10.2.2 数据清洗方法

数据清洗主要针对实例层的数据进行清洗。清洗的内容主要包括：缺失数据处理、相似重复记录检测、异常数据处理、逻辑错误检测清洗等。下面分别介绍这几种数据质量问题的清洗方法。

10.2.3 缺失数据处理

数据缺失是数据挖掘、数据仓库和综合数据质量管理系统中重要的数据质量问题，真实的数据中经常会出现数据缺失情况。当数据用于分析报告、信息共享和决策支持时，数据缺失问题将会导致严重的后果。在关系数据中，数据集中某一条记录存在一个或一个以上属性值为空的数据称为缺失数据，也就是缺失记录，不完整数据也被认为是缺失数据。表 10-1 为一个存在缺失数据的例子。

表 10-1　缺失数据实例

序号	部队番号	部队代字	部队性质	部队级别	军种	兵种
1	陆军编制装备	LJZB			陆军	
2	甲种步兵师	BBS	作战部队	师	陆军	摩步
3	司令部	SLB	作战部队	师	陆军	摩步
4	摩托化步兵 1 团	MB1T	作战部队	团	陆军	摩步
5	团部及团部连	TB		连	陆军	摩步
…	…	…	…	…	…	…

缺失数据问题在真实数据集中是一种普遍现象，许多原因都会导致缺失数据的发生，例如人工输入或异构系统数据导入等造成缺失数据。这些缺失数据经常会带来一些问题，影响相关工作。因此，很多方法被提出用于解决缺失数据问题。

10.2.3.1　缺失数据清洗步骤

从数据清洗的角度考虑，缺失数据的处理包括缺失数据的检测、分类和估计填充三个步骤，如图 10-2 所示。

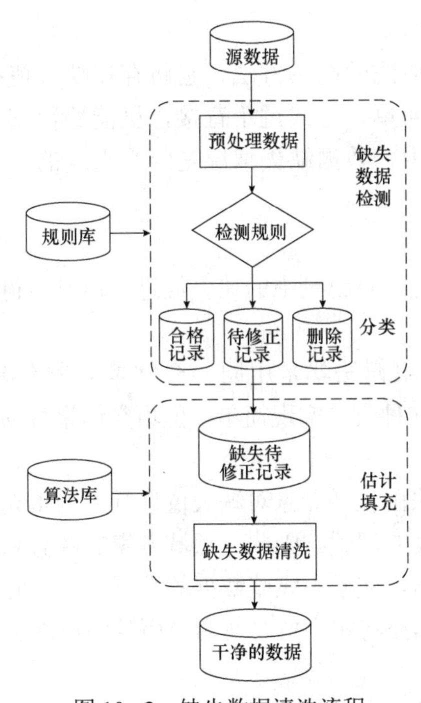

图 10-2　缺失数据清洗流程

1. 缺失数据检测

对缺失数据进行清洗，首先要检测数据集中的缺失数据，统计分析数据集的缺失情况，以便下一步的处理。

2. 缺失数据分类

根据分类标准，对缺失数据进行分类。简单的分类方法是将记录分为完整记录和不完整记录两类。将不完整记录又分为三类：不完整合格记录、不完整待修正记录和不完整需删除记录。记录分类是缺失估计的前提，对于没必要修正的缺失记录直接删除，将提高工作效率，同时可以针对不同类别的缺失记录采取相应的方法进行修正。

3. 缺失数据的估计填充

缺失数据的估计填充主要针对不完整待修正记录，缺失较多属性值的记录一般没有必要或很难进行估计填充。首先采用合适的估计方法，估计记录中的缺失属性值，再采取一定的方式对缺失属性值进行填充，得到信息完整的记录。

10.2.3.2 缺失数据清洗方法

处理缺失数据的简单方法是忽略含有缺失值的实例或属性，因此会浪费掉相当一部分数据，同时，不完整的数据集可能会带来统计分析的偏差。有些数据分析的方法可以容忍这些缺失值。缺失值填充通常以替代值填补的方式进行，它可以通过多种方法实现，如被广泛使用的均值填补法。然而，这种方法忽略了数据中的不一致问题，并且没有考虑属性间的关系，而属性间的关联性在缺失值估计过程中是非常重要的信息。

概括起来，缺失数据的清洗方法主要有：忽略元组法、简单填充法、统计学法、分类法。下面分别介绍这几类方法。

1. 忽略元组法

忽略元组法是缺失数据清洗的简单方法，它将存在缺失值的记录直接删除，得到完整的记录数据。这种方法实现简单，方式过于直接，虽能够得到完整的数据，但会因此丢掉大量的数据。在实际数据当中，数据缺失情况是经常出现的，因此，这种方法很难满足实际需求。

2. 简单填充法

简单填充法是利用某些值，对记录中的缺失值进行填充，得到完整的记录数据。简单填充法分为以下几种。

（1）常量填充法。常量填充法就是用同一个常量对所有缺失值进行填充，常量值如“Unknown”或“Null”等。这种方法实现简单，但填充结果容易导致错误的分析结果，其适用范围有限。

（2）人工填充法。该方法由领域专家对缺失值进行人为填充，需要操作人员对数据的背景知识和业务规则有一定程度的理解。因此，领域专家的经验和业务能力对缺失值的填充效果影响很大。对一些重要数据，或当不完整数据的数据量不大时可采用此方法。但如果缺失数据量庞大，通过人工方式填充将相当费时费力，而且还可能引入噪声数据。

3. 统计学法

（1）均值填充法。均值填充法就是用同一字段中所有属性值的平均值作为替代值，用此替代值对该字段中的所有缺失值进行填充。此方法只适用于数值型字段缺失值的填充。

（2）中间值填充法。中间值填充法和均值填充法类似，其替代值为字段中所有数值的中间值。

（3）最常见值填充法。最常见值填充法就是用同一字段中出现次数最多的属性值来填充该字段的所有缺失值。此方法可用于多种数据类型字段缺失值的填充。

上述三种统计学方法一定程度上会影响缺失数据与其他数据之间的关联性，而且，当数据量较大时，缺失值都用同一值来替代，也会影响数据的分布情况，导致分析结果的偏差。

（4）回归模型法。变量之间的关系一般来说可分为确定性的和非确定性的两种。非确定性的关系即所谓相关关系，非确定性的关系的变量是随机变量，回归分析是研究相关关系的一种数学工具。它能通过一个变量的取值去估计另一个变量的取值。在缺失数据估计中，通过回归分析，建立相应的回归模型，对缺失值进行估计，其效果通常比其他统计方法更好。

4. 分类法

数据分类是数据挖掘中的重要方法，分类过程是找出描述和区分数据类和概念的模型（或函数），即分类器。分类器通过训练数据集来构造，并将数据映射到给定类别中的某一类，以预测同一属性的缺失值。下面介绍几种用于缺失值估计的分类方法。

（1）贝叶斯法。贝叶斯分类基于贝叶斯定理，其通过数据的先验概率和条件概率计算得到后验概率，以实现数据的分类。设 X 是数据元组，X 用 n 个属性集的测量描述。H 为某种假设，假定数据元组 X 属于某种特定类 C。对于分类问题，希望确定 $P(H|X)$，即给定 X 的属性描述，找出元组 X 属于类 C 的概率。贝叶斯定理如下：

$$P(H|X)=\frac{P(X|H)P(H)}{P(X)} \tag{10-1}$$

式中：$P(H|X)$——后验概率；

$P(H)$——先验概率；

$P(X|H)$——在条件 H 下，X 的后验概率。

在缺失值估计中常用的为朴素贝叶斯分类法。在数据维数较多时，朴素贝叶斯分类法为方便计算属性的条件概率，一般假定各属性独立，即忽略属性间的关联性。因此，一种基于关系马尔可夫模型的缺失值估计方法被提出，该方法考虑属性间的关联性，为避免因数据缺失情况不同带来的填充结果偏差，采用最大后验概率和概率比例两种方法对缺失值进行填充。

（2）k-最近邻法。最近邻分类法是基于类比学习，即通过给定的检验元组与和它相似的训练元组进行比较来学习。训练元组用 n 个属性描述。每个元组代表 n 维空间的一个点。这样，所有的训练元组都存放在 n 维模式空间中。在给定一个未知元组时，k–最近邻分类法搜索该模式空间，找出最接近未知元组的 k 个训练元组。这 k 个训练元组是未知元组的 k 个“最近邻”。综合这 k 个“最近邻”对应的属性值，估计未知元组中的缺失值。

（3）决策树法。决策树是一种类似于流程图的树结构，其中，每个内部节点表示在一个属性上的测试，每个分支代表一个测试结果输出，每个叶子节点存放一个类标号。一棵典型的决策树如图 10–3 所示。

图 10–3 是对部队类型进行推理判断的决策树。内部节点用圆角矩形表示，叶子节点用椭圆形表示。给定一个类标号未知的元组 X，在决策树上测试元组的属性值，跟踪每一条测

试输出路径，由根节点直到叶子节点，叶子节点即为该元组的类预测结果。

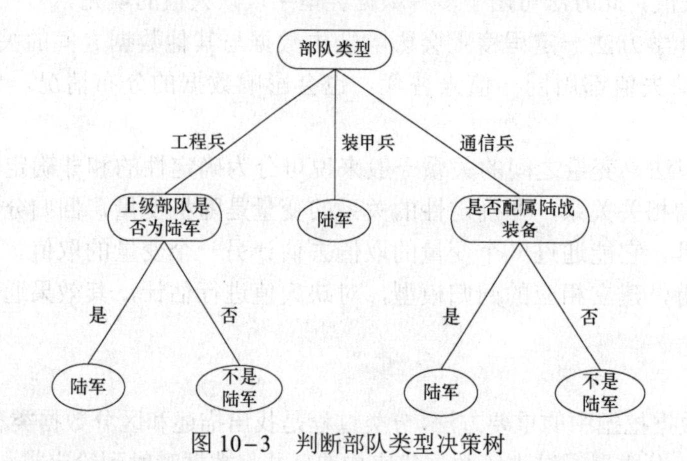

图 10-3　判断部队类型决策树

10.2.4　重复数据处理

重复记录是指数据资源管理系统中，各字段属性值都相同的记录，这类记录是完全的数据重复。相似重复记录是指客观上表示现实中同一实体的记录，这类记录大部分字段中的属性值相同，个别字段中的属性值由于表示方式不同或数据错误等原因稍有差别。当对从多数据源或单数据源得来的数据进行集成时，多个记录代表同一实体的现象经常存在。如在表 10-2 中记录 T-72M1 主战坦克和 T-72 中型坦克实质上应该是同一型号的坦克，其主要性能参数高度相似。

表 10-2　重复数据实例

装备名称	速度	行程	发动机功率	战斗全重	最大侧倾角	越壕宽	通过垂直墙宽	宽	高	国家
T-72M1 主战坦克	60	700	780	41	25	2.7	0.8	3.65	2.5	俄罗斯
T-72 中型坦克	60	700	585	41	30	2.7	0.85	3.6	2.19	俄罗斯

相似重复记录检测是数据清洗研究的重要方面，在数据资源管理系统中，重复记录不仅导致数据冗余，浪费了网络带宽和存储空间，还提供给用户很多重复的信息。这类问题的解决主要基于数据库和人工智能的方法。目前，除了对关系数据进行相似重复记录检测，越来越多的用于 XML 数据、RDF 数据、复杂网络数据等非结构化数据的重复检测方法被提出。

10.2.4.1　相似重复记录清洗步骤

相似重复记录清洗过程通常包括以下几个步骤。

1. 数据预处理

（1）选择用于记录匹配的属性集。记录匹配过程是识别同一个现实实体的相似重复记录的过程，判定记录是否重复可以通过比较记录中对应字段之间的相似度，而后将各字段相似度加权平均，得到记录相似度，进而判断记录是否表示同一实体。每个字段之间的比较，是字符串间的比较，通常采用基本字符串匹配方法、N-gramming 方法和编辑距离方法等进行字符串比较。

记录中的属性往往较多，因此需根据实际情况选出恰当的属性用于记录相似度的计算。

（2）赋予字段权重。记录的不同字段反映了实体的不同特征，在计算记录相似度时，各字段的决定作用也不同。因此，需根据每个字段的重要程度为其赋予不同的权重。重复记录检测过程中，为不同的字段赋予不同的权重，有助于提高重复记录检测的精度。

2. 记录排序

重复记录检测，一般只对某一范围内的记录进行比较，以减少比较的次数。对特定范围内的记录进行比较，关键是确定排序关键字，按关键字对记录进行排序，使相似重复记录在位置上更靠近。

3. 相似重复记录的检测

该步骤主要是判断两条记录是否为相似重复记录。基于排序、比较、合并的方法，首先计算记录的相似度，将记录相似度与预先设定的阈值进行比较，判断记录是否相似。

4. 相似重复记录的清洗

根据预定义的规则，对检测出的相似重复记录进行合并或删除操作，得到“干净”的数据集。如图 10–4 所示。

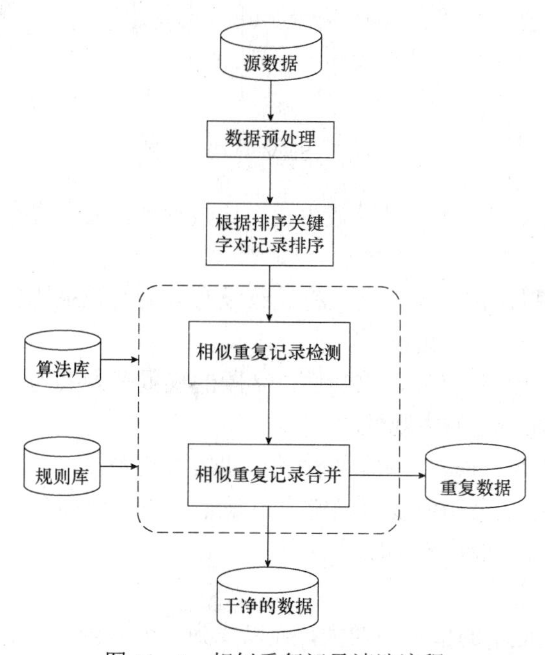

图 10-4　相似重复记录清洗流程

10.2.4.2　相似重复记录清洗方法

排序–合并是相似重复记录检测的基本思想，其首先选取合适的关键字，根据该关键字对数据集进行排序，使相似重复记录在位置上更邻近，然后比较邻近的记录，判断其是否为相似重复记录。目前很多方法都基于该思想发展而来。下面介绍几种常用的相似重复记录检测方法。

1. 基本邻近排序算法

基本邻近排序算法（简称 SNM 算法）是较早被提出的排序–合并方法，因其思想简单，效果明显，得到了广泛应用。

SNM 算法的基本流程如下。

（1）选取排序关键字。选取记录中的关键字段或属性值字符串，作为记录排序的关键字。

（2）记录排序。根据选定的排序关键字对整个数据集进行排序，使相似重复记录在位置上更邻近，为下一步的重复检测做好准备。

（3）相似重复记录检测。在排序后的数据集上滑动一个大小为 W 的固定窗口，窗口内的第一条记录与其余的 $W-1$ 条记录进行比较。比较过程中，一般通过相似度比较算法，计算字段相似度，再利用字段权重加权平均得到记录相似度。将记录相似度与记录相似度阈值比较，判定两条记录是否为相似重复记录。比较结束后，第一条记录从窗口取出，第 $W+1$ 条记录进入窗口。此时窗口中的第一条记录与其他的 $W-1$ 条记录进行比较。如此反复进行，直到数据集中最后一条记录比较完毕。最后，得到数据集中所有的相似重复记录。SNM 算法的示意图如图 10–5 所示。

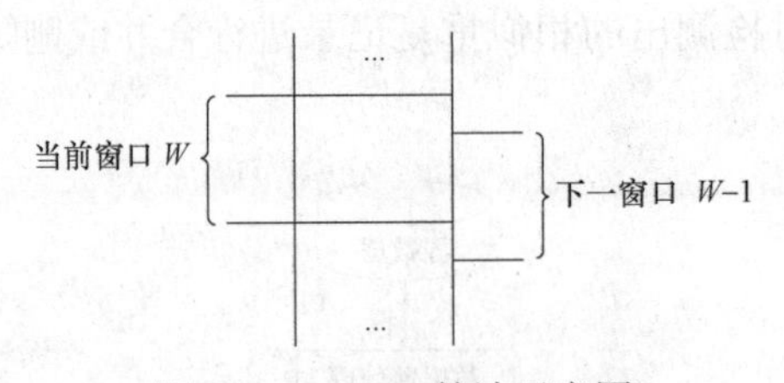

图 10–5　SNM 算法示意图

SNM 算法采用滑动窗口技术，可以减少记录比较次数，大大提高了检测效率。但其存在两个主要缺点。

① 比较窗口大小难以确定。窗口过大将导致没有必要的记录比较，增大时间消耗；窗口过小就会出现漏配现象，降低检测精度。

② 字段权重固定不变，难以保证准确性。字段的权重多为人为给定，并且字段权重在检测过程中固定不变，存在一定的主观性。

针对 SNM 算法的不足，很多 SNM 算法的改进方法也被提出，如多趟排序算法等，或采用变步长伸缩窗口，根据记录相似度值确定窗口是扩大还是缩小，以及扩大或缩小的比例，并根据记录相似度动态合理地调整字段的权重。

2. 多趟邻近排序算法

SNM 算法对排序关键字的依赖性较大，难以找到一个完全合适的关键字，排序后使所有相似重复记录在位置上邻近。针对这一缺陷，Hernández 等人提出了 MPN 算法。该算法的思想为：独立地多次执行 SNM 算法，每次选取不同的关键字对数据集进行排序，然后采用基于规则的知识库生成等价原理，根据这一原理将每次检测出的相似重复记录合并为一组，在合并过程中采用传递闭包的思想。所谓传递闭包，是指如果记录 R1 与 R2 互为相似重复记录，记录 R2 与 R3 互为相似重复记录，无须进行 R1 与 R3 的匹配，即可认为其为相似重复记录。通过传递闭包可以减少记录比较次数，提高检测效率，同时可以得到较完整的相似重复记录集合，这在一定程度上解决了漏配问题。

3. 优先权队列算法

为有效检测相似重复记录，Monge 等人提出了基于 Union–Find 数据结构的优先权队列算法，该队列中的元素具有不同的优先权，每个元素是一类相似重复记录的集合。优先权队列的大小固定，数据集中的记录只与队列中的特征记录比较，减少了比较次数，提高了检测效率。

（1）Union–Find 数据结构。Union–Find 数据结构主要用于不相交集合的并操作，在优先权队列算法中用于连通分量的合并操作。其主要有两个原子操作：

Union（*r1*，*r2*）：将 *r*1 和 *r*2 两个集合合并为一个新的集合，并将其中节点较少的集合作为节点较多集合的子集，然后返回新生成的节点。

Find（*x*）：查找节点 *x* 所在的集合。

在优先权队列算法中，该结构保存检测操作得到的相似重复记录聚类，并将每个聚类视为一个集合。初始情况下，将每条记录看作一个集合，在进行记录比较过程中，对相似重复记录进行 Union 操作，合并到一个集合中。

（2）优先权队列定义。优先权队列是一种队列元素具有不同优先权、长度固定的队列。队列中的每个元素代表一个集合，每个集合是一个相似重复记录的聚类。在相似重复记录检测过程中，将数据集中的每条记录与优先权队列每个元素中的记录进行匹配。对于每个重复聚类，单条记录不足以代表整个聚类的特征，因此用若干条记录来代表它的聚类特征。

（3）优先权队列算法基本思想。首先根据选取的关键字对数据集进行排序，然后顺序扫描排序后数据集中的每条记录。初始，数据集中的每条记录看作一个聚类。假定当前检测的记录为 Ri，如果 Ri 已在优先权队列的某个聚类中，则将该聚类的优先权设为最高，继续检测数据集中的下一条记录。否则，按聚类优先权的高低，将 Ri 与各聚类中的特征记录进行比较。假设 Rj 是当前某一聚类中与 Ri 进行比较的记录，如果两条记录的相似度大于某一阈值 match_threshold，则判定两条记录为相似重复记录，并通过 Union 操作将两条记录所属的聚类合并。如果两条记录的相似度大于 match_threshold，但小于阈值 high_threshold（该值大于 match_threshold，小于 1），说明 Ri 具有一定的代表性，将 Ri 作为合并后聚类的一个特征记录加入优先权队列。如果 Ri 和 Rj 的相似度低于某一阈值 low_threshold（该值小于 match_threshold），说明 Ri 属于 Rj 所属聚类的可能性较小，因此无须和该聚类中的其他特征记录进行比较。而后，Ri 和下一优先级聚类中的特征记录进行同样的比较。如果整个优先权队列扫描完成后，发现 Ri 不属于其中任何一个聚类，则将 Ri 所属聚类加入优先权队列，并设为最高的优先权。如果此时优先权队列中的集合超过了优先权队列的大小，则删除优先权最低的集合。按照同样的方式继续检测数据集中的记录，直至结束。最终 Union–Find 结果的各个聚类就是数据集中各相似重复记录的集合。

优先权队列算法通过设定优先权队列的大小，使数据集中的记录只与优先权队列中的元素进行比较，类似 SNM 算法中的固定窗口，能够大大提高检测效率。同时，通过设置 match_threshold 和 low_threshold 两个阈值，可以减少不必要的记录比较。而且算法能够适应数据规模的变化，也能够解决多条记录同为相似重复记录的问题。

4. DBSCAN 聚类算法

Ester Martin 等人于 1996 年提出了 DBSCAN 算法，该算法是基于密度的空间聚类算法，它将具有足够密度的区域划分为一个簇，同一簇内的点有很高的相似性，它可以在带有“噪声”的数据库中发现任意形状的聚类，该方法被很好地用于数据库中的相似重复记录检测。

在数据库中，每条记录看作空间中的一个点，记录的不同字段作为点的相应维度。算法的描述基于如下概念。

（1）密度。空间内任意一点的密度为以该点为圆心、距离 e 为半径的圆形区域内包含的点的数量。

（2）邻域。空间内任意一点的邻域为以该点为圆心、距离 e 为半径的圆形区域内包含的点所组成的集合。

（3）核心对象。空间内某一点的密度大于等于某一给定值 Mptn，则该点为核心对象。其中，Mptn 为某点邻域内其他点的最少数量。

（4）直接密度可达。对于一个数据集 D，如果对象 p 在对象 q 的 e 邻域内，同时 q 是一个核心对象，则 p 从 q 出发是直接密度可达的。

（5）密度可达。如果存在一个对象集 $\{p_1,p_2,...p_n\}$，n 为自然数，$p_1 = q$，$p_n = p$，$\forall p_i \in D$，p_i+1 是从 p_i 关于 e 和 Mptn 直接密度可达的，则 p 是从 q 关于 e 和 Mptn 密度可达的。

算法的基本思想：检测数据库中的某一点，若该点为核心点，则通过区域查询得到该点的邻域，邻域中的所有点同属于一个类。这些点将作为下一轮检测对象，通过不断对下一轮对象进行检测来寻找更多的同类对象，直至找到完整的类。DBSCAN 算法在 N 维空间反复计算各点的密度，并按照密度将各点聚集成类。

在图 10-6 中，设 Mptn=3，根据上述定义，B、C 两点为核心点，B 从 C 是直接密度可达的。C 不是从 A 密度可达的，因为 A 不是核心点。

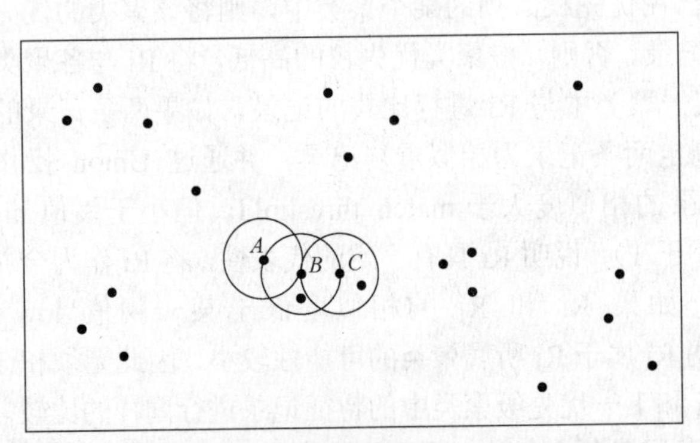

图 10-6　基于密度聚类中的密度可达和密度相连

相似重复记录的检测过程，主要是寻找数据集中的各个类，为了找到一个类，算法从数据集 D 中选取任一对象 p，并寻找有关 e 和 Mptn 的从 p 密度可达的所有对象，如果 p 为核心对象，则找到了关于参数 e 和 Mptn 的相似重复记录类。如果 p 是边界点，即 p 邻域内的对象数少于 Mptn，则没有对象从 p 密度可达，p 被认为是噪声点，而后继续处理数据集中的下一对象。

10.2.5　异常数据处理

异常数据是指在数据源中含有的一定数量的异常值，比如数据库或数据仓库中不符合一般规律的数据对象，又叫孤立点（outlier）。例如，如果一个整型字段 99%的值在某一范围内，则剩下的 1%的值不在此范围内的记录可以认为是异常。如在表 10－3 中，9.0 冲锋枪和 M11 式 9.0 冲锋枪的“点射战斗射速”属性值均为异常数据。

表 10－3　异常数据实例

装备名称	初速	点射战斗射速
56 式 7.62 冲锋枪	710	1 200
56－1 式 7.62 冲锋枪	710	1 200
56－2 式 7.62 冲锋枪	710	1 200
64 式 7.62 微声冲锋枪	290	2 000
79 式 7.62 轻型冲锋枪	515	2 000
85 式 7.62 轻型冲锋枪	500	1 600
85 式 7.62 微声冲锋枪	300	1 600
9.0 冲锋枪	325	60
82 式 9.0 微型冲锋枪	325	1 400
T77 式冲锋枪	1 100	1 600
M11 式 9.0 冲锋枪	293	96
AK/AKC－74 式 5.45 冲锋枪	900	1 200

异常数据可能是由输入失误造成的，也可能是由数据量纲不一致导致的。一方面异常数据可能是应该去掉的噪声数据，另一方面它也可能是含有重要信息的数据单元。因此，在数据清洗中，异常数据的检测也是十分重要的，通过检测并去除数据源中的孤立点可以达到数据清洗的目的，从而提高数据源的质量。由于孤立点并非就是错误数据，所以，在检测出孤立点后还应该结合领域知识或所存储的元数据加以分析，发现其中的错误。

异常数据检测的数据清洗步骤如图 10－7 所示。

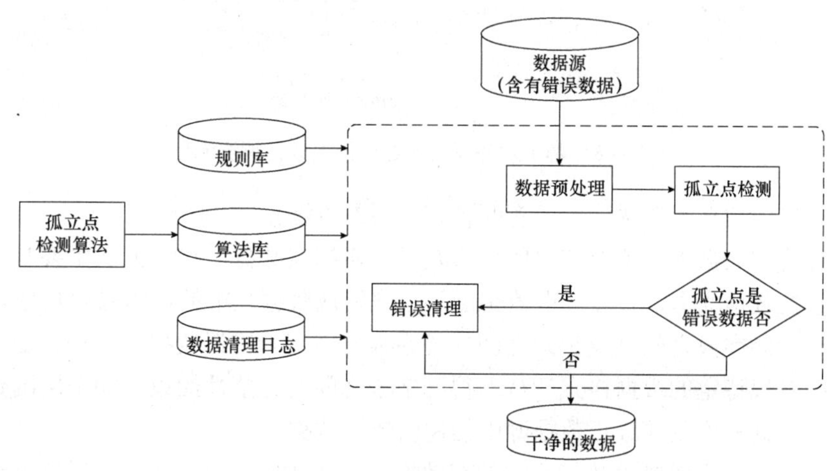

图 10－7　基于孤立点检测的异常数据清洗流程

异常数据的检测主要有基于统计学的方法、基于距离的方法和基于偏离的方法三类。比如采用数据审计的方法实现异常数据的自动化检测，其主要由两步构成，首先采用数理统计的方法对数据分布进行统计描述，自动地获得数据的总体分布特征。在前一步的基础上，针对特定的数据质量问题进行挖掘以发现数据的异常。或采用将数据按距离划分为不同的层，在每一层统计数据特征，再根据定义的距离计算各数据点和中心距离的远近来判断异常是否存在。但是，并非所有的异常数据都是错误的数据，在检测出异常数据后，还应结合领域知识和元数据做进一步的分析，发现其中的错误。

10.2.6 逻辑错误数据处理

逻辑错误数据是指数据集中的属性值与实际值不符，或违背了业务规则或逻辑。如果数据源中包含逻辑错误数据，相似重复记录清洗和缺失数据清洗将更加复杂。在实际的信息系统中，对于一个具体的应用采用一定的方法解决逻辑错误数据问题，将是一个具有重大实际意义的课题。

不合法的属性值是一种常见的逻辑错误数据，如某人的出生日期为1986/13/25，超出了月份的最大值；违反属性依赖也是常见的逻辑错误数据，如年龄和出生日期不一致；另外，逻辑错误数据还有违反业务事实的情况，如装备维修日期早于装备生产日期等。

逻辑错误数据的清洗步骤如图10-8所示。

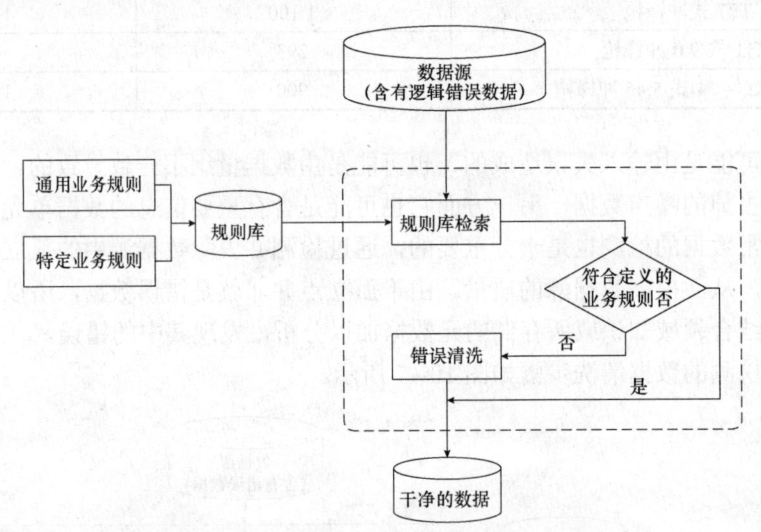

图10-8　基于业务规则的逻辑错误数据清洗流程

对于逻辑错误数据的清洗，一般有两种相联系的方法。

（1）通过检测数据表中单个字段的值来发现逻辑错误数据。这种方法主要是根据数据表中单个字段值的数据类型、长度、取值范围等，来发现数据表中的逻辑错误数据。

（2）通过检测字段之间以及记录之间的关系来发现逻辑错误数据。这种方法主要是通过在大量数据中发现特定的数据格式，从而得到字段之间的完整性约束，如采用函数依赖或特定应用的业务规则来检测并改正数据源中的逻辑错误数据。

使用业务规则是逻辑错误数据检测的有效方法，如数值越界问题，可以通过给定数值的范围，即上下界，通过检测字段中各属性值是否在该字段数值范围内，可以判断该值是否正确；如果是属性依赖冲突，则可以通过给出一个属性之间的对照检查表来解决。基于业务规则的逻辑错误数据清洗方法，通过规则制定，检测数据集中的逻辑错误。

Fellegi 于 1976 年提出了一个严格的形式化模型——Fellegi-Hot 模型。其主要思路是：在具体的应用领域，根据相应领域知识制定约束规则，利用数学方法获得规则闭集，并自动判断字段值是否违反规则约束。这种方法数学推理严密，自动生成规则，在审计、统计领域得到了广泛应用。

10.2.7 数据清洗流程

数据清洗是一个费时、费力、高代价的过程，需要花费大量的人力、物力与财力资源，相当一部分工作需要人工交互来完成，如何提高数据清洗的速度和效率，完善数据清洗的自动化水平是数据清洗的研究重点之一。实现数据清洗的典型过程是数据分析、检测和修正。下面分别对其进行介绍。

10.2.7.1 数据分析

数据分析是数据清洗的前提和基础，通过详细分析“脏数据”的产生原因和存在形式，确定数据的质量问题，发现控制数据的一般规则，进而选择适当的数据清洗算法、清洗规则和评估方法，配置最佳的清洗步骤和流程。

10.2.7.2 数据检测

数据检测是指根据预定义的清洗算法和清洗规则，执行定义好的数据清洗步骤和流程，检测数据中存在的质量问题。

10.2.7.3 数据修正

数据修正是指通过人工或自动方式，修正或清除数据中的“脏数据”，通过数据修正得到干净的数据，提高原系统中的数据质量。

在针对具体应用、特定领域开展数据清洗的工作时，会采用数据清洗系统框架和高效实用的数据清洗工具。数据清洗的系统框架一般由准备、检测、定位、修正、验证五部分组成，简称为 PDLMV，如图 10-9 所示。每个模块均可独立运行，完成不同需求的清洗任务。框架在执行过程中，可以在多处停止，不必继续执行后续步骤，灵活性更强，同时根据评估情况可以回到前面的清洗模块，修正方案，以更好地完成清洗任务。针对各种“脏数据”，清洗算法和清洗规则可加入检测和修正两个模块，以实现更丰富的清洗功能。该框架包含部分数据质量评估功能，能够分析数据的质量情况，为清洗提供依据。并且能够对清洗结果进行验证，评估任务完成情况。

框架中各模块完成的具体功能如下。

1. 数据准备模块

数据准备模块主要包括需求分析、信息环境分析、任务定义、方法定义和基本配置功能。需求分析明确数据清洗需求；通过信息环境分析，明确待处理数据所处的环境特点；任务定义，明确数据清洗的任务和目标；方法定义，确定数据清洗所用的具体算法和规则；基本配置，完成数据清洗的接口等相关配置工作，并基于以上工作获得数据清洗方案和流程。

此模块主要完成数据清洗前的分析准备工作，为下一步打好基础。

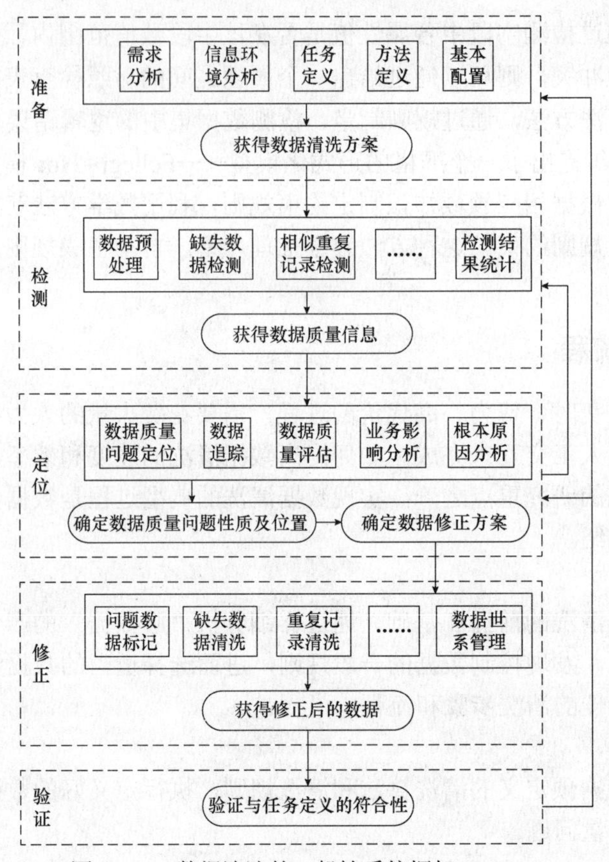

图 10-9　数据清洗的一般性系统框架 PDLMV

2. 数据检测模块

数据检测模块包括数据预处理、“脏数据”检测、检测结果统计功能。数据预处理，对数据进行排序、分类等检测前的预处理，对于重复记录检测要确定选取的字段，缺失数据检测要完成类别数据的准备；“脏数据”检测要完成数据质量问题的检测，如缺失数据的检测和相似重复记录的检测；检测结果统计，对检测的数据质量情况进行统计汇总。根据上述内容，得到全面的数据质量信息。

3. 数据定位模块

数据定位模块包括数据质量定位、数据追踪、数据质量评估、业务影响分析和根本原因分析。数据质量定位，确定数据质量问题的性质和位置，提供清洗依据；数据追踪，跟踪导入导出的数据，定位问题数据；数据质量评估，评估数据质量的水平；业务影响分析，分析相关业务对数据质量问题及数据修正的影响；根本原因分析，明确导致数据质量问题的根本原因。该模块主要确定数据质量问题的性质和位置，分析导致数据质量问题的原因，从而明确数据的修正方案。并根据定位分析的效果和需要，适时返回“检测”模块。

4. 数据修正模块

数据修正模块包括问题数据标记、“脏数据”清洗、数据世系管理。该模块在定位分析的基础上，对检测出的实例层数据进行清洗，如缺失数据的估计填充、相似重复记录的合并，得到干净高质量的数据，并对修正过程进行数据世系管理。

5. 数据验证模块

数据验证模块对清洗结果进行评价，验证数据是否达到任务定义的要求。如果未达到要求，则回到“定位”模块，对数据做进一步的定位分析和修正，甚至返回“准备”模块，调整相应的准备工作。

10.3 数据质量工具

数据质量管理会涉及很多有用的工具和技术。这些工具既包括专注于数据分析从而提供数据质量的经验评估，也包括专注于按既定的业务规则对数据值进行正常化处理，还包括用于识别和解决冗余记录并定义定期检查和变更规则的工具。数据质量工具可以按活动分成 4 类：分析、清洗、改善和监控。所用的主要工具包括数据剖析工具、解析和标准化工具、数据转换工具、身份解析和匹配工具、改善和报告工具等。下面分别介绍一些主流的数据质量工具。

10.3.1 SAS/DataFlux 公司产品

美国 SAS 软件研究所数据质量解决方案提供了一套完整的数据质量管理工具，满足业务用户和技术用户的要求，支持数据剖析，能发现存在的数据差异，提供业务规则定义以及与平台独立的服务器环境。SAS 数据质量解决方案由一系列 SAS 产品和 DataFlux 产品组成，其中服务器端组件包括 SAS Data Quality Server 和 Quality Knowledge Base，客户端组件包括 dfPower Studio、dfPower Match、dfPower Profile、dfPowerCustomize，其主要功能特点如下。

（1）具有强大的、简单易用的图形用户界面。业务用户和数据资源管理员能够在友好的 Windows 环境下分析数据、定义业务规则、建立数据标准及数据匹配或集成规范。其简单易用界面能够形象化地展现低劣数据产生的影响，用户通过可视化界面能够方便地定义可重复使用的数据质量改进流程。

（2）数据剖析功能。提供完整的分析企业数据的环境，确定数据中存在的细微差别、差异和错误，评价企业的数据质量；利用简单易用的接口和交互式报表机制可容易地确定低劣数据质量范围。

（3）数据匹配、标准化和清洗。对多个数据源中的数据，通过模糊逻辑聚合一个域或多个域的相似值，建立唯一键值，实现数据合并、消除重复数据。

（4）客户化定制数据解析、标准化和匹配算法。支持个性化的数据解析、标准化和匹配算法，能够创建或扩展用于解析姓名、地址、E-mail 地址、产品编码以及其他业务数据的规则；在数据匹配算法中可以定制匹配规则权重；在 SAS 产品（服务器端）和 DataFlux 产品（客户端）之间提供一个通用的质量知识共享信息。

（5）国际支持。SAS 数据质量解决方案能够支持多种语言，包括在名字、地址以及其他业务数据上的差别，能够以多种语言提供正确标准化数据，支持 Unicode 和双字节字符集数据。

10.3.2 Informatica 公司产品

Informatica 是全球领先的数据资源管理软件提供商，借助全面、统一、开放且经济的数据资源管理平台，组织可以在改进数据质量的同时，访问、发现、清洗、集成并交付数据，以提高运营效率并降低运营成本。Informatica 平台包括：企业数据集成、大数据资源管理、数据质量、数据治理、主数据资源管理、数据安全和云数据集成等。其中数据质量包括：Informatica Data Explorer/Profiler、Informatica Data Quality 和 Informatica Identity Resolution 等产品。

10.3.2.1 Informatica Data Explorer/Profiler

通过基于角色的工具促进业务部门与 IT 部门之间的协作，能够发现和分析多种数据来源的任何类型数据的内容、结构和缺陷，监控数据质量问题。

10.3.2.2 Informatica Data Quality

通过提供数据解析、清洗、匹配、报告、监控等功能，结合记分卡和仪表盘等可视化界面，支持在整个企业范围内实施和管理数据质量的计划。

10.3.2.3 Informatica Identity Resolution

这一软件能使各机构从 60 多个国家/地区以及各企业和第三方应用程序中搜寻和匹配一致数据。

Informatica 公司数据质量解决方案提供基于角色的工具，使得业务分析师和数据资源管理员、IT 开发人员、IT 管理员能同时针对业务部门和 IT 部门就相同数据提供不同视图。三个基于角色的工具是 Informatica Data Explorer/Profiler 和 Informatica Data Quality 的通用工具。

10.3.3 IBM 公司产品

IBM 公司的数据质量解决方案集成了 InfoSphere Information Analyzer、InfoSphere QualityStage 和 InfoSphere DataStage 等工具，Information Analyzer 用于发现、归档并分析数据，QualityStage 可进行数据标准化、合并和纠正，DataStage 用于组合和重构信息以适用于新的用途。

10.3.3.1 Information Analyzer

提供基于字段分析、表分析、交叉表分析以及基线分析的数据质量评估、数据分析规则定义和数据质量监控功能，能够提供 30 余种数据质量分析报表。

10.3.3.2 QualityStage

用于实现批量的或实时的数据标准化和清洗，根据一定的规则，将数据按照统一的格式进行标准化，然后对数据进行匹配，将不满足规则或者重复的数据去除。QualityStage 提供了一组用于数据再造任务的集成模块，包括数据核查、数据标准化、数据匹配和确定哪些数据继续存在。另外，QualityStage 能够提供直观的用户界面，简化数据质量规则的设计。

10.3.3.3 DataStage

用于以批处理或实时方式实现从外部数据源集成数据，支持数据校验规则合并、复杂的数据变换、元数据分析和维护等功能。

10.3.4 Oracle 公司产品

Oracle 公司进入数据质量软件市场相对较晚，通过一系列的关键收购策略，扩充了其在数据质量方面的产品线。目前所属的产品有 Oracle EnterpriseData Quality 和 Oracle Enterprise

Data Quality for Product Data，可以提供数据分析、数据清洗以及跨领域数据匹配等功能。

10.3.4.1 Oracle Enterprise Data Quality

提供剖析和审计、解析和标准化以及匹配和合并等，功能特点如下。

（1）理解数据，建立数据质量规则，发现和量化数据库、数据表和平面文件中存在的数据问题。

（2）系统性审计检测关键质量指标、缺失数据、重复记录和不一致数据。

（3）利用参考数据转化和标准化数据，如姓名、地址、日期、电话号码等数据。

（4）能够实现从无格式文本中抽取结构化信息。

（5）提供单个、部分和整体级别的匹配。

10.3.4.2 Oracle Enterprise Data Quality for Product Data

这是针对特定问题提出的专门解决方案，具有产品数据解析和标准化、产品数据匹配和合并等功能，具体特点如下。

（1）具有自动学习的语义识别能力，能够快速识别产品分类并且实施修正规则。

（2）能够处理多个产品分类。

（3）对产品条目类别、属性进行抽取和标准化。

（4）提供准确、相似和有关联的匹配，依据已定义的去留原则合并记录。

10.3.5 Talend 公司产品

Talend 公司是一家针对数据集成市场提供数据抽取、转换和加载开源软件的供应商。其提供的开源软件以套件的形式向外提供，数据质量工具是其中的一部分，包括 Talend Open Studio for Data Quality 和 Talend Enterprise Data Quality。提供的功能能够满足通用要求，支持数据解析、标准化、匹配和数据剖析。其特点如下。

10.3.5.1 数据解析

该软件提供对当前数据质量的评估以及一段时间数据质量的测量，通过数据质量门户展现数据质量处理过程中需要的关键信息。

10.3.5.2 数据标准化和扩展

利用内部或外部参考数据、规范的表达式设置数值标准和关于数据模型及大小的标准，然后通过集成的分解技术对数据进行结构解析，达到数据质量的改进和提高。

10.3.5.3 数据匹配

业务用户能够在 Talend 使用用户环境下配置匹配规则。

10.3.6 Data Cleaner

Data Cleaner 是一个开源的数据质量分析工具，用于管理和监测数据质量。功能由以下两部分组成。

10.3.6.1 数据剖析

针对源数据中数据概貌进行统计，包括标准度量、数值分析、字符串分析、模式字符串匹配、值分布分析等功能。

10.3.6.2 数据验证

根据用户对数据理解定义出的数据规则进行数据验证，以找出不满足数据规则的异常数据。其提供的数据验证包括：字段的非空检验、字段值域检验、基于正则表达式的字段检验、基于脚本的复杂规则的检验。

10.4 小 结

本章首先介绍了数据质量的定义，说明了数据质量问题的来源和分类，描述了评价数据质量的维度；阐述了数据清洗的定义、方法和流程，重点讨论了缺失数据和相似重复记录两类数据质量问题的清洗步骤和常用的清洗方法，并介绍了一个通用的数据清洗框架；最后介绍了几种主流的数据质量工具。

习 题

1. 数据质量问题的主要来源是什么？
2. DAMA 提出的数据质量维度包含哪几个方面？
3. 缺失值处理的方法主要有哪几种？
4. 数据质量问题通常出现在数据的模式层和实例层，如何从数据的实例层角度提高数据质量？其研究的主要问题包括哪些方面？
5. 数据清洗的一般性系统框架 PDLMV 由几个模块构成，各模块任务是什么？

第 11 章　数据集成

数据资源的来源多样化、结构异构化、应用集成化程度越来越高，不同时期、不同信息系统建设的数据资源，由于缺乏可持续的管理手段，成为数据孤岛。近年来，随着数据集成技术逐渐成熟，上述问题正逐步得到有效解决。本章从数据集成的概念、数据集成的方法、数据集成开发生命周期、数据集成技术、数据集成工具等五个方面，全面介绍数据集成的相关知识，帮助读者理解数据集成的思想方法，提升应对复杂数据资源的管理能力。

11.1　数据集成概述

11.1.1　数据集成的概念

数据集成就是将若干个分散的数据源中的数据，逻辑地或物理地集成到一个统一的数据集合中，以一个统一的视图提供给用户。这里的视图可以是物化的视图，也可以是虚拟的视图。数据集成的核心任务是将互相关联的分布式异构数据源集成到一起，使用户能够以透明的方式访问这些数据源。集成是指维护数据源整体上的数据一致性，提高信息共享利用的效率；透明的方式是指用户无须关心如何实现对异构数据源数据的访问，只关心以何种方式访问何种数据。实现数据集成的系统称作数据集成系统，如图 11-1 所示，它为用户提供统一的数据源访问接口，执行用户对数据源的访问请求。

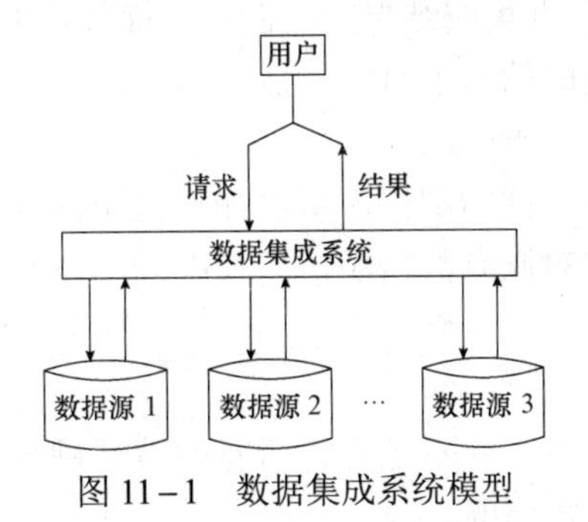

图 11-1　数据集成系统模型

11.1.2 数据集成的挑战

数据集成的数据源包括 DBMS 所管理的数据、XML 文档、HTML 文档、电子邮件、普通文件等结构化、半结构化信息。数据集成是信息系统集成的基础和关键。好的数据集成系统要保证用户以低代价、高效率使用异构的数据。在构建数据集成系统时，主要会面对以下几个方面的挑战。

11.1.2.1 异构性

异构性是异构数据集成必须面临的首要问题，其主要表现在两个方面。

1. 系统异构

数据源所依赖的应用系统、数据库管理系统乃至操作系统之间的不同构成了系统异构。

2. 模式异构

数据源在存储模式上的不同构成了模式异构。一般的存储模式包括关系模式、对象模式、对象关系模式和文档模式等几种，其中关系模式为主流存储模式。需要指出的是，即便是同一类存储模式，它们的模式结构可能也存在着差异。例如，同为关系型数据库，Oracle 所采用的数据类型与 SQL Server 所采用的数据类型并不是完全一致的。

11.1.2.2 完整性

异构数据源数据集成的目的是为应用提供统一的访问支持。为了满足各种应用处理（包括发布）数据的条件，集成后的数据必须保证完整性，包括数据完整性和约束完整性两方面。数据完整性是指完整提取数据本身，一般来说这一点较容易达到。约束完整性，约束是指数据与数据之间的关联关系，是唯一表征数据间逻辑的特征。保证约束的完整性是良好的数据发布和交换的前提，可以方便数据处理过程，提高效率。

11.1.2.3 适应性

网络时代的应用对传统数据集成方法提出了挑战，提出了更高的标准。一般来说，当前负责集成的应用必须满足轻量快速部署的要求，即系统可以快速适应数据源改变和低投入的特性。

11.1.2.4 语义不一致

信息资源之间存在着语义上的区别。这些语义上的不同可能引起各种矛盾，从简单的名字语义不一致（不同的名字代表相同的概念），到复杂的结构语义冲突（不同的模型表达同样的信息）。语义不一致会带来数据集成结果的冗余，干扰数据处理、发布和交换。所以如何尽量减少语义不一致也是数据集成的一个研究热点。

11.1.2.5 权限问题

由于数据库资源可能归属不同的部门，所以如何在访问异构数据源数据基础上保障原有数据库的权限不被侵犯，实现对原有数据源访问权限的隔离和控制，就成为连接异构数据资源库必须解决的问题。

11.1.2.6 集成内容限定

多个数据源之间的数据集成，并不是要将所有的数据进行集成，那么如何定义要集成的范围，就构成了集成内容的限定问题。

11.2 数据集成主要方法

目前有多种集成异构数据源的体系结构，主要的类型有三种：联邦数据库集成方法、中间件集成方法和数据仓库集成方法。根据数据集成系统接收的查询是发送到数据源还是预处理好的数据，把这三种集成方法分成两类：虚拟视图方法和物化方法。虚拟视图（virtual view）方法中接收的查询发送到数据源，物化（materialized）方法中接收的查询发送到预处理好的数据源。

11.2.1 虚拟视图方法

采用虚拟视图方法实现的数据集成系统，当用户向该系统提交查询请求时，系统根据命令操作数据源中的数据。采用虚拟视图方法集成数据源主要有两种体系结构，一种是联邦数据库系统，另一种是中间件系统。

11.2.1.1 联邦数据库系统

联邦数据库系统（federated database system，FDBS）由参与联邦的半自治的数据库系统组成，目的是实现数据库系统间部分数据的共享。联邦中的每个数据库的操作是独立于其他数据库和联邦的。“半自治”是因为联邦中的所有数据库都添加了彼此访问的接口。

联邦数据库系统分为紧耦合系统和松耦合系统两种。紧耦合 FDBS 有一个或几个统一的模式，这些模式可通过模式集成技术半自动生成，也可通过用户手工构造。要解决逻辑上的异构，就需要领域专家决定数据库模式间的对应关系。由于模式集成技术不易添加/删除联邦数据库系统中的数据库，所以紧耦合 FDBS 通常是静态的，且很难升级。松耦合 FDBS 没有统一的模式，但它提供了查询数据库的统一语言。这样 FDBS 中的数据库更具有自治性，但必须由用户解决所有语义上的异构。由于松耦合 FDBS 没有全局模式，所以，每个数据库都要创建自己的“联邦模式”。

FDBS 中实现互操作最常用的方法是将每个数据库模式分别和其他所有数据库模式进行映射，这样的例子如图 11–2 所示。这样，联邦中需要建立 n（n–1）个模式映射规则，但当参与联邦的数据库很多（n 值很大）时，建立映射规则的任务变得不可行。所以，联邦数据库系统适合于自治数据库的数量比较小的情况。而且，希望数据库能够保持“独立”，允许用户单独查询，数据库间能够彼此联合回答查询的情况。

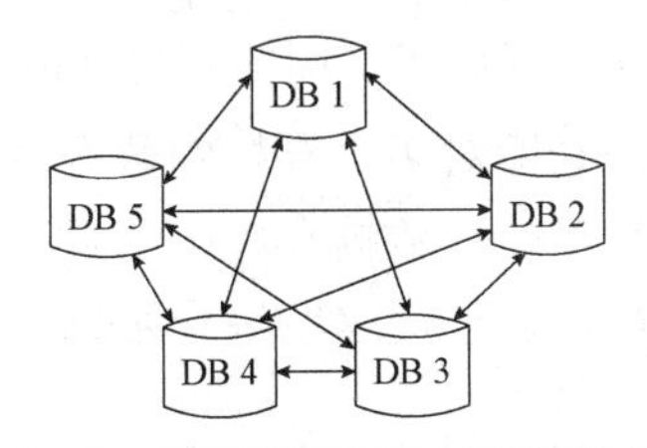

图 11–2 联邦数据库体系结构的例子

11.2.1.2 中间件系统

中间件系统通过提供所有异构数据源的虚拟视图来集成它们，这里的数据源可以是数据库与 Web 数据源等。该系统提供给用户一个全局模式（也叫 mediated 模式），用户提交的查询是针对该模式的，所以用户不必知道数据源的位置、模式及访问方法。

图 11-3 所示的是典型的中间件系统体系结构。该系统的主要部分是中介器和针对每个数据源的包装器（wrapper）。这里中介器的功能是接收针对全局模式生成的查询，根据数据源描述信息及映射规则将接收的查询分解成每个数据源的子查询，再根据数据源描述信息优化查询计划，最后将子查询发送到每个数据源的包装器。包装器将这些子查询翻译成符合每个数据源模型和模式的查询，并把查询结果返回给中介器。中介器将接收的所有数据源的结果合并成一个结果返回给用户。

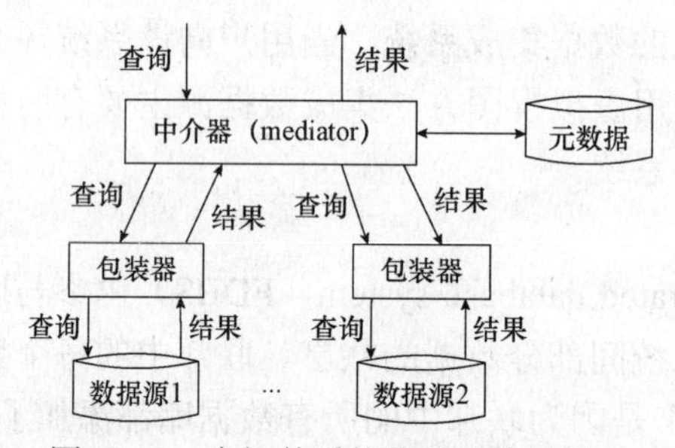

图 11-3 中间件系统体系结构的例子

中间件系统体系结构与紧耦合联邦数据库系统有如下不同之处。

（1）中间件系统可以集成非数据库数据源。

（2）基于中间件系统的数据源查询能力可以是受限制的，数据源可以不支持 SQL 查询。

（3）中间件系统中的数据源是完全自治的，这就意味着很容易向（从）系统中添加（删除）数据源。

（4）由于中间件系统中的数据源是自治的，所以对系统中数据源的访问通常是只读的，而 FDBS 支持读写访问。

11.2.2 物化方法

物化方法也就是数据仓库法，该方法需要建立一个存储数据的仓库，由 ETL（extract，transform，and load）工具定期从数据源过滤数据，然后装载到数据仓库，供用户查询。

数据仓库是一个面向主题的、集成的、相对稳定的、反映历史变化的数据集合，用于支持管理决策。对于数据仓库的概念可以从两个层次予以理解：首先，数据仓库用于支持决策，面向分析型数据处理；其次，数据仓库对多个异构的数据源进行有效集成，集成后按照主题进行重组，并包含历史数据，而且存放在数据仓库中的数据一般不再修改。数据仓库存储了从所有业务系统中获取的综合数据，并利用这些综合数据为用户提供经处理后与决策相关的信息。

11.2.2.1 数据仓库的特点

数据仓库拥有以下四个特点。

1. 面向主题

操作型数据库的数据组织面向事务处理任务，各个业务系统之间各自分离，而数据仓库中的数据是按照一定的主题域组织的。主题是一个抽象的概念，是指用户使用数据仓库进行决策时所关心的重点方面，一个主题通常与多个操作型信息系统相关。

2. 集成的

面向事务处理的操作型数据库通常与某些特定的应用相关，数据库之间相互独立，并且往往是异构的。而数据仓库中的数据是在对原有分散的数据库数据抽取、清洗的基础上经过系统加工、汇总和整理得到的，必须消除源数据中的不一致性，以保证数据仓库内的信息是关于整个企业的一致的全局信息。

3. 相对稳定的

操作型数据库中的数据通常实时更新，数据根据需要及时发生变化。数据仓库中的数据主要供企业决策分析之用，所涉及的数据操作主要是数据查询，一旦某个数据进入数据仓库以后，一般情况下将被长期保留，也就是数据仓库中一般有大量的查询操作，但修改和删除操作很少，通常只需要定期的加载、刷新。

4. 反映历史变化

操作型数据库主要关心当前某一个时间段内的数据，而数据仓库中的数据通常包含历史信息，系统记录了企业从过去某一时间点（如开始应用数据仓库的时间点）到目前的各个阶段的信息，通过这些信息，可以对企业的发展历程和未来趋势做出定量分析和预测。

11.2.2.2 数据仓库系统体系结构

企业数据仓库的建设，是以现有企业业务系统和大量业务数据的积累为基础的。数据仓库不是静态的概念，只有把信息及时交给需要这些信息的使用者，供他们做出改善其业务经营的决策，信息才能发挥作用，信息才有意义。而把信息加以整理归纳和重组，并及时提供给相应的管理决策人员，是数据仓库的根本任务。因此，从产业界的角度看，数据仓库建设是一个工程，是一个过程。数据仓库系统体系结构一般包含四个层次，具体如图 11-4 所示。

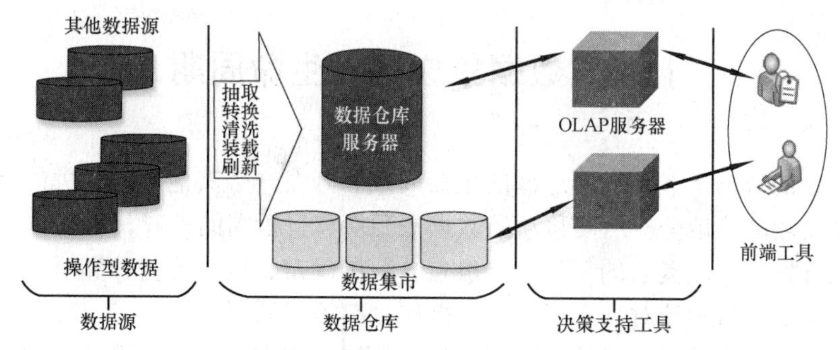

图 11-4 数据仓库系统体系结构

1. 数据源

数据源是数据仓库系统的基础，是整个系统的数据源泉。通常包括企业内部信息和外部信息。内部信息包括存放于 RDBMS 中的各种业务处理数据和各类文档数据。外部信息包括各类法律法规、市场信息和竞争对手的信息等。

2. 数据仓库服务器

数据仓库服务器是整个数据仓库系统的核心。数据仓库的关键是数据的存储和管理。数据仓库的组织管理方式决定了它有别于传统数据库，同时也决定了其对外部数据的表现形式。要决定采用什么产品和技术来建立数据仓库服务器，则需要从数据仓库的技术特点着手分析。针对现有各业务系统的数据，进行抽取、清洗，并有效集成，按照主题进行组织。数据仓库按照数据的覆盖范围可以分为企业级数据仓库和部门级数据仓库（通常称为数据集市）。

3. OLAP 服务器

OLAP 服务器对分析需要的数据进行有效集成，按多维模型予以组织，以便进行多角度、多层次的分析，并发现趋势。

4. 前端工具

前端工具主要包括各种报表工具、查询工具、数据分析工具、数据挖掘工具以及各种基于数据仓库或数据集市的应用开发工具。其中数据分析工具主要针对 OLAP 服务器，报表工具、数据挖掘工具主要针对数据仓库。

11.2.3 混合型集成方法

虚拟视图方法和物化方法都有其自己的优点和缺点。虚拟视图方法实时一致性好，透明度高，不需要重复存储大量数据，能保证查询到最新的数据，比较适合于集成数据多且更新变化快的异构数据源集成，但执行效率低，过于依赖网络且算法复杂。物化方法执行效率高，较少依赖网络，但实时一致性差。混合型集成方法综合二者的优点，设法提高基于中间件系统的性能，保留虚拟视图数据模式为用户所用，同时提供物化的方法，可以复制各数据源之间的常用数据。对于简单的用户请求，通过数据复制的方式，在本地或单一数据源上实现用户请求；而对数据复制方式无法实现的复杂的用户请求，则采用虚拟视图方法。

11.3 数据集成开发生命周期

开发一个新的数据集成项目所遵循的生命周期和开发一个其他数据相关的项目很相似。成功的关键是比较准确地分析所要移动的数据在源端和目标端的差异。

数据集成开发是一项复杂的工作，一般包含范围确定、概要分析源和目标、设计、编码接口和校对、测试接口和校对、实现接口、操作接口等 7 个步骤，如图 11-5 所示。数据集成开发第一个步骤就是确定项目的范围，包括：高层次需求、高层次设计、数据需求、识别源和目标。整个过程起始于高层次的需求：哪些是必须满足的数据移动的基本需求？这些需求可能是需要在整个企业内部同步的客户数据、需要在内部使用的某个外部组织的数据、报表中所需要使用的额外数据、为了预测分析而需要使用的社会化媒体数据或者为数众多的其他可能需要移动的数据。然后，就可以对一些基本设计要素做出分析：是否需要以批处理的方式或者实时的方式每天处理一次？是不是已经有马上可用的数据集成平台？或者还需要哪些额外的资源？最后通过更加详细的需求分析识别出还需要哪些数据、可能涉及的数据源和目标等情况。

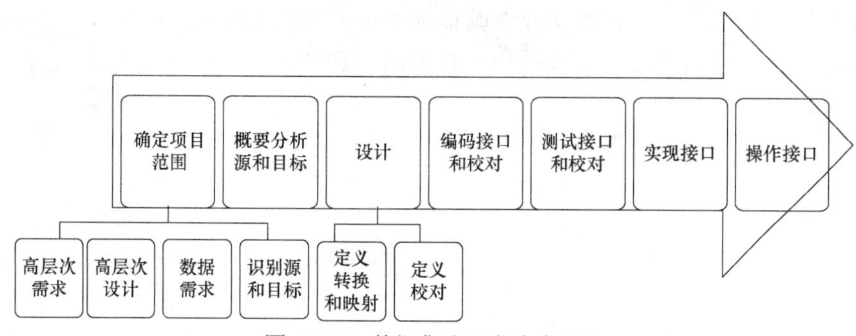

图 11－5 数据集成开发生命周期

第二个步骤是概要分析。因为数据集成被视作一门技术活，而组织通常会对授权访问生产数据比较敏感。因此，为了开发数据接口而对当前存储于可能的源和目标系统的数据进行分析可能是一件比较困难的事情。所以，对实际数据进行概要分析往往成为决定成败的关键。几乎每个数据集成项目都会发现存在于源和目标系统中的实际数据的一些问题，而这些问题往往很大程度上影响了方案的设计。例如，数据是不是包含了没有预料到的内容、缺少某些内容或者很差的数据质量，甚至在需要某些数据的时候这些数据根本不存在。和数据拥有者以及安全团队之间的谈判将会持续到达成一个可以接受的方案，可以据此对涉及的源和目标数据进行概要分析。

第三个步骤是设计。基于前面概要分析的结果，需要准确定义数据从源到目标的转换策略和映射规则，并定义相关的集成转换工作流，同时还需要定义集成过程中校对规则。

步骤四和步骤五是进行编码和测试接口的设计和校对。所有的数据集成方案都应当包括一些校对过程，这个过程将在数据接口投入使用的时候周期性地执行，用以确保来自数据源的数据成功地整合到目标应用中。数据校对应当通过数据接口以外的其他方式执行，比如可以在源和目标系统上执行同样的报表，并对结果进行比较。校对过程对于数据转换项目来说是必不可少的，而且它对所有的数据集成项目都是重要的组成部分。

最后两个步骤是进行实现和操作接口开发，实现数据集成。

虽然数据集成开发生命周期的每个步骤都是顺序执行，并且区分很明显，但是事实上，这些步骤在具体实施过程中也需要不断迭代和优化，最好能借助分析工具和原型工具，尽早展开对数据集成设计的测试工作。

11.4 数据集成技术

11.4.1 ETL 技术

数据集成的核心功能就是从当前存储数据的地方获取数据之后，将其转换为目标系统所兼容的格式，最后将其导入目标系统。以上这三个步骤就是所谓的抽取、转换和加载。所有的数据集成，不管是批处理还是实时方式，同步还是异步，物理的还是虚拟的，基本都围绕着这些基本动作展开。虽然这是个非常简单的概念，但在实现上却存在大量不同的设计和技术方案。那些开发这些功能的人诸如分析师、建模师和程序员通常都承担着设计或者支持的角色，而这些角色常常顶着以ETL（或者其他缩略词）打头的头衔。

ETL的过程包含数据抽取、数据转换、数据清洗和装载，是数据仓库集成方法的重要步骤，如图11-6所示。

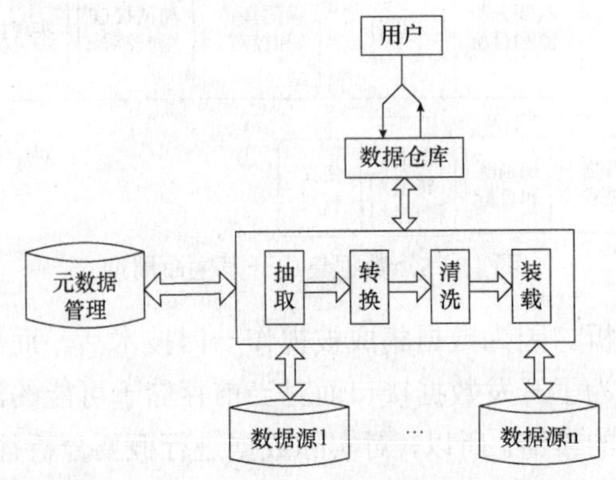

图11-6　基于数据仓库的数据集成模型

11.4.1.1　数据抽取

基于数据仓库进行数据集成的第一步是数据抽取。数据抽取是指根据元数据库中主题表定义、数据源定义、数据抽取规则定义对异地异构数据源进行搜索，使用某些规定的标准，选择合乎标准的数据，并把数据传送到数据仓库中的过程。在组织不同来源的数据过程中，先将数据转换成一种中间模式，再把它移至临时工作区。在数据抽取过程中，必须在最终用户的密切配合下，才能实现数据的真正统一。复制数据的过程通常在操作系统空闲时进行。

11.4.1.2　数据转换

对数据进行抽取以后，就要开始对数据进行转换，按照元数据中的定义将各种数据转换成数据仓库中的统一模式。来自不同数据源的数据在数据集成时进入到数据仓库系统，这些数据源通常是异构的，它们之间的数据结构、数据编码、数据定义、键结构和数据物理特征等方面是不兼容的，因为它们从来就不是为集成而设计的。因此，数据在进入数据仓库之前要进行数据转换。

11.4.1.3　数据清洗

由于多种原因，在数据仓库中存在脏数据是很正常的，比如，源异构的系统中存在滥用缩写词、惯用语、数据输入错误、数据中内嵌控制信息、重复记录、丢失值、拼写变化、不同的计量单位和过时的编码等或多或少的问题，因此就需要进行数据清洗。

11.4.1.4　数据装载

数据装载是将经过数据抽取、转换、清洗的历史数据或操作型数据和经过校正的脏数据导入数据仓库。在装载操作中可以进行一些最后的转换，这包括在最终装载前对可能存在的不一致进行转换。数据装载时，逐条把合法的数据导入目标数据表，当被装载到数据仓库的记录包含有与目标表的限制不一致的数据时，该记录被认为包含脏数据。这样的记录要先放入清洗表，经过校正后，再重新装载。

11.4.2　实时数据集成技术

企业应用集成（enterprise application integration，EAI）是用来在不同的技术所构建的应用系统之间进行集成或者数据传输的一种方式，而面向服务架构（service-oriented architecture，SOA）则是在应用之间基于通用的技术协议进行接口交互或者相互调用的一种方法。企业服务总线（enterprise service bus，ESB）是 EAI 中使用的最多的一种工具。在大多数组织中，相对于那些使用 SOA 开发的新应用系统而言，更希望集成一些使用不同技术的遗留应用系统，再加上一些购买的不管采用什么技术都已经被实施了的应用软件包，这些组织一般都在实时数据集成和调度中使用 ESB 技术。企业信息集成（enterprise information integration，EII）有时候被用作 EAI 的同义词，但是 EII 特指在集成中直接访问应用系统底层的数据的情况，而不是通过应用代码和服务进行访问。

11.4.2.1　企业服务总线

绝大多数实时数据集成方案，特别是“中心-节点”式方案的核心就是企业服务总线的实施。ESB 通常是独立于组织的应用组合中运行的任何其他应用和工具，而单独运行在一台服务器上的一个应用程序。几乎所有的企业、操作型、实时或者近实时数据集成方案都采用一个企业服务总线。换言之，绝大多数在应用系统运行的支持日常工作的数据接口通常都会基于 ESB 实施。数据接口主要负责每天工作结束的时候将数据传输到数据中心，例如数据仓库。点对点模式中可能采用其他数据集成方法，例如批处理数据集成方案。

企业服务总线通常用于协调在不同的服务器之间的数据移动，而这些服务器可能运行着基于不同技术的应用系统。通过 ESB 连接的每台服务器（物理的或者虚拟的）上都安装了一个适配器，进出每个应用系统的消息都进行了排队。适配器将会处理由于接口使用的不同技术而需要的任何转换。因此，适配器一般特定于运行着系统和数据结构的各自的服务器所基于的技术。

企业服务总线将持续不断地从连接着应用系统的每一个队列中“拉取”信息，对每一个信息进行处理，并将消息放到任何相关应用的输入队列。如果某台服务器不可用，或者宕机了，此时 ESB 将会暂时保留与这台服务器相关的所有消息，直到其恢复可用状态。如果服务器可用但是该服务器上某个应用宕掉了，那么与这个应用相关的所有消息都会保存在应用消息队列中，直到应用恢复并重新开始处理消息。

ESB 的实施通常还会包括一个轮轴和轮辐式交互模式的逻辑实现。实现中心-节点并将数据转换为中心的通用格式（或者规范化模式），然后转换为特定于接收系统的格式的应用可以与 ESB 引擎共存，或者也可以是一个单独的应用。类似地，协调应用之间交互的软件也可以是独立的或者与 ESB 协调组件结合在一起。协调软件负责处理应用对感兴趣的特定类型的信息的订阅，以及随后在信息发布的时候将相关信息进行分布。ESB 还需要一个监控程序，方便系统管理员使用，用来查看和管理 ESB 的数据移动。由于企业服务总线支持跨操作系统的应用软件，因此通常被归为“中间件”。

11.4.2.2　面向服务架构

面向服务架构是一个组件模型，它将应用程序的不同功能（也称为服务）进行拆分，并通过这些服务之间定义良好的接口和协议联系起来。服务可能包括执行某些活动、返回某些信息或者答案。如今，大多数定制化软件开发都基于 SOA 进行设计和编程。购买的商业软件包通常也提供以服务的方式进行交互的功能，这些服务可以通过 API 调用。面向服务架构在集成中有着特别重要的意义，因为服务良好定义的本质是可以为不同的系统和技术在交互协议上给予有效指示。SOA 最佳实践原则包括服务要做到松耦合，这样除了结果之外，不同的系统赖以实现的特定的技术就不会给用户或者需要调用这些服务的应用造成影响。SOA 中的数据服务提供信息或者更新信息的服务。

ESB 和 SOA 之间的差别在于：ESB 是一个工具或者引擎，而 SOA 是一个设计哲学；ESB 通常用于由不同技术构成的异构应用环境中的数据传输，而 SOA 通常意味着一个更为异构的技术环境。ESB 可以用于连接那些以服务的方式开发的应用程序，但通常也会包括那些并不是以一致的方式进行开发的应用系统。因此，ESB 提供了做技术上的翻译和转换所需要的层次。如果所有需要交互的应用系统都采用了一致的标准和协议进行开发，那么 ESB 就不一定是必要的了，但是它依然可以为交互提供必需的协调。在实践中，当把新的应用与遗留系统进行集成时，就需要 ESB。在引用系统的代码中加入交互的协调逻辑是一件工作量非常大的事情，但是可以通过特定的 ESB 技术减轻这种负担，如同通过数据库管理系统减轻数据存储的负担一样。

11.4.2.3 企业应用集成

企业应用集成是一种数据集成架构或方法，它的主题涵盖了集成基于不同技术的应用所涉及的几乎所有的技术，包括中心-节点式方法、ESB 的使用以及不同的交互模式如订阅和发布等。企业应用集成的要点在于连接应用组合中不同时间采用不同技术开发的应用系统，由此实现集成异构应用。

数据集成的最佳实践就是通过应用层实现交互，由应用代码处理底层数据结构的访问。即使某个应用没有预先定义的服务或者 API，试着构建一个包装器调用应用代码来访问所需要的数据或者数据功能仍然是一个不错的选择。很多商业软件包要求非常严格，即所有的接口不能越过应用代码，因此最好不要这么做，尤其是当需要更新存储于应用系统底层数据的时候。

11.4.3 数据虚拟化技术

数据虚拟化技术可以让一个组织为其数据使用者（人或者系统）提供实时集成的数据视图，数据视图将来自不同地方和技术的数据整合在一起并转换成所需要的格式。

数据虚拟化并不是一个新的业务需求，只是因为过去的技术方案运行速度太慢以致没有办法实现有用的实时转换和整合。数据虚拟化是过去 20 年中所有的数据集成、商务智能技术和技能逐渐完善的一个集大成者。创建数据仓库的主要目的就是将其作为集成的数据视图的实例，但是由于没有办法做到实时，因此难以为业务分析提供有用的响应事件。数据虚拟化最令人兴奋的一点就是集成的信息既包括传统的商务智能中的结构化数据也包括非结构化数据。

数据虚拟化并不是为了代替数据仓库，它构建于数据仓库之上，以实时的方式集成历史数据和当前数据。这些数据具有不同类型的数据结构，可以是本地的、远程的、结构化的、非结构化的以及临时的。在集成之后再以一种实时的方式，按照应用程序或者用户所要求的格式展现。

如图11-7所示，数据虚拟化服务器连接了各种不同来源的数据存储和技术，将数据转换和集成为一个通用的视图，然后将这些数据以一种适当的格式按照期望的形式提供给应用、工具或者人员等数据使用者。数据虚拟化服务器可以访问从公共云中的远程数据存储到非本地化的每个文件中的数据，也可以访问从大型机索引文件到文档、Web内容以及数据表等各种不同技术产生的数据。数据虚拟化服务器可以利用数据集成所有的经验教训，以一种最高效的方式访问不同的数据源并将这些数据转换为一个通用的视图。然后在此集成构建企业内容管理和元数据资源管理以集成结构化和非结构化数据。组织的各种不同的数据仓库、文档管理系统，以及Hadoop文件属于数据虚拟化服务器的输入源。

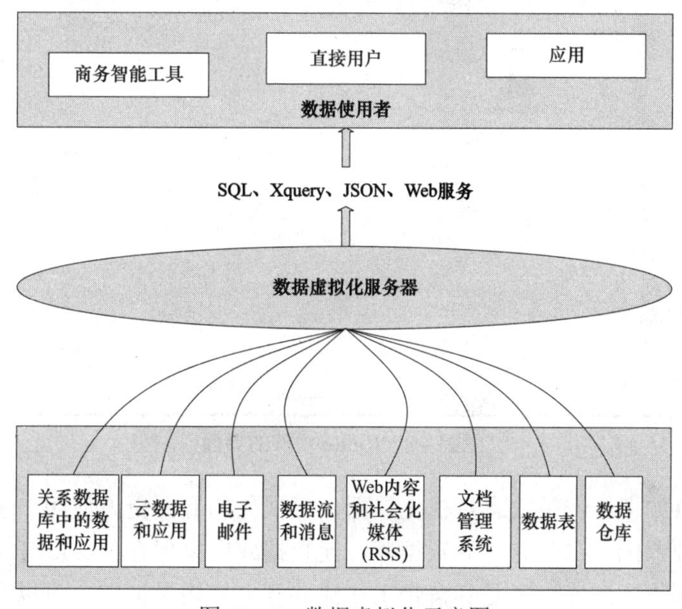

图11-7 数据虚拟化示意图

11.5 数据集成产品介绍

11.5.1 Kettle工具

Kettle是国外一个开源的ETL工具，纯java语言编写，可以在Windows、Linux、UNIX上运行，数据抽取高效稳定。其主要功能就是对源数据进行抽取、转换、装入和加载数据。也就是将源数据整合为目标数据。Kettle中有两种脚本文件，即transformation和job。transformation完成针对数据的基础转换，job则完成整个工作流的控制。

Kettle主要包括以下三大块：Spoon是一个图形用户界面，它允许运行转换或者任务，其中转换用pan工具来运行，任务用kitchen来运行。pan是一个数据转换引擎，它可以执行很多功能。例如，从不同的数据源读取、操作和写入数据。kitchen可以运行利用xml或数据资源库描述的任务，通常任务是在规定的时间间隔内用批处理的模式自动运行的。Kettle软件界面如图 11－8 所示。

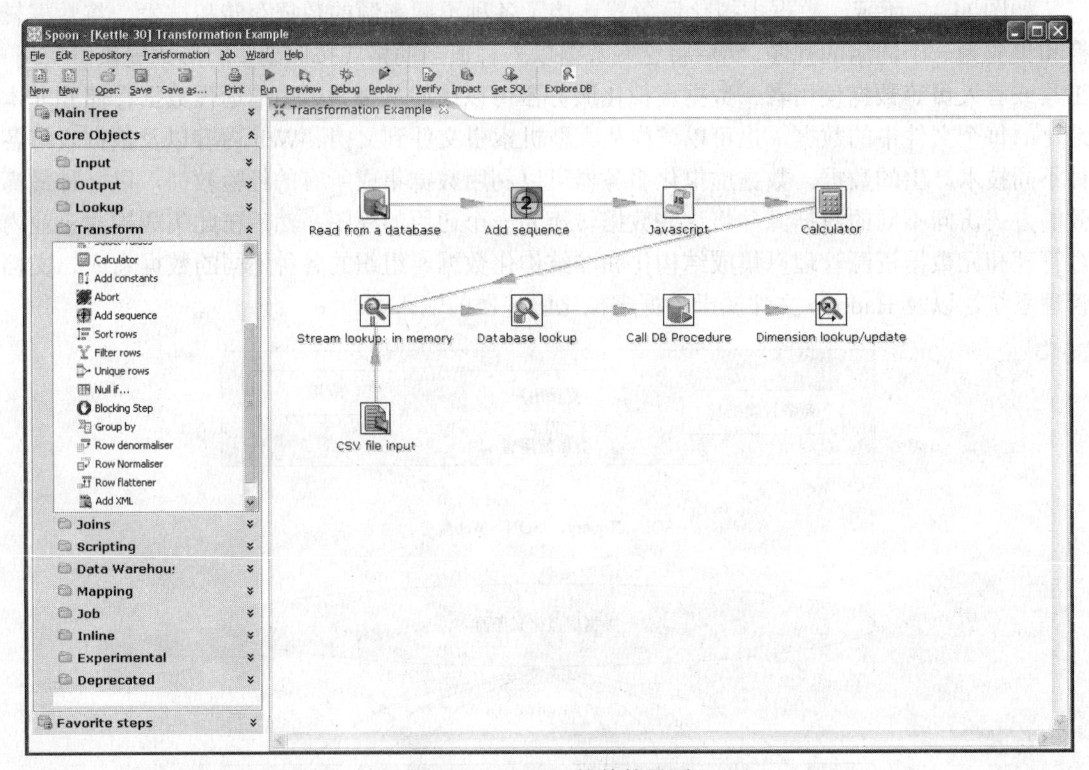

图 11－8　Kettle 软件的界面

Kettle 的优点如下。一是它有可视化界面，可视化的界面更方便用户使用，也成为用户选择 Kettle 的首要原因。二是它有元数据库，元数据库用来保存 Kettle 任务的元信息，方便管理任务，通常叫作资源库。三是其自带工作流并且支持增量抽取。可以配置成一套逻辑。例如，抽取数据时，目标表不存在的则插入，存在的则更新；目标表中存在并且数据源中不存在的，可以删除。

11.5.2　DataX 工具

DataX 是一个异构数据源离线同步工具，致力于实现包括关系型数据库（MySQL、Oracle 等）、HDFS、Hive、ODPS、HBase、FTP 等各种异构数据源之间稳定高效的数据同步功能。

DataX 是淘宝开源的数据导入导出的工具，支持 HDFS 集群与各种关系型数据库之间的数据交换。DataX 可以实现在一个很短的时间窗口内，将一份数据从一个数据库同时导出到多个不同类型的数据库。

DataX 在异构的数据库/文件系统之间高速交换数据，采用 Framework + plugin 架构构建，Framework 处理了缓冲、流控、并发、上下文加载等高速数据交换的大部分技术问题，提供了简单的接口与插件交互，插件仅需实现对数据处理系统的访问。数据传输过程在单进程内完成，全内存操作，不读写磁盘，也没有 IPC 开放式的框架，开发者可以在极短的时间内开发一个新插件以快速支持新的数据库/文件系统。

DataX 结构主要包括以下模块。

Job：一道数据同步作业。

Splitter：作业切分模块，将一个大任务分解成多个可以并发的小任务。

Sub-job：数据同步作业切分后的小任务。

Reader（Loader）：数据读入模块，负责运行切分后的小任务，将数据从源头装载入 DataX。

Storage：Reader 和 Writer 通过 Storage 交换数据。

Writer（Dumper）：数据写出模块，负责将数据从 DataX 导入至目的数据库。

DataX 框架内部通过双缓冲队列、线程池封装等技术，集中处理了高速数据交换遇到的问题，提供简单的接口与插件交互，插件分为 Reader 和 Writer 两类，基于框架提供的插件接口，可以十分便捷地开发出需要的插件。比如，想要从 Oracle 导出数据到 MySQL，那么需要做的就是开发出 MySQLReader 和 HDFSWriter 插件，装配到框架上即可。并且这样的插件一般情况下在其他数据交换场合是可以通用的。如图 11-9 所示。

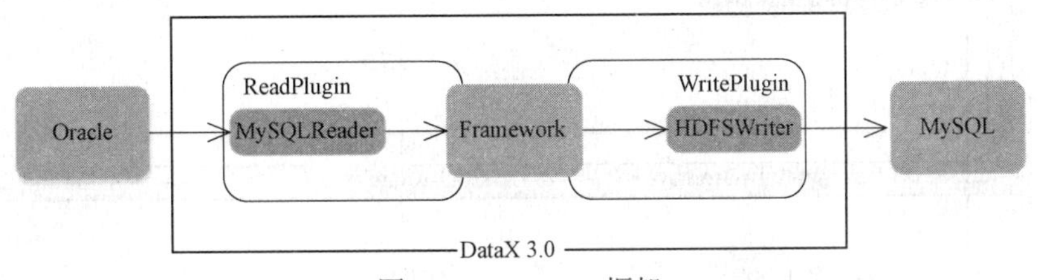

图 11-9　DataX 框架

11.5.3　Informatica PowerCenter 工具

Informatica PowerCenter 工具可以访问和集成各种模式的业务系统和各种格式的数据资源，它可以快速在企业内交付所需的数据，具有高性能、高可扩展性、高可用性的特点。Informatica PowerCenter 包括 4 个不同版本，即：标准版，实时版，高级版，云计算版。同时，它还提供多个可选的组件，以扩展 Informatica PowerCenter 的核心数据集成功能。这些组件包括：数据清洗和匹配、数据屏蔽、数据验证、Teradata 双负载、企业网格、元数据交换、下推优化、团队开发和非结构化数据处理等。

Informatica PowerCenter 工具主要包括：PowerCenter 客户端、PowerCenter 存储库服务、PowerCenter 集成服务和 Informatic 服务。

PowerCenter 客户端通过软件工具管理存储库、设计映射、加载数据和运行工作流。PowerCenter 客户端包括以下软件工具：Designer、Mapping Architect for Visio、Repository Manager、Workflow Manager、Workflow Monitor、iReports Designer。使用 Designer 可创建包含集成服务转换指令的映射。使用 Mapping Architect for Visio 可创建能生成多个映射的映射模板。使用 Repository Manager 可向用户和组分配权限并管理文件夹。使用 Workflow Manager 可创建、计划和运行工作流。使用 Workflow Monitor 可监视每个集成服务计划运行和正在运行的工作流。使用 iReports Designer 可设计能够在 JasperReports Server 中查看的报告。PowerCenter 客户端各软件工具的界面如图 11-10 至图 11-13 所示。

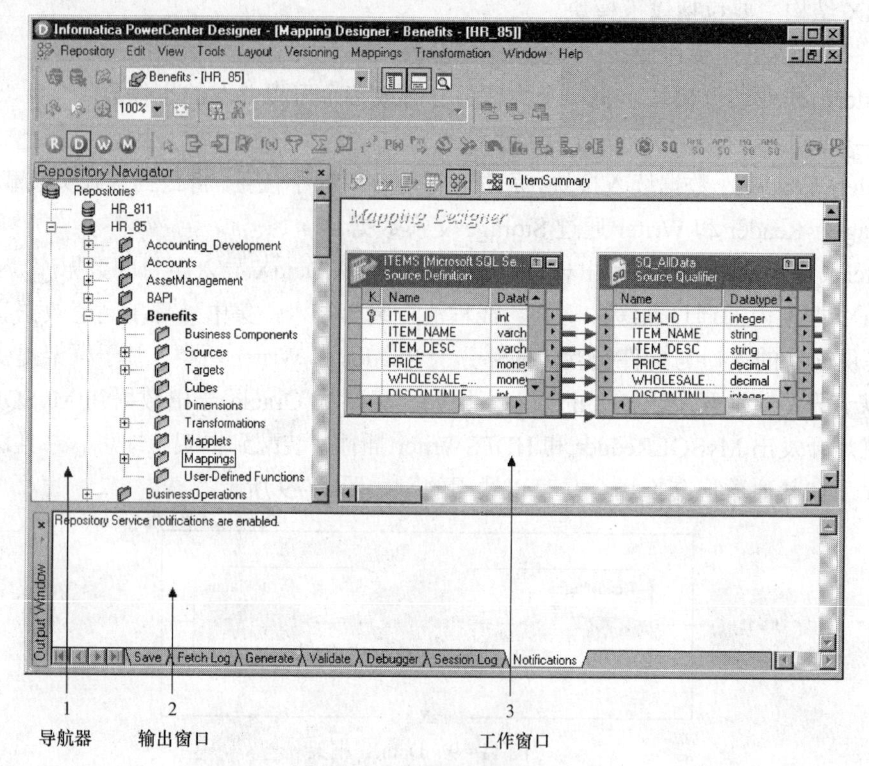

图 11-10　Designer 界面

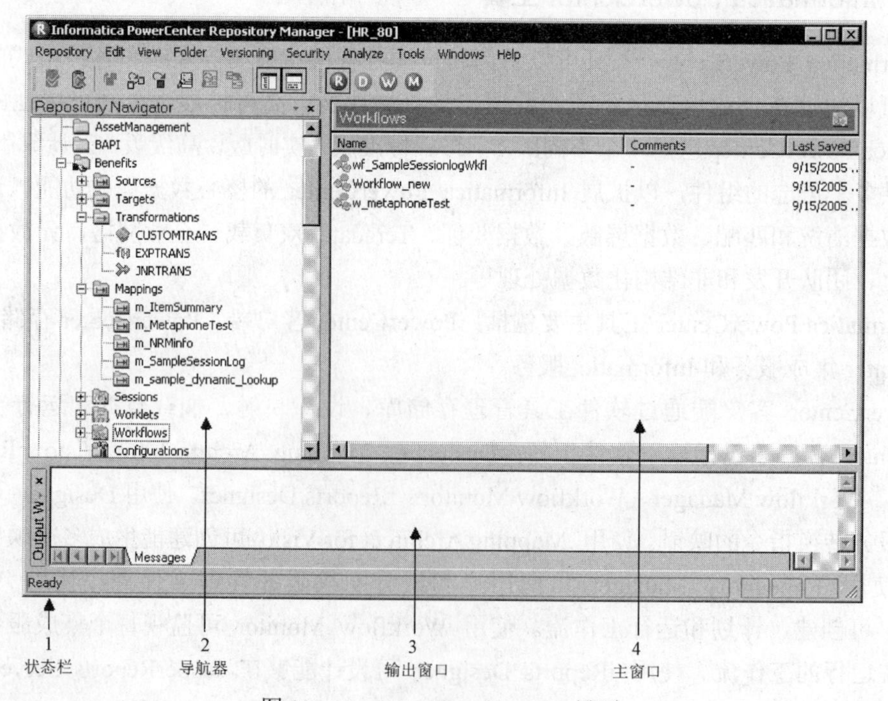

图 11-11　Repository Manager 界面

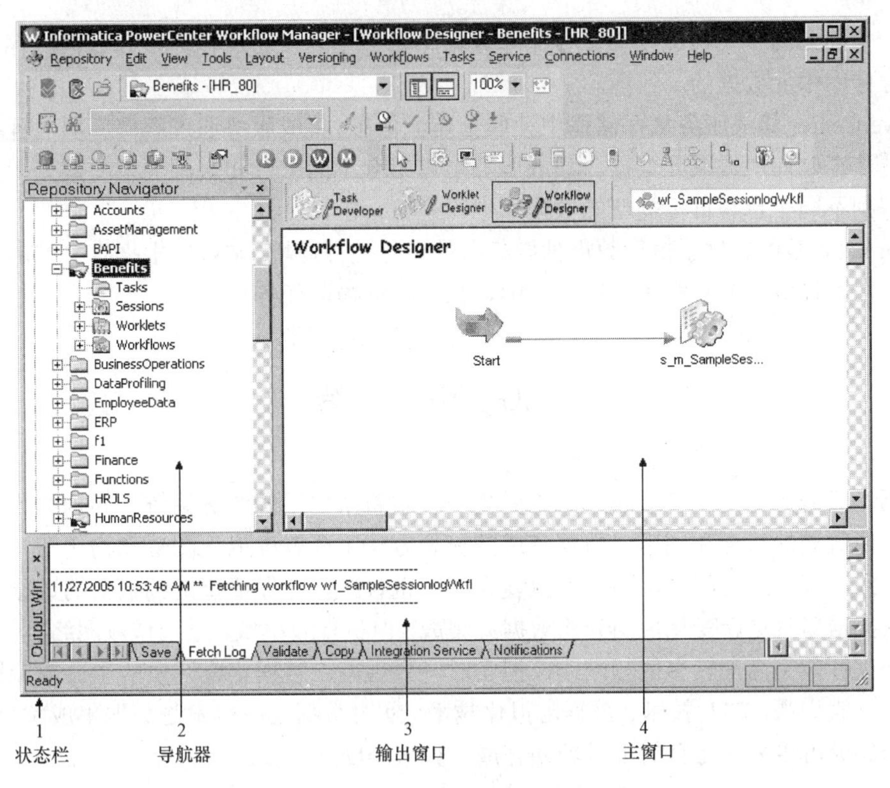

图 11－12　Workflow Manager 界面

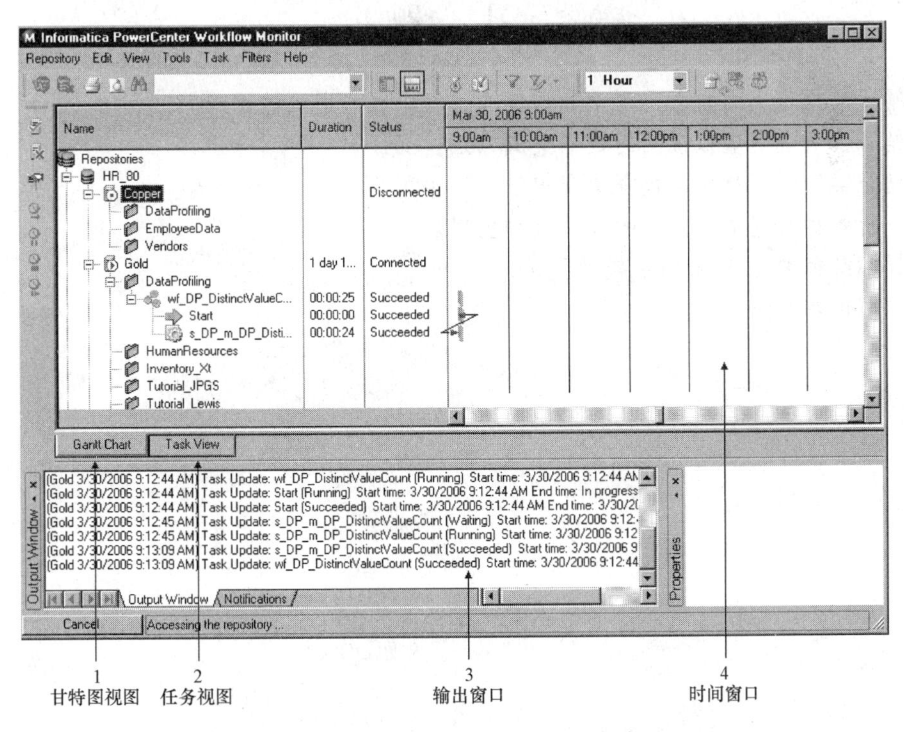

图 11－13　Workflow Monitor 界面

PowerCenter 存储库服务主要管理从存储库客户端到 PowerCenter 存储库的连接。存储库服务是一个独立的多线程进程，在存储库数据库表中检索、插入和更新元数据。存储库服务可确保存储库中元数据的一致性。

PowerCenter 集成服务从存储库中读取工作流信息。集成服务通过存储库服务连接到存储库，以便从存储库中提取元数据。集成服务可以组合不同平台和来源类型的数据，还可以将数据加载到不同平台和目标类型的数据库中。

Informatic 服务提供了执行数据抽取任务的运行支撑环境，它可以根据定义好的工作流元数据库，在被抽取数据的实际运行环境中，执行数据抽取任务。

11.6 小　　结

数据集成是数据资源管理的基础工具之一，它将来自不同业务系统、异构的数据集成在一起，方便数据的整合和利用。数据集成的典型方法主要有虚拟视图法和物化法，虚拟视图法实时一致性好，透明度高，不需要重复存储大量数据，能保证查询到最新的数据，比较适合于集成数据多且更新变化快的异构数据源集成，但执行效率低，过于依赖网络且算法复杂。物化方法执行效率高，较少依赖网络，但实时一致性差。数据集成开发的生命周期概括了数据集成的一般步骤，ETL 技术、数据虚拟化技术、实时数据集成技术是数据集成常见的技术。实现数据集成可以采用已有的工具辅助完成，如 Kettle、DataX 等。

习　题

1. 阐述数据集成的概念，列举数据集成过程中可能遇到的困难。
2. 结合实例说明虚拟视图的数据集成方法。
3. 结合实例说明物化的数据集成方法。
4. 分析各种数据集成方法的优缺点和应用场景。
5. 详细解释 ETL 技术的一般过程。
6. 简要说明 Kettle 工具的功能。

第 12 章　数据中台

后台数据的规模越来越大，前台的应用需求变化越来越快，为有效解决这一矛盾，近年来人们提出了数据中台的概念，期望通过数据中台的建设，能够提高数据资源建设管理的整体水平，面向复杂多变的应用需求，提供可复用的公共数据产品或服务。本章从数据中台概述、数据中台的架构、数据中台的建设、相关支撑技术和国内典型数据中台等五个方面，帮助读者全面了解数据中台的技术体系。

12.1　数据中台概述

在以往的企业 IT 建设中，针对各种实际需求而开发或购买的信息系统几乎是相互独立的，没有办法做到信息系统之间的数据共享共通，以至于企业内部会产生孤岛效应。随着 IT 技术的发展，特别是移动互联网的迅速崛起，很多企业开始采用新的业务模式提供服务。支撑新业务模式的平台不是传统的信息系统平台，产生的数据与传统平台里的数据无法直接互通，凸显了企业的数据孤岛问题。由于分散存储在各个平台上的数据，无法统一使用，给企业制定经营决策带来了麻烦，无法及时响应前端服务的客户快速变化的需求。企业迫切需要一套统一的机制融合企业内部的各种业务模式，汇聚分散的数据，提高数据服务质量，为企业精确化经营、决策的精准制定提供可靠的支撑。这其实就是数据中台的目标，如图 12-1 所示。

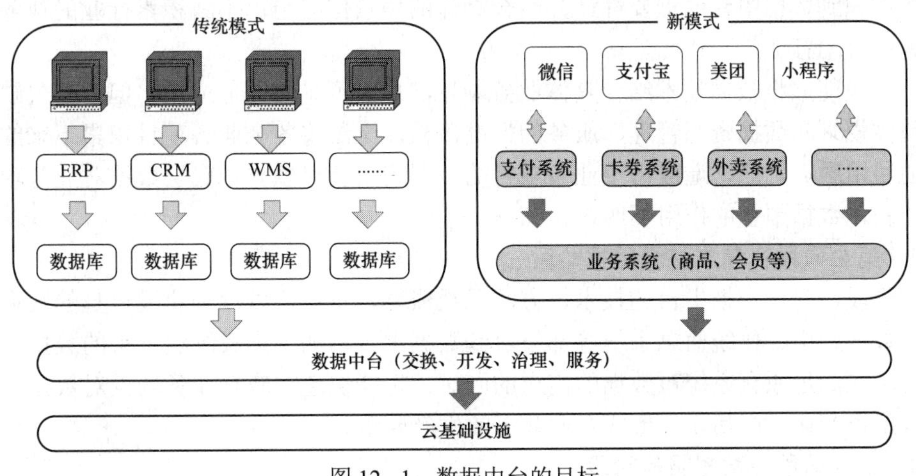

图 12-1　数据中台的目标

12.1.1 数据中台的概念

数据中台的建设刚刚起步，它的定义尚未统一，众说纷纭，如“数据中台包括业务和数据，是云平台的组成部分”“数据中台是数据的共享、整合和深度分析”等。由于理解的角度不同，企业、客户、技术人员对数据中台的概念表述不尽相同。相对比较完整的定义应该是这样的，数据中台是依据企业特有的业务模式和组织架构，构建的一套可长期将数据资产化并服务于业务的机制。业务产生数据，数据服务业务，二者相互交替循环，实现数据的统一管理，如图 12-2 所示。

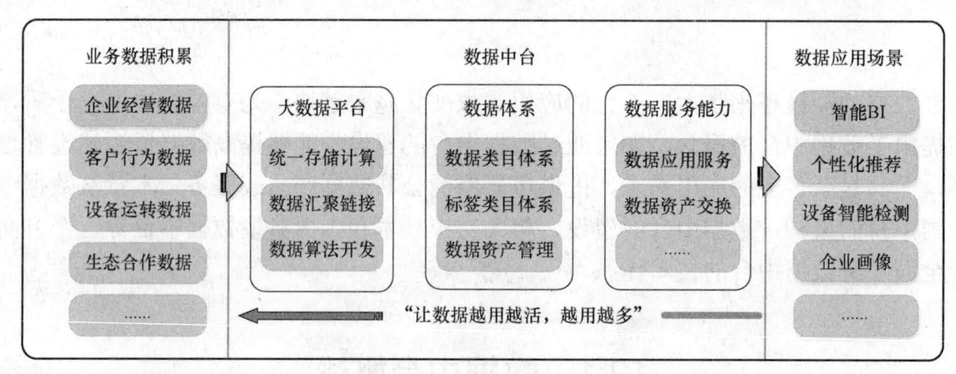

图 12-2 数据中台的概念

12.1.2 数据中台的发展

业务不断持续，产生大量数据，隐藏在数据中的价值越来越受到企业的重视，数据部门的地位得到提高。在政府鼓励数字经济建设等多重因素的影响下，数据中台会经历以下三个发展阶段。

12.1.2.1 第 1 阶段：数据中台探索阶段

传统的数据应用往往都是业务等外部因素催生的，例如，企业要做精准营销时，经常投放广告，分析消费人群的特征，采用外部的技术、数据等服务自身的某个需求。当企业当前需求满足时，却发现数据的沉淀。新的需求需要完成时，再一次利用外部技术、数据来完成。企业开始认识到数据中台的重要性，并结合具体的场景化应用，不断积累行业的业务数据，推动数据中台的打造。

这个阶段能够将数据技术结合具体业务场景，形成可见的业务成果，但由于欠缺对数据中台的整体规划和数据资源管理、服务的标准流程，无法将各个业务项目积累下来的数据形成企业的通用数据资产，造成每个业务项目的数据应用相对独立，底层数据对业务项目的支撑效率较差，数据中台的作用不明显。

12.1.2.2 第 2 阶段：集成整合数据阶段

在该阶段，建设数据中台的技术、方法已经成熟，企业可以规划建设自身的数据中台，将场景级数据应用、传统信息系统等都整合到数据中台，加工集成沉淀下来的数据，使其统一标准化。在满足原有系统对数据的需求的同时，也能快速响应新业务场景对数据的需求，从而将数据资产化、产品化，形成企业共享的生产要素。

12.1.2.3 第 3 阶段：数据服务阶段

进入这一阶段，数据中台已经成为企业数据发挥价值的核心技术和保障。数据中台能够快速构建数据资产体系，帮助企业真正实现对所有数据的有效管理和使用。企业的业务及其流程可以实现数字化、标准化。企业能够以数据资产为基础，形成以自我为中心的产业价值链，采用数字驱动的方式响应业务需求，从而改变传统软件工程方式，也实现业务流程的数字化，数据的自我管理。

12.1.3　数据中台的功能

尽管各企业的业务和数据状况不同，数据中台的建设会呈现出不同的特点，但每个数据中台都需要具备数据汇聚集成、数据加工提炼、数据资产管理、数据服务等核心功能。

12.1.3.1　数据汇聚集成

业务的多元化使企业需要建设多个信息管理部门或数据中心，大量的应用系统极有可能存在功能的重复建设，从而造成较大的数据资源浪费，使企业难以统筹规划内外数据。因此数据中台需要对企业各类数据应用系统进行汇聚整合，提供统一的数据处理和服务平台。

数据中台必须具备数据采集的能力，能够接入、转换、写入、缓存企业各种来源的数据，支持多种形式的数据呈现，协助不同部门和团队更好地理解和使用数据。

12.1.3.2　数据加工提炼

数据需要经过加工提炼才能使用，即数据资产化。企业需要完整的数据资产体系，推动业务数据向数据资产转化，使数据资产给业务带来有用的价值。传统的数字化建设一般会聚焦在单个业务流程上，而忽略了业务之间的关联数据，缺少对数据的深层次理解。数据中台必须集合全域数据，按照统一的数据标准和质量体系，加工提炼所有的数据，形成标准的企业数据资产体系，满足各类业务的数据需求。

12.1.3.3　数据资产管理

各种信息化系统在支撑企业业务活动的同时，也使得数据资产的规模高速膨胀，数据中台必须将企业的数据资产统一管理起来，使数据资产能够被快速呈现、容易理解、方便使用。

针对数据的生产者、管理者、使用者等不同的角色，数据中台需要能够共享数据资产，使各种用户可以快速精确地找到自己关心的数据。对数据资产的描述必需完整，数据在转化为数据资产时，需要注重数据含义的准确表达，确保数据的加工和组成使各类人员可以理解。通过数据中台的统一管理，可以增强数据的可信度，使数据的使用人员没有后顾之忧。

12.1.3.4　数据服务

为使数据发挥价值，数据中台需要提供数据服务功能，支持数据场景化应用的快速输出，响应业务的实时需求。数据中台需要具备强大的分析能力，为业务分析提供支持。此外，数据中台通过形成企业数据资产，能提供单个部门或业务无法提供的数据服务能力，以发挥数据跨业务场景联动的价值变现。

数据中台的最终目标是使数据发挥作用，为企业带来更大的价值。从企业全局来看，数据汇聚集成、数据加工提炼、数据资产管理、数据服务是数据中台的核心功能，是企业将数据转化为生产力、创新力、竞争力的重要保障。

12.2　数据中台的架构

数据中台为企业各业务提供数据服务，它要形成高效可靠的数据资产体系和数据服务能力。即使市场发生新的变化，数据中台也能够为新构造的应用系统提供快捷的数据服务。为使数据中台能够持续地发挥高质量的服务能力，数据中台需要合理的组织架构。

数据中台位于底层存储计算平台与上层的数据应用之间。它屏蔽了底层存储计算平台的计算技术的复杂性，降低了数据使用的成本。一般数据中台的总体架构如图 12-3 所示。通过数据采集与集成、加工等操作建立企业的数据资产，通过资产管理、数据服务实现数据资产服务业务的能力。

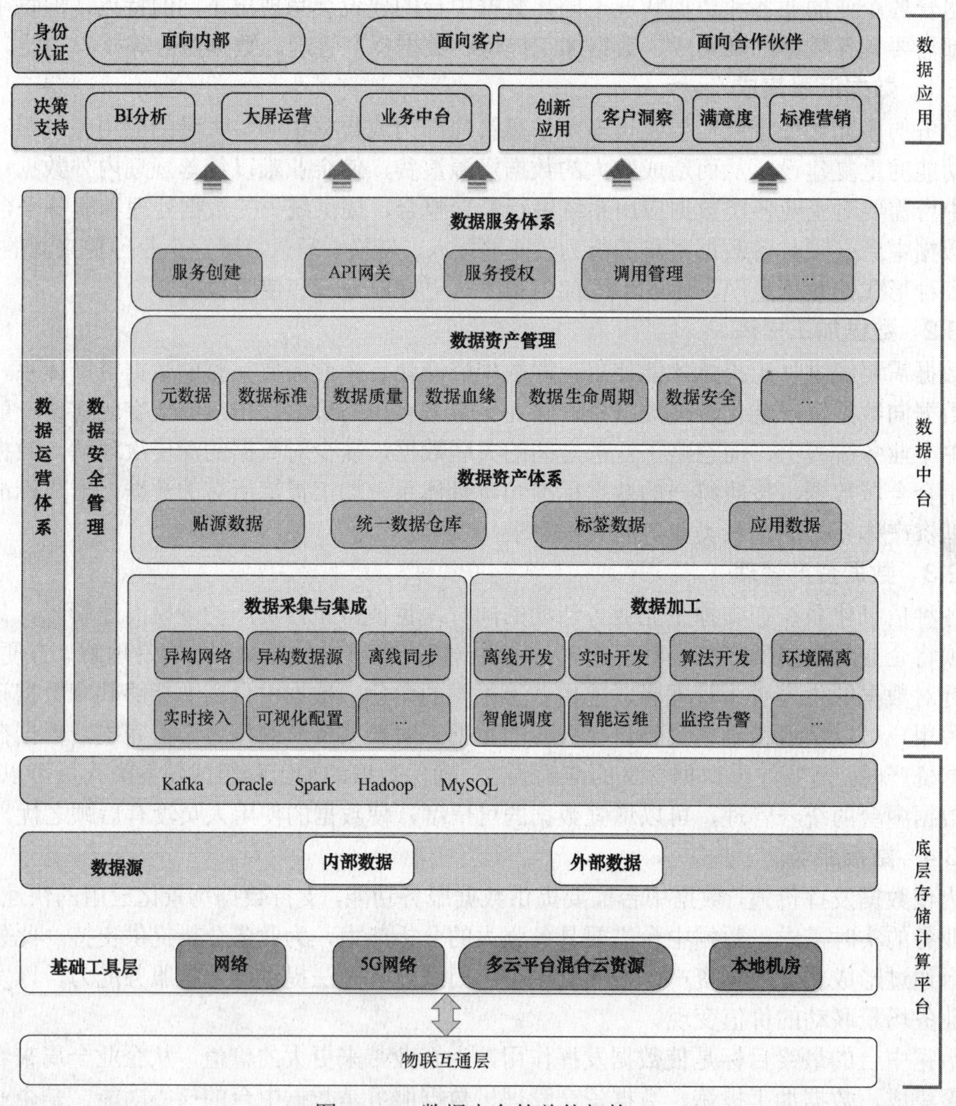

图 12-3　数据中台的总体架构

12.2.1　数据采集与集成

数据采集与集成是数据中台获得数据的首要工具。数据中台几乎不生产数据，所有数据来自业务应用系统、日志、文件、网络等，这些数据分散在不同的网络环境和存储系统中，难以利用，很难产生业务价值。数据中台把各种结构化数据、半结构化数据、非结构化数据采集、集成起来并存储，为加工开发做准备。

随着移动互联网、物联网的发展，企业的业务模式呈现多元化。对于线上行为数据的采集，可以采用在客户端和服务器端埋点的方式实现。客户端埋点主要通过在终端设备内嵌入埋点功能模块采集用户行为数据；服务器端埋点通过在系统服务器端部署数据采集模块，采集客户端与服务端的交互数据和服务器中的业务数据。对于线下行为数据的采集，主要通过一些硬件实现，如摄像头、传感器等。互联网数据可以通过网络爬虫采集。当企业内部信息不足时，可以利用互联网的数据与内部数据有效融合，使内部数据发挥更大的价值。

外部采集的数据与企业内部数据需要做集成操作，这可以根据不同的场景，借助一些优秀的开源集成工具完成，如 Kettle、Sqoop、DataX、Canal。

12.2.2　数据加工

集成到数据中台的数据没有经过处理，基本是按照数据的原始状态简单堆砌，很难直接服务于业务。数据加工可以快速地将数据转化成对业务有价值的形式。

数据加工模块包括离线数据仓库开发、实时数据仓库开发、算法模型开发等。离线数据仓库开发封装了离线数据的加工、发布、运维、告警灯管理，以及数据分析、数据探索、在线查询和即席分析等功能，方便企业快速构建数据资产，无须关心底层计算技术。实时数据仓库开发主要包括数据的实时接入和实时处理，简化流数据的加工处理过程，确保数据产生后能对其尽快进行计算和处理，保证数据业务价值的时效性。算法模型开发旨在为企业提供一站式企业级机器学习工具，包括主流的机器学习、深度学习计算框架和丰富的标准化算法组件，为企业在开展数据智能、预测分析等方面提供技术条件。

12.2.3　数据资产体系构建

数据中台具备了数据采集与集成和加工模块后，即可建立企业的数据资产体系。虽然不同企业的业务种类的不同，但企业的数据资产体系结构应该是相似的，大致自底向上包括贴源数据层、公共数据层（含统一数据仓库层和标签数据层）、数据应用层，如图 12-4 所示。

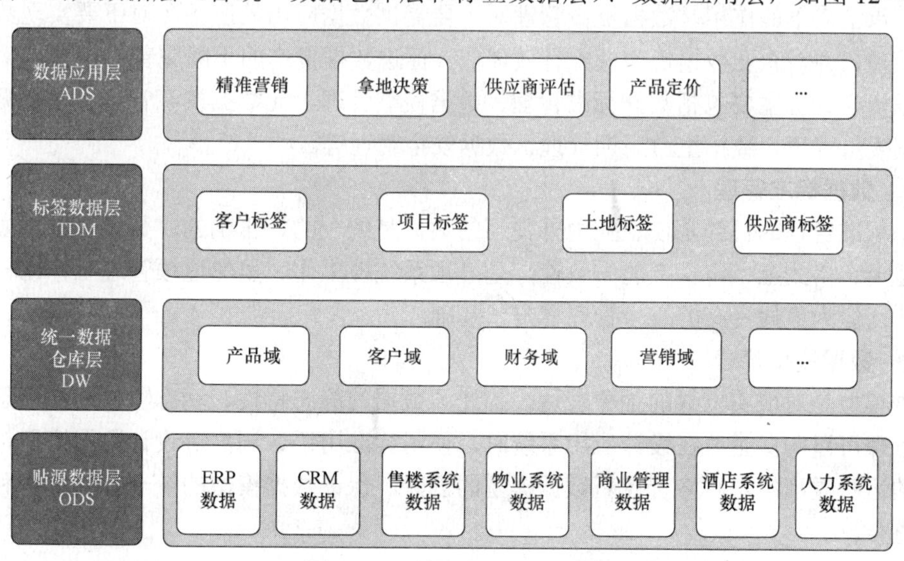

图 12-4　数据资产体系结构

12.2.3.1 贴源数据层

贴源数据层是为尽可能保持数据的完整性，数据与业务系统的原始数据基本保持一致，仅对非结构化数据做结构化处理以及数据的简单整合。这一层的目标是把企业的全域数据整合到一起，不仅包括企业内部业务系统产生的数据、日志等，而且包括与企业有关的外部数据。

12.2.3.2 公共数据层

公共数据层对企业的历史业务过程的数据，从数据完整性的角度重新进行建模存储，定义一致的指标、维度，各类业务数据按照统一的要求标准重新编排，能反映企业任何时间的业务运行情况，从而建立企业级的标准业务数据规范体系。统一数据仓库层是按照业务重新组织数据，但同一个对象的所有信息没有集中处理，而是散落在不同的数据域中，且拥有不同的数据对象信息。例如产品数据，其基本信息在产品域中组织，但其交易信息、存储信息分别在交易域、储藏域中按照各自域的需求组织，因此，如果需要了解产品的全方位信息，需要通过各种关联计算获取才能满足要求，效率较低。获取产品、客户等某个对象的全部数据，是业务的经常性需求，通过建立标签数据可以解决此类问题。标签数据层采用面向对象建模，对各业务涉及的特定对象数据做集中整合，打通各业务之间对同一个对象数据的使用，面向企业全局建立面向对象的标签数据体系。

12.2.3.3 数据应用层

数据应用层按照业务使用的需要，组织已经在公共数据层加工好的数据和一些面向业务的特定个性化指标，以满足最终业务应用的需要。数据应用层一般采用维度建模，但为了满足业务的个性需求以及性能需要，会出现反规范化操作。数据应用层比传统的数据集市更加轻量和灵活，它是构建在公共数据层之上的简单数据组装，是从企业级多个类似业务考虑的，具备数据集市的灵活响应。

12.2.4 数据资产管理

数据资产管理的目的是使数据可呈现、可理解、可使用。它处于数据中台架构的中间位置，具有承上启下的作用。数据资产管理对上要提供数据应用的服务，对下要实现数据生命周期的管理，并对企业数据资产做出有效评估，促进数据资产的不断完善。

数据资产管理主要包括数据标准管理、数据模型管理、元数据资源管理、主数据资源管理、数据质量管理、数据生命周期管理、数据安全管理等。

12.2.4.1 数据标准管理

数据标准管理的目的是使企业内外使用的数据是统一的、正确的。数据标准主要规定数据在表达上、格式上、定义上的一致性，是一项系统性工作。虽然这项管理工作比较烦琐，涉及面广，但为数据资产的统一管理奠定了基础。

12.2.4.2 数据模型管理

数据模型是对现实世界的抽象表达，描述了数据的静态特性、动态特性和约束条件。数据模型管理可以确保企业在设计应用系统时，使用标准用语、词汇等设计数据模型，并在应用系统的运行过程中，严格管控新数据模型的创建，保证数据模型的统一管控，有利于企业的数据整合。

12.2.4.3 元数据资源管理

元数据是描述数据的数据。例如一张载有数据的表格，其表名、表的所有者、主键、表中字段的数据类型定义、与其他表的关系等都是这张表格的元数据。元数据资源管理主要是指对元数据的查询、添加、修改、删除、变更、对比、统计等操作。通过元数据资源管理，可以追根溯源查找到问题数据的来源，也可以分析元数据对其他数据的影响程度，甚至可以统计数据被使用频率等。

12.2.4.4 主数据资源管理

主数据是描述企业核心业务实体的数据，是被共享、重复利用于多个业务系统的基础数据。但是这些数据受到传统应用系统的制约而分散在不同的系统中，相同主数据在不同系统中的表述也存在差异，需要对这些主数据进行统一管理。主数据资源管理主要包括主数据标准的制定、主数据的集成、提供共享服务接口、监控与维护等。

12.2.4.5 数据质量管理

数据质量是指数据可作为规定应用的可信资料来源的程度。数据质量管理注重对数据质量的监控、改进和考核。数据质量出现问题的原因可能是技术或业务流程问题。数据清洗可以从数据的实例层角度解决问题，通过检测并消除数据中的错误和不一致等质量问题，以提高数据的质量。从问题根源上分析，数据质量出现问题的本质在于管理不善，因此对数据质量问题的解决，不仅要从技术、业务流程考虑，也要结合管理环节的完善。

12.2.4.6 数据生命周期管理

各类数据虽然在内容、表现形式等方面存在诸多差异，但都有相同的生命周期，包括数据描述、数据获取、数据资源管理、数据应用、数据销毁等阶段。但对于不同类型的数据，生命周期的管理策略有所不同。对如原始数据之类的不可恢复数据可以永久保存，但对于如中间过程数据，因可以通过原始数据结合加工逻辑恢复出来，所以可以采取灵活的生命周期管理策略。

12.2.4.7 数据安全管理

数据安全管理是数据中台正常运行的保障。数据中台的建设应兼顾数据安全管理，通过设计完备的数据安全管理体系，多方面、多层次保障数据安全。数据安全管理需要针对数据生命周期的每一个阶段的数据、业务系统、人员等方面可能存在的风险，设计出相应的安全防护机制。

12.2.5 数据服务

数据服务是数据中台存在的目的所在。数据服务要把数据变为一种服务能力，参与到业务中，激活数据的价值。企业的业务活动千变万化，数据中台可以从数据资产中封装特定的业务需要的数据，生成指定的数据服务，并对业务应用提供服务接口。

数据服务能提供对物理表数据的查询、多维分析等方面的基础数据服务，可以提供对主题数据的跨业务域的计算查询分析等方面的主题数据服务，还可以提供对算法模型的部署配置等方面的算法模型服务。

提供服务的同时，严格管理服务接口创建、维护、撤销、授权，监控数据服务的安全性和稳定性，审计数据服务的成本费用。

12.3 数据中台的建设

数据中台体系涵盖整个数据中台解决方案框架图，既包含数据技术平台，也包含数据开发、数据模型、数据资产和数据产品应用。通过建设数据中台构建数据资产体系，规模化服务业务，保证数据质量，更大限度地发挥数据价值。数据中台建设是一个经过不断循环、反馈而使系统增长与完善的过程，需要整体规划，分步实施。完整的数据中台建设流程主要包括需求调研、需求分析、架构设计、实施建设、部署和运维等。

12.3.1 需求调研

为制定出周全且行之有效的执行计划，梳理现状、找出问题的症结所在是关键。调研前需要了解企业所属行业的数据资源建设水平，翻阅行业内成功建设数据中台的案例和经验，梳理企业的系统建设、已经拥有的数据以及业务特点等现状，了解企业对数据中台的认知，以及相应的数据文化建设情况。点对点地与业务部门、信息部门沟通，获取企业的组织结构和工作流程，当前业务系统及其主要功能，各系统之间的关系、数据内容和状况，主要应用报表的解释，以及保证服务客户的能力。在访谈交流、实际考察后，细致分析整理企业报表及业务系统数据，构造出数据产品或分析模型的原型图，完成分析模型的描述，出具数据产品需求说明书。

12.3.2 需求分析

依据调研结果，以业务为导向，以结构化分析的方式，逐步细化，对企业的数据资源建设现状做出正确的分析，形成数据中台建设的需求分析文档。在文档中，要注重以下三点的说明。

（1）现状的分析。阐明企业目前的业务发展状况、经营管理情况、系统的数据来源以及数据质量水平。

（2）主题的确定。从业务的角度，分析企业内部的主题，是否有主题再分解的必要，分解的目标和依据。

（3）指标体系的确定。说明每个分析主题包含的关键分析指标，以及衍生指标，并确定指标的分析维度。指明这些维度包含的层次，以及维度的聚合方式。

12.3.3 数据中台架构设计

在正确分析企业现状及其需求的基础上，设计企业数据中台的业务架构、技术架构和数据架构。业务架构保障数据中台适用于企业的业务运管和流程体系。技术架构是技术体系中的数据基础，根据业务架构的规划对数据的存储和计算做统一的选型。组织架构是保证数据中台顺利落地而考虑的整体组织保障。

12.3.3.1 设计方法论

数据中台架构设计时要坚持全流程一体化、向上多样赋能场景、向下屏蔽多计算引擎、双向联动的主要原则。打通企业从数据采集到数据服务的全链路流程；形成企业数据的产品化，将数据打造出通用产品、行业产品、专享产品，针对不同场景提供多样化服务；屏蔽下层的复杂计算，构造出企业的公共云、专有云、私有云；业务、数据协同互助，业务要数据化，数据要反哺业务。

以统一的数据体系、统一的实体体系、统一的服务体系方法论为指导，数据的规范定义要从业务源头开始制定标准，技术研发、运维调度要工具化，重视元数据的建立与管理；基于超强实体识别技术实现数据连接，避免孤岛数据，实现数据融合，萃取各类数据标签；坚持主题式数据服务，形成统一而多样化的服务，实现跨源数据服务，屏蔽复杂的物理表、异构多样的数据源。如图 12－5 所示为数据中台设计方法论。

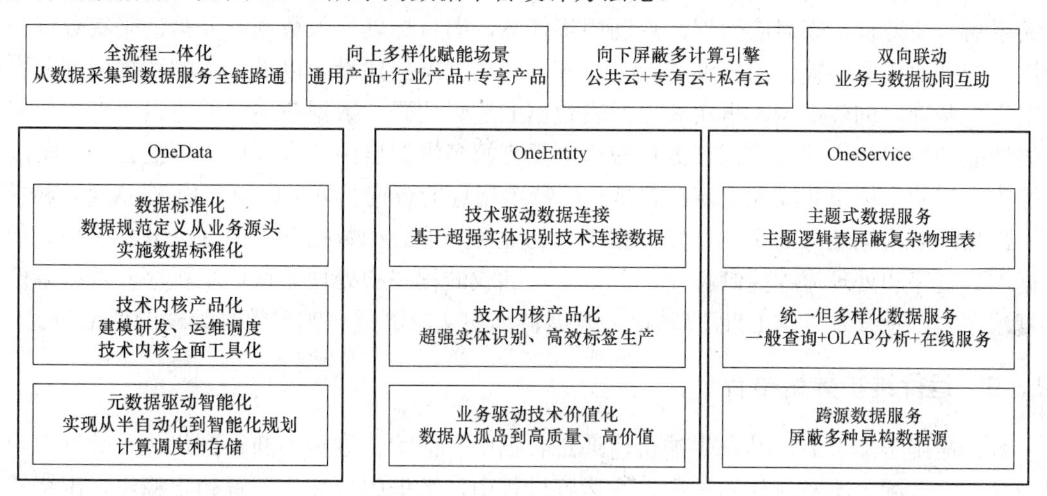

图 12－5　数据中台设计方法论

12.3.3.2　数据仓库模型设计

数据仓库承载着企业全域数据，并以业务视角，对数据重新做出调整安排，因此数据仓库模型设计显得尤为重要，是数据实现资产化管理和提供数据服务的基础。

数据仓库模型设计分为三个阶段。在概念模型设计阶段，数据仓库模型设计确定企业的主题以及每个主题域的边界；在逻辑模型设计阶段，对概念模型中的主题进行细化，划分粒度层次，确定事实量度，根据数据量、分析的实际情况给出数据分割策略，确认结构模型；在物理模型设计阶段，确定存储结构（存储时间、存储空间利用率和维护代价）、索引结构、存放位置，并优化存储分配。

12.3.3.3　数据模型设计

基于同一数据体系的方法论，将企业数据中台的数据模型采用分层设计方式，主要分为贴源数据层（即操作数据层）、公共数据层和数据应用层。

贴源数据层，存储企业全域的数据源。在设计时需要考虑结构化数据的增量规模和数据同步，根据数据业务需求和稽核审计要求保存历史数据，对非结构化（日志）数据进行结构化处理。

公共数据层，亦即企业级数据仓库层，分为明细数据层和汇总数据层。设计时，在明细数据层，以维度模型方法为基础，采用维度退化方法，减少事实表和维度表之间的关联；在汇总数据层，加强指标的维度退化，采取更多宽表构建公共指标层，提升公共指标的复用性。

数据应用层的设计要基于应用的个性化要求，实现数据的组装。由于数据应用的复杂性、不确定性，可以考虑大宽表集市、横表转纵表、趋势指标串等形式提供数据服务。

12.3.4 实施数据中台建设

首先要建设数据中台的软件环境，要保持数据中台的开发测试环境和运行环境严格一致。数据中台软件环境中需要的一些平台工具包括数据采集平台、数据计算平台、数据质量工具、数据模型工具、数据服务接口、产品监控工具等。

其次要依照数据模型的设计方案，建设数据中台的数据体系。贴源数据层一般采用数据同步工具实现数据的同步落地，在确定业务系统源表和贴源数据层目标表，配置数据字段映射关系后，清理目标表对应数据，启动同步任务，向目标表导入数据，并验证采集数据的正确性。依托数据中台提供的软件工具，实施公共数据层的建设。以设计好的数据域划分、指标定义为基础，创建维表、事实表以及表数据的逻辑代码。数据应用层的建设要考虑数据访问的性能和数据使用的方式，若数据应用层要支撑多维的自由聚合分析，可把公共数据层和个性化加工的指标组装成大宽表；若是支撑特定指标的查询，可考虑组装成 K-V 结构数据。

最后还要根据业务需求，开发数据中台的业务功能。如数据仓库的联机分析模型，历史数据加载程序和处理流程控制程序，日常增量加载的程序和处理流程控制程序，数据备份和恢复程序，以及开发各类 ETL 脚本，并开展自测和交叉测试，实现数据处理的调整和优化。

12.3.5 运行维护数据中台

数据应用于业务后，其产生的价值通过数据中台的运行维护不断得到优化。数据中台的建设是一个持续、不断迭代的过程。在运行过程中，数据中台架构配置趋于稳定，围绕核心关键指标不断挖掘出数据和业务的结合点，根据质量和价值两个点可优化数据中台的运行。企业通过多个组织之间的配合推进，逐步形成企业特有的数据文化和认知。

12.4 数据中台的支撑技术

数据中台是一个比较复杂的系统，融合了从数据汇聚到数据服务的一系列支撑技术，如数据采集技术、数据存储技术、数据挖掘技术、大数据计算技术、数据服务技术等。

12.4.1 数据采集技术

传统的基于硬件的计算机数据采集系统一般由传感器、前置放大器、滤波器、多路模拟开关、采样/保持器、模/数转换器和计算机系统组成，如图 12-6 所示。传感器把非电的物理量（如速度、温度、压力等）转变成模拟电量（如电压、电流、电阻等）。由于传感器输出的信号较小，需要前置放大器放大和缓冲其信号，以满足模/数转换器的满量程输入要求。为了提高模拟输入信号的信噪比，需要滤波器对传感器以及后续处理电路中产生的噪声加以衰减。多路模拟开关将这个通道输入的模拟电压信号，一次接到放大器和数/模转换器上进行采样。采样/保持器能快速拾取多路模拟开关输出的子样脉冲，并保持幅值恒定，以提高数/模转换器的转换精度。采样/保持器输出的信号送至数/模转换器，将模拟信号转换为数字信号。计算机系统控制整个数据采集系统的正常工作，将数/模转换器输出的结果读入内存，进行必要的数据分析、数据处理和结果显示。

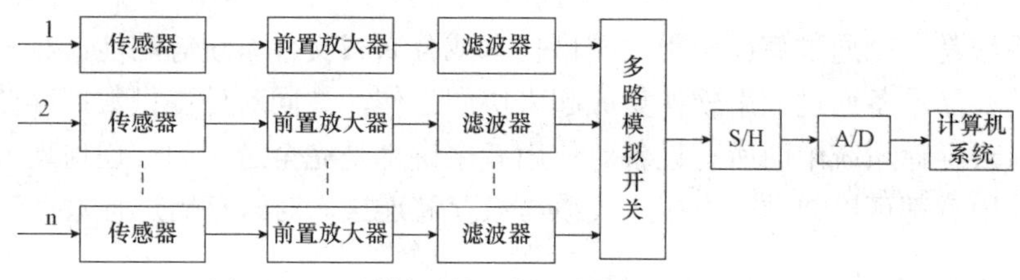

图12-6 计算机数据采集系统的硬件基本组成

对于网络中新兴数据载体，如网页、小程序、App、智能穿戴设备，可采用埋点、网络爬虫等方式采集数据。常见的客户端埋点方式包括全埋点、可视化埋点和代码埋点。全埋点将终端设备用户的所有操作和内容都记录并保存；可视化埋点将终端设备上用户的一部分操作，通过服务器端配置的方式有选择性地记录并保存；代码埋点根据需求来定制每次收集的内容。也可采用服务器端埋点的方式，降低客户端的复杂度，避免信息安全问题。网络爬虫是比较常见的从网站获取数据的方式，目前有较多的开源框架，如Apache Nutch 2、Scrapy、PHPCrawl等，可以快速根据实际需求抓取数据。

12.4.2 数据存储技术

传统的数据存储可分为封闭系统的存储和开放系统的存储。封闭系统主要指大型机，如IBM AS 400等服务器；开放系统指基于Windows、UNIX、Linux等操作系统的服务器。开放系统的存储分为内置存储和外挂存储；开放系统的外挂存储根据连接的方式分为直连式存储（direct-attached storage，DAS）和网络化存储（fabric-attached storage，FAS）；开放系统的网络化存储根据传输协议又分为网络接入存储（network-attached storage，NAS）和存储区域网络（storage area network，SAN）。

云存储是突破传统存储模式在技术与成本上的局限，适应节约化、协作化工业模式需要，满足海量数据存储飞速发展需求的一种技术。云存储与云计算追求的都是如何将超级计算和海量存储能力有效地在“云端”实现，以及如何方便、快捷地被客户端透明访问的能力。云存储系统的结构模型如图12-7所示。

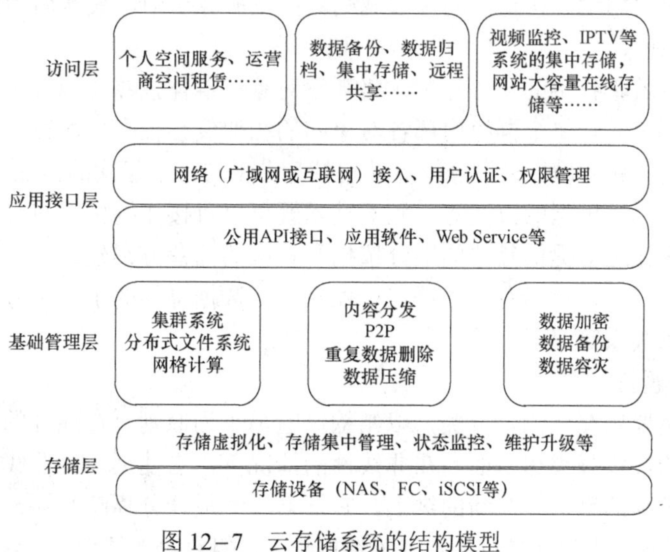

图12-7 云存储系统的结构模型

云存储系统是一个通过集群应用、网格技术或分布式文件系统等功能，将网络中大量各种不同类型的存储设备通过应用软件集成起来协同工作，共同对外提供数据存储和业务访问功能的系统。云存储系统中的所有设备对使用者来讲都是完全透明的，任何地方的任何一个经过授权的使用者都可以通过一根接入线缆与云存储连接，对云存储进行数据访问。

12.4.3 数据挖掘技术

数据挖掘是指从大量的、不完全的、有噪声的、模糊的实际应用数据中发现、提取或“挖掘”知识，这些知识通常是未知的、潜在的和有趣的概念、规则、模式、规律、约束等。常见的数据挖掘技术包括决策树、神经网络、关联规则、聚类分析、支持向量机等。

12.4.3.1 决策树

决策树是一种非常成熟的、普遍采用的数据挖掘技术，其建模过程类似一棵树的成长过程，即从根部开始，到树干，到分枝，再到细枝末节的分叉，最终生长出一片片的树叶，每个树叶代表一个结论。决策树的构造不需要任何领域的知识，很适合探索式的知识发掘，并且可以处理高维度的数据。目前，最常用的三种决策树算法有 CHAID（chi-square automatic interaction detector）、CART（classification and regression tree）和 ID（iterative dichotomiser）等。

12.4.3.2 神经网络

神经网络是人脑的抽象计算模型，由大量并行分布的人工神经元（微处理单元）组成，它有通过调整连接强度从经验知识中进行学习的能力，并可以将这些知识加以应用，具有良好的自适应性、自组织性和高容错性，并且具有较强的学习、记忆和识别功能。目前主流的神经网络算法是反馈传播，该算法在多层前向型神经网络上进行学习，而多层前向型神经网络又是由一个输入层、一个或多个隐蔽层以及一个输出层组成的。

12.4.3.3 关联规则

关联规则数据挖掘的主要目的是找出数据集中的频繁模式，即多次重复出现的模式和并发关系。关联规则算法不但在数值型数据集的分析中有很大用途，而且在纯文本文档和网页文件中，也有着重要用途。在众多的关联规则数据挖掘算法中，最著名的就是 Apriori 算法。

12.4.3.4 聚类分析

聚类分析根据若干特定的业务指标，将观察对象的群体按照相似性和相异性进行不同群组的划分。经过划分后，每个群组内部各对象间的相似度会很高，而在不同群组之间的对象彼此间将具有很高的相异度。聚类分析算法包括划分的方法、层次的方法、基于密度的方法、基于网格的方法、基于模型的方法等。聚类技术既可以直接作为模型对观察对象进行群体划分，为业务的精细化运营提供具体的细分依据和相应的运营方案建议，又可以在数据处理阶段用作数据探索的工具，包括发现离群点、孤立点，数据降维的手段和方法，通过聚类发现数据间的深层次的关系等。

12.4.3.5 支持向量机

支持向量机主要用在预测、分类，以结构风险最小为原则。在线性的情况下，就在原空间寻找两类样本的最优分类超平面。在非线性的情况下，它使用一种非线性的映射，将原训练集数据映射到较高的维上。在新的维上，它搜索线性最佳分离超平面，通过超平面将不同类型的数据区分开来。支持向量机虽然训练数据较大，但它对于复杂的非线性的决策边界的建模能力高度准确，并且也不太容易过拟合。

12.4.4 大数据计算技术

数据中台要管理的数据规模和复杂度往往都很高，传统的数据库和数据仓库基本上支撑不了。当前的技术环境下，大数据计算技术是较为合适的选择。大数据计算技术能够实现批处理计算、流计算、图计算、查询分析计算等。

12.4.4.1 批处理

MapReduce 是最具代表性和影响力的大数据批处理技术，可以并行执行大规模数据处理任务，极大方便了分布式编程工作，它将复杂的、运行在大规模集群上的并行计算过程高度抽象到两个函数 Map 和 Reduce 上。Spark 是针对超大数据集合的低延迟的集群分布式计算系统，比 MapReduce 快得多。它启用了内存分布数据集，可提供交互式查询，优化迭代工作负载。

12.4.4.2 流计算

流计算可以实时处理来自不同数据源的、连续到达的流数据，经过实时分析处理，给出有价值的分析结果。比较有代表性的流计算框架和平台有商业级的 IBM InfoSphere Streams 和 IBM StreamBase，开源计算框架 Twitter Storm，Spark Streaming 等，支持公司自身业务的框架如 Facebook 的 Puma、百度的 DStream，阿里巴巴的银河流数据处理平台。

12.4.4.3 图计算

许多大数据是以大规模图或网络的形式呈现，针对大型图的计算，需要采用图计算模式。Pregel 是一种基于 BSP（bulk synchronous parallel）模型实现的并行图处理系统，提供了一套灵活的 API，可以描述各类图计算，主要用于图遍历、最短路径、PageRank 计算等。其他代表性的图计算工具有 Spark 的 GraphX、Facebook 的 Giraph、图数据处理系统 PowerGraph 等。

12.4.4.4 查询分析

超大规模数据的查询分析需要提供实时或准实时的响应，谷歌公司的 Dremel 是一种可扩展的、交互式的实时查询系统，用于只读嵌套数据的分析。此外，Cloudera 公司开发的 Impala 也是能处理大规模数据的代表性的查询分析工具。

12.4.5 数据服务技术

数据中台由一个独立的组织负责，为多个前台业务服务，需要用到同步 API、消息队列异步通信等标准的服务接口技术，服务框架（如 Spring Cloud 等）、API 网关、APM 等标准的服务治理和敏捷研发技术。

DevOps 技术可以使数据服务自助式部署更新，避免因数据服务数量的增加而导致服务的敏捷性下降，可持续集成、持续发布的 DevOps 技术是实现数据服务的必备。DevOps 云原生技术以开源容器管理平台 Kubernates 为主要支柱，包括负载均衡器 Istio、监控工具 Prometheus、应用程序安装器 Helm、版本管理工具 Spinnaker 等。Istio 是一个开源的服务网格，可以安全地连接一个应用程序的多个服务。Istio 也可视为内部和外部的负载均衡器。具有策略驱动的防火墙，支持全面的指标。Prometheus 是部署在 Kubernates 上用于观察工作负载的一个云原生监控工具，通过全面的指标和丰富的仪表板填补了云原生世界中存在的重要空白。Kubernates 应用程序由各种元素组成，例如部署（deployment）、服务（service）、入口控制器（ingress controller）、持久卷（persistant volume）等。Helm 通过将云原生应用程序的所有元素和依赖关系聚合到称为“图表”（chart）的部署单元中，来充当统一打包工具，实现执行单个命令轻松地部署云原生工作负载的目的。Spinnaker 可以加速云原生应用程序的部署，填补了传统虚拟机和容器之间的空白，它的多云功能使其成为跨不同云平台部署应用程序的云环境自托管平台。

12.5 典型数据中台的介绍

自从阿里提出数据中台的概念，大量的互联网、非互联网公司都开始建设自己的数据中台。这里简要介绍三种典型的数据中台。

12.5.1 阿里云上数据中台

阿里云上数据中台从业务视角而非纯技术视角出发，智能化构建数据、管理数据资产，并提供数据调用、数据监控、数据分析与数据展现等多种服务。在 OneData、OneEntity、OneService 三大体系，特别是其方法论的指导下，阿里云上数据中台本身的内核能力在不断积累和沉淀。OneData 致力于统一数据标准，让数据成为资产而非成本；OneEntity 致力于统一实体，让数据融通而以非孤岛存在；OneService 致力于统一数据服务，让数据复用而非复制。这三大体系不仅有方法论，还有深刻的技术沉淀和不断优化的产品沉淀，从而形成了阿里云上数据中台内核能力框架体系：产品+技术+方法论，如图 12-8 所示。

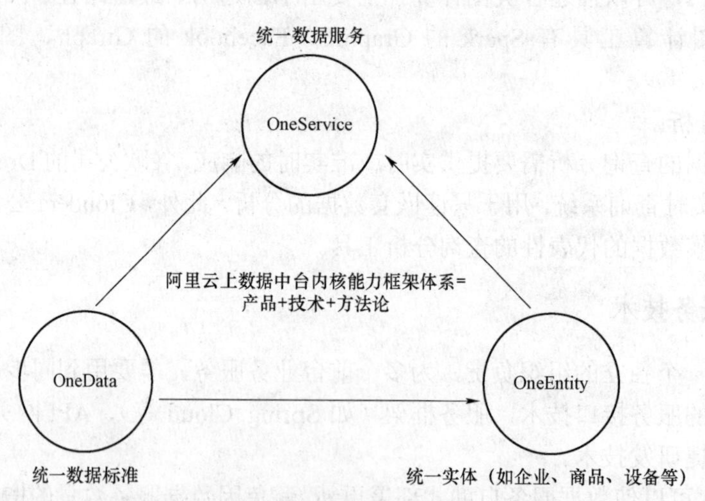

图 12-8　阿里云上数据中台内核能力框架体系

阿里云上数据中台赋能业务全景图如图 12-9 所示，包括统一计算后台、统一云上数据中台和赋能业务前台三个层面。统一计算后台具有离线计算能力、实时计算能力和在线分析能力，保证了用户可以尽快获取历史数据的统计汇总和萃取数据，准确无误地看到先前数据，进行在线分析、查看海量数据。统一云上数据中台通过智能数据功能实现了全局数据仓库规划、数据规范定义、数据建模研发、数据连接萃取、数据运维监控等，拥有具有多样性数据的分层数据中心。阿里拥有的各种应用基于同一个数据体系、同一份可复用的数据，在数据中台上获取各自的服务。阿里小二通过阿里云上数据中台及其产品实现了业务数据化，包括全局数据监控、数据化运营和数据植入业务的各种应用创新；阿里客户通过生意参谋平台及其产品，在阿里推进业务数据化的过程中也让客户实现了业务数据化。阿里云上数据中台通过主题式数据服务，将各种创新服务提供给阿里的各类应用、客户和大众。这种创新服务为阿里的数据中台反馈了新的数据，形成了数据环形回流，促进了数据的优化。

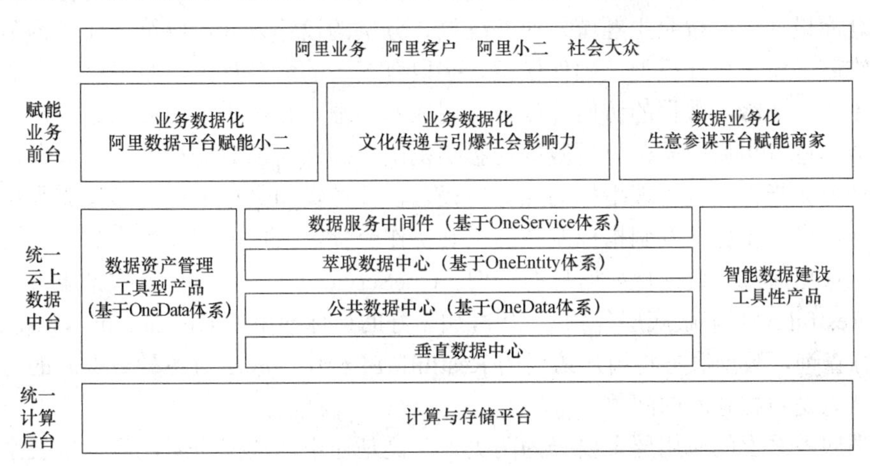

图 12-9　阿里云上数据中台赋能业务全景图

12.5.2　网易数据中台

网易数据中台是一站式大数据资源管理和应用开发平台，具有敏捷易用、成熟稳定、安全可靠、开放灵活的特点。它建立在 Hadoop 基础之上，如图 12-10 所示，网易数据中台包括 IAM、项目中心、流程审批与消息通知中心、离线开发、实时开发、日志传输、数据库传输、数据测试中心、任务运维中心、数据服务、指标系统、数据质量中心、数据资产中心、数据地图、数据仓库设计中心、元数据中心等 16 个子产品，覆盖了数据生产、治理的完整链路。

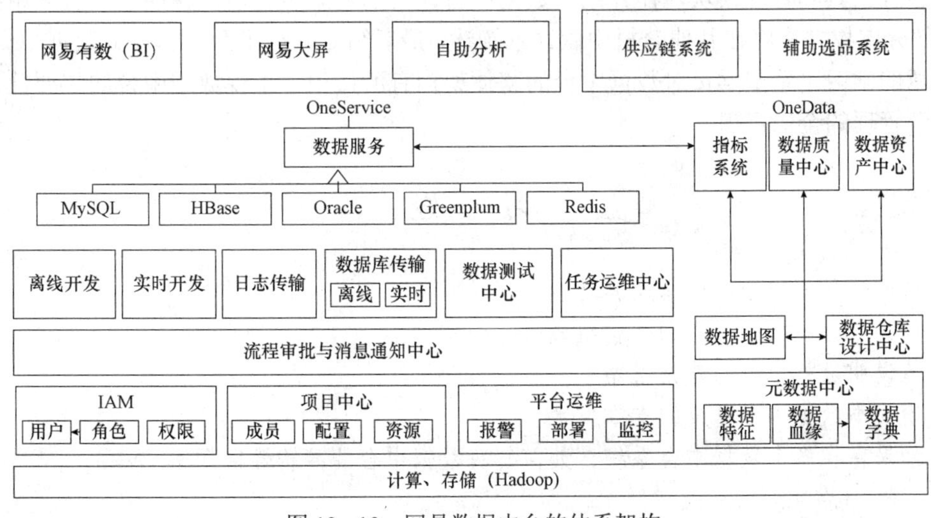

图 12-10　网易数据中台的体系架构

网易数据中台采取了“组件式”的产品设计模式，每个产品都聚焦一个典型的场景，业务可以根据自身的需要，选择性地搭配一些产品应用，解决业务当前面临的问题，同时还具备可扩展的产品架构，可以基于该产品提供的基础能力，扩展新的产品。

网易数据中台在大数据开发、任务运维、数据集成等大数据平台的基础上，主要增加了OneData 体系和 OneService 体系两个板块。OneData 体系以元数据中心作为基础，提供了五个中台相关的产品：数据仓库设计中心、数据资产中心、数据质量中心、指标系统和数据地图。数据仓库设计中心按照主题域、业务过程、分层的设计方式，以维度建模为基本理论依据，按照维度、度量设计模型，确保模型、字段有统一的命名规范。数据资产中心梳理数据资产，基于数据血缘，数据的访问热度，实现成本治理。数据质量中心通过丰富的稽核监控规则，对数据进行事后校验，分析数据的影响范围，确保问题数据第一时间被发现，避免下游的无效计算。指标系统管理指标的业务口径、计算逻辑和数据来源，通过流程化的方式，建立从指标需求、指标开发到指标发布的全套协作流程。数据地图提供元数据的快速检索，数据字典、数据血缘、数据特征信息的查询。OneService 体系对应的是数据服务。数据服务对外提供 Restful API，屏蔽底层各种数据源，加工好的指标导出到 Greenplum、MySQL、Oracle、HBase 进行查询，数据服务将用户访问的 Restful API 转化为底层对各种数据源的访问。数据服务可以认为是数据仓库的网关。

在数据服务之上的应用层主要分为两类，一类是通用性数据应用，包括报表系统、大屏系统、自助分析系统，本身不具备行业属性，任何业务都可以使用；另一类是行业性的数据应用，比如电商的供应链系统、传媒的舆情系统。

12.6 小 结

本章首先介绍了数据中台的概念和发展阶段，明确了数据中台必要的核心功能，详细阐述了数据中台的通用架构，帮助读者对数据中台形成一个全面的理解和认识。数据中台的实现涉及多种工具和管理模块，在介绍了数据中台建设的基本步骤后，说明了一些常用的支撑技术，部分支撑技术将在其他教材中做详细阐述。最后简要介绍了两种典型的数据中台概况。通过本章的学习，希望学员对数据中台的整体架构有所认识，正视数据中台的重要性，培养数据资源管理的全局意识。

习 题

1. 请阐述数据中台的概念及其功能。
2. 请详细分析数据中台的架构组成。
3. 请说明数据中台的建设思路。
4. 请列举数据中台建设的支撑技术。
5. 如果存在多个数据中台系统，如何解决数据中台的异构性问题？

参 考 文 献

[1] 张宏军. 作战仿真数据工程[M]. 北京：国防工业出版社，2014.

[2] 戴剑伟. 数据工程理论与技术[M]. 北京：国防工业出版社，2010.

[3] 国务院. 促进大数据发展行动纲要[R/OL].（2015–08–31）[2015–09–05]. https://baike.baidu.com/item/促进大数据发展行动纲要/18593965?fr=aladdin.

[4] 国务院. 金字工程[R/OL].（2005–12–31）[2013–04–24]. https://wenku.baidu.com/view/0c978c72168884868762d69f.html.

[5] 孔宪伦. 军用标准化[M]. 北京：国防工业出版社，2003.

[6] 王宁. 作战指挥训练元数据标准规范的研究[D]. 南京：解放军理工大学，2007.

[7] POOLE J，CHANG D，TOLBERT D，et al. 公共仓库元模型开发指南[M]. 彭蓉，刘进，译. 北京：机械工业出版社，2004.

[8] 科学数据共享工程办公室. SDS/T 2121–2004 数据分类与编码的基本原则和方法[S/OL]. 北京：中华人民共和国科学技术部，2006：5–15[2015–01–09]. http://www.doc88.com/p-9065154826098.html

[9] 科学数据共享工程办公室. SDS/T 2131—2004 公用数据元目录[S/OL]. 北京：中华人民共和国科学技术部，2005：2–4[2015–06–17]. https://www.docin.com/p-1187788598.html

[10] 刘清河. 军事训练数据元标准化及其应用研究[D]. 南京：解放军理工大学，2010.

[11] 靳大尉. 元数据标准及其管理研究：2009 年建模与仿真标准化年会论文集[C]. 长沙：国防科技大学出版社，2009.

[12] 埃尔玛斯利，内瓦西.数据库系统基础[M]. 邵佩英，徐俊刚，王文杰，译. 北京：人民邮电出版社，2007.

[13] 艾伦. 数据建模基础教程[M]. 李化，译. 北京：清华大学出版社，2004.

[14] 马丁. 战略数据规划方法学[M]. 耿继秀，陈耀东，译. 北京：清华大学出版社，1994.

[15] 张卓，曹瑞昌. 试论战略数据规划及其概念基础[J]. 军械工程学院学报，2002，14（4）：1–4.

[16] 陈增吉，吴兆红，欧渊. 基于稳定信息结构的数据规划方法[J]. 山东理工大学学报（自然科学版），2009，23（3）：24–29.

[17] 王冰，武鹏飞. 浅谈军队物流 MIS 建设中的数据规划[J]. 物流科技，2007（11），110–112.

[18] 冯惠玲. 政府信息资源管理[M]. 北京：中国人民大学出版社，2006.

[19] 刘焕成. 提高电子政务信息资源开发利用效率的对策研究[J]. 图书情报工作，2004（8）：8–12.

[20] 祖巧红，刘胜祥. MIS 开发中高级数据环境：主题数据库的建立[J]. 武汉工程职业技术学院学报，2001（4）：16–19.

[21] 江锦祥，马云飞. 以数据为中心的高校信息资源规划[J]. 浙江交通职业技术学院学报，2007（1）：38–41.

[22] 李学军，邹红霞. 军事信息资源规划与管理[M]. 北京：国防工业出版社，2010.
[23] 张海潘. 软件工程导论[M]. 北京：清华大学出版社，2005.
[24] 高复先. 信息资源规划：信息化建设基础工程[M]. 北京：清华大学出版社，2002.
[25] 宋金玉，陈萍，陈刚. 数据库原理与应用[M]. 北京：清华大学出版，2013.
[26] 杨建池，韩守鹏，黄柯棣. 军事领域本体构建研究[J]. 计算机仿真，2007（12）：6–9.
[27] 李勇，张志刚. 领域本体构建方法研究[J]. 计算机工程与科学，2008（5）：129–131.
[28] 杜文华. 本体构建方法比较研究[J]. 情报方法，2005（10）：24–25.
[29] 蒋维. 军事训练本体在数据库智能检索中的应用研究[D]. 南京：解放军理工大学，2008.
[30] 张以忠，张萌. 基于本体的军事概念模型研究[J]. 中国人民解放军电子工程学院学报，2009（4）：21–24.
[31] DBMA 国际/基金会. DAMA–DMBOK 数据管理知识体系职能框架[R/OL].（2008–05–05）[2012–03–06]. https://wenku.baidu.com/view/7e7bf719fad6195f312ba696.html.
[32] 涂子沛. 大数据：正在到来的数据革命[M]. 桂林：广西师范大学出版社，2012.
[33] 张一鸣. 数据治理过程浅析[J]. 中国信息界，2012（9）：15–17.
[34] DAMA International. DAMA 数据管理知识体系指南[M]. 马欢，刘晨，等译. 北京：清华大学出版社，2014.
[35] 张绍华，潘蓉，宗宇伟. 大数据治理与服务[M]. 上海：上海科学技术出版社，2016.
[36] 索雷斯. 大数据治理[M]. 匡斌，译. 北京：清华大学出版社，2014.
[37] 黄成远，马柯. 大数据与集团管控[J]. 电子世界，2013（19）：4.
[38] 唐斯斯，刘叶婷. 以“数据治理”推动政府治理创新[J]. 中国发展观察，2014（5）：32–34.
[39] 多恩，哈勒维，艾夫斯. 数据集成原理[M]. 孟小峰，马如霞，马友忠，等译. 北京：机械工业出版社，2014.
[40] REEVE A. 大数据管理：数据集成技术、方法与最佳实践[M]. 余水清，潘黎萍，译. 北京：机械工业出版社，2014.
[41] 付登坡，江敏，任寅姿，等. 数据中台：让数据用起来[M]. 北京：机械工业出版社，2019.
[42] 中国信通院，大数据技术标准推进委员会. 数据资产管理实践白皮书 4.0[R/OL].（2019–06–31）[2021–03–11]. https://www.163.com/dy/article/G4Q4GMJU 0511BHI0.html
[43] 林子雨. 大数据技术原理与应用[M]. 2 版. 北京：人民邮电出版社，2017.
[44] 邓中华. 大数据大创新：阿里巴巴云上数据中台之道[M]. 北京：电子工业出版社，2018.
[45] 陈伟，陈耿，朱文明，等. 基于业务规则的错误数据清理方法[J]. 计算机工程与应用，2005（14）：172–174.
[46] 王日芬，章成志，张蓓蓓，等. 数据清洗研究综述[J]. 现代图书情报技术，2007（12）：50–55.
[47] 刘飞国. 企业数据集成与数据质量市场白皮书[R]. 北京：IDC 中国，2008.
[48] 曹建军，刁兴春，吴建明，等. 基于位运算的不完整记录分类检测方法[J]. 系统工程与电子技术，2010，32（11）：2489–2492.
[49] 曹建军，刁兴春，陈爽，等. 数据清洗及一般性系统框架[J]. 计算机科学，2012，39（11A）：207–211.
[50] 陈爽. 缺失数据与相似重复记录的清洗方法研究及应用[D]. 南京：解放军理工大学，

2013.
[51] 姜春，曹建军，许永平. 数据质量工具发展概况[J]. 现代军事通信. 2013（2）：58–61.
[52] Data Governance Institute. The DGI Data Governance Framework[R]. 2009.
[53] IBM Corporation. IBM Data Governance Council Maturity Model：Building a Roadmap for Effective Data Governance [R]. 2007.
[54] DAMA International.The DAMA Guide to the Data Management Body of Knowledge 1st Edition [M]. USA：Technics Publications，2009.
[55] ISO/IEC 38500.Corporate Governance of Information Technology [S]. 2008.
[56] LEE M L，LING T W，LOW W L. IntelliClean：a knowledge：based intelligent data cleaner[C]. Proc of the 6th ACM SIGKDD International Conference on Knowledge discovery and Data Mining. Boston：ACM Press，2000：290–294.
[57] HIPP J，GUNTZER U，GRIMMER U. Data quality mining：making a virtue of necessity[C]. Proc of Workshop on Research Issues in Data Mining and Knowledge Discovery. Santa，Barbara，2001：194–196.
[58] VIOLA P，NARASIMHAN M. Learning to extract information from semi：structured text using a discriminative context free grammar[C]. Proc of SIGIR'05. Salvador，Brazil：ACM，2005：330–337.
[59] ARASU A，CHAUDHURI S，KAUSHIK R. Transformation：based framework for record matching[C]. Proc of ICDE'08. Cancun：IEEE Press，2008：40–49.
[60] LI XIAOBAI. A Bayesian approach for estimatng and replacing missing categorical data[J]. ACM Journal of Data and Information Quality，2009，1（1）：Article3，3–11.
[61] ARASU A，KAUSHIK R. A grammar–based entity representation framework for data cleaning[C]. Proc of SIGMOD'09. New York：ACM，2009：233–244.